装配式建筑构件

制作与安装（高级）

廊坊市中科建筑产业化创新
研究中心　组织编写

主　编　郭正兴　黄　敏

副主编　胡晓光　刘学军

　　　　徐长春　温兴宇

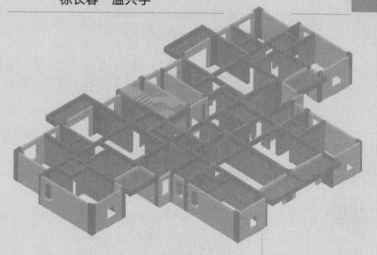

中国教育出版传媒集团

高等教育出版社·北京

内容提要

　　本书是"1+X"装配式建筑构件制作与安装职业技能等级证书配套系列教材。本书共4个模块，模块1为基础知识与职业素养，包含装配式建筑的发展历程、装配式建筑基本概念、装配式建筑结构体系、装配式建筑的建材特性与施工要求、部分装配式建筑相关的规范要求、装配式建筑图纸识读、装配式混凝土建筑常见连接技术、装配式建筑与设备的关系、装配式建筑职业道德与素养九个任务；模块2为装配式专项设计，包含主体结构预制构件设计、围护墙和内墙设计、装配式建筑管线、装配率计算与装配式建筑评价、预制构件深化设计、设计协同六个项目；模块3为装配式建筑生产与施工，包含预制构件生产、构件安装、构件连接三个任务；模块4为项目管理，包含项目策划、设计管理、项目采购、生产与施工管理、BIM技术应用五个任务。

　　本书可作为应用型本科、高等职业院校的土木工程、建筑工程技术、工程造价、建设工程管理等专业的教学用书和"1+X"装配式建筑构件制作与安装职业技能等级证书考核培训用书，也可作为土建行业相关工程技术人员的参考用书。

图书在版编目（ＣＩＰ）数据

　　装配式建筑构件制作与安装：高级／廊坊市中科建筑产业化创新研究中心组织编写；郭正兴，黄敏主编
．-- 北京：高等教育出版社，2023.4
　　ISBN 978-7-04-057121-9

　　Ⅰ.①装… Ⅱ.①廊… ②郭… ③黄… Ⅲ.①建筑工程-装配式构件-建筑安装-职业技能-鉴定-教材
Ⅳ.①TU7

　　中国版本图书馆CIP数据核字（2021）第200133号

装配式建筑构件制作与安装（高级）
ZHUANGPEISHI JIANZHU GOUJIAN ZHIZUO YU ANZHUANG (GAO JI)

策划编辑	温鹏飞	责任编辑　温鹏飞	特约编辑　李　立	封面设计　赵　阳
版式设计	于　婕	插图绘制　黄云燕	责任校对　胡美萍	责任印制　韩　刚

出版发行	高等教育出版社	网　　址	http://www.hep.edu.cn
社　　址	北京市西城区德外大街4号		http://www.hep.com.cn
邮政编码	100120	网上订购	http://www.hepmall.com.cn
印　　刷	涿州市星河印刷有限公司		http://www.hepmall.com
开　　本	787mm×1092mm　1/16		http://www.hepmall.cn
印　　张	19.5		
字　　数	460千字	版　　次	2023年4月第1版
购书热线	010-58581118	印　　次	2023年4月第1次印刷
咨询电话	400-810-0598	定　　价	47.80元

本书如有缺页、倒页、脱页等质量问题，请到所购图书销售部门联系调换

"1+X" 装配式建筑构件制作与安装职业技能等级证书
配套系列教材编写委员会

主　任：赵　彬
副主任：胡晓光　陈锡宝　张建奇
委　员：(排名不分先后)
　　　　应惠清　华建民　郭正兴　肖明和
　　　　谢　东　黄　敏　刘学军　谭新明
　　　　金　睿　李　维　徐长春　王志勇

序

　　"学历证书 + 若干职业技能等级证书"（"1+X"证书）制度作为国务院在新时代背景下提出"职教20条"的重要改革部署，试点工作按照高质量发展的要求，坚持以学生为中心，力求深化复合型技术技能人才培养培训模式和评价模式改革，注重提高人才培养质量，畅通技术技能人才成长通道，拓展就业创业本领。由廊坊市中科建筑产业化创新研究中心组织编写的"1+X"装配式建筑构件制作与安装职业技能等级证书配套系列教材，以"提升职业教育水准，带动高素质技能型人才的培养，满足不断发展的社会需求"为宗旨，响应了相关职业教育对建筑产业转型升级的要求。

　　证书制度的有效实施，取决于职业技能等级标准对综合能力的切实反映，取决于证书考核评价的信度和效度，以及证书的社会认可度。在落实职业技能培训与考核要求的基础上，有针对性地开发"1+X"装配式建筑构件制作与安装职业技能等级证书配套教材，不仅可以优化职业技能培训考核体系与资源，同时还能够激发职业教育培训的活力。

　　著名心理学家麦克利兰提出的冰山模型理论，将人员个体素质的不同表现划分为表面的"冰山以上部分"和深藏的"冰山以下部分"。"冰山以上部分"包括基本知识、基本技能，是外在表现，容易了解与测量，相对而言也比较容易通过培训来改变和发展。而"冰山以下部分"包括角色定位、自我认知、品质和动机，是人内在的、难以测量的部分，它们不太容易通过外界的影响改变，但却对人员的行为与成长起着关键性的作用。本系列教材以职业活动为载体，旨在对职业综合能力进行培养及评价，按要求和职业本身的内容特点分为基础知识与职业素养、设计、制作、施工及项目管理5大模块，基于知识、技能的呈现，并突出职业素养的内在需求。同时，本系列教材以职业能力要求为训练目标，将工作领域的内容转化为学习项目，以完成工作任务为主线组织学习过程，让学习者在完成工作的过程中掌握相关知识和技能，从而实现能力的培养。

　　建筑工业化、数字化、智能化是建筑业转型升级的突破口，而职业教育又承担着中国教育改革的排头兵的作用，"1+X"应该是催化剂，推动产教在资源、技术、管理和文化等方面全方位融合。当前,在国家建立城市为节点、行业为支点、企业为重点的改革推进机制中,职业教育作为支点上的着力点,能够有效衔接教育链、人才链、产业链与创新链,相信在本系列教材编写组专家和职业人才培养同仁们的共同努力下,通过"1+X"装配式建筑构件制作与安装证书考核培训工作的开展,一定可以为加快培育新时代建筑产业工人队伍贡献力量。

中国建设教育协会理事长　刘杰

2023 年 3 月

前　言

党的二十大报告在"实施科教兴国战略，强化现代化建设人才支撑"的具体要求中明确指出了优化职业教育类型定位，将培养大国工匠和高技能人才作为人才强国战略的重要组成部分。本教材以党的二十大精神为指导，强化学生创新能力和实践能力训练，进一步实现专业知识与技能的有效转化，提升高职土建类相关专业学生技术技能水平与职业操守，提升培养专业人才的市场匹配度，满足我国建筑产业转型发展和"新基建"对技术技能型人才知识技能的新需求，适应新时期建筑生产一线基层技术及管理岗位的职业要求。

为深入贯彻《国务院办公厅关于大力发展装配式建筑的指导意见》(国办发〔2016〕71 号)、《国务院办公厅关于促进建筑业持续健康发展的意见》(国办发〔2017〕19 号)和《"十三五"装配式建筑行动方案》等文件精神，加快建筑工业化进程，建筑施工企业急需一大批掌握装配式建筑构件制作与安装职业技能的技术技能型人才，本教材编写组成员深入一线调研，掌握施工企业对施工现场技术与管理的要求，组织教学经验丰富的教师以及实践经验丰富的企业专家编写了本教材。

本教材是在《装配式建筑构件制作与安装职业技能等级标准》的基础上，依据《"1+X"装配式建筑构件制作与安装职业技能等级证书考评大纲》的要求编写而成的。本教材可作为"1+X"装配式建筑构件制作与安装职业技能等级证书考评培训教材，也可作为装配式建筑施工员操作的参考教材。

本教材由东南大学郭正兴和四川建筑职业技术学院黄敏担任主编，中国建设教育协会胡晓光、广西建设职业技术学院刘学军、广西华蓝工程管理有限公司徐长春和四川建筑职业技术学院温兴宇担任副主编，具体编写分工为：模块 1 由广西建设职业技术学院刘学军，中国建筑第八工程局有限公司王启玲，广西建设职业技术学院詹雷颖、班志鹏，湖南城建职业技术学院王勇龙，长沙建筑工程学校李宁宁编写；模块 2 由上海城建职业学院黄天荣、傅赛男，湖北城市建设职业技术学院王延该、程彩霞，喀什职业技术学院努尔艾力·艾尼宛尔、周志巍，上海震旦职业学院徐刚，杭州友巢结构设计事务所有限公司杨新，芜湖职业技术学院黄丹编写；模块3由长沙远大住宅工业集团股份有限公司李融峰，四川建筑职业技术学院温兴宇编写；模块4由广西华蓝工程管理有限公司徐长春、冯超、元野，广西建设职业技术学院黄喜华编写。

由于时间仓促和作者水平有限，加上新内容的不断增加，书中难免存在不妥之处，敬请读者批评指正。

编　者

2023 年 2 月

目　录

模块 1　基础知识与职业素养

学习目标

本项目包括装配式建筑的发展历程、装配式建筑基本概念、装配式建筑结构体系、装配式建筑的建材特性与施工要求、与装配式建筑有关的规范要求、装配式建筑图纸识读、装配式混凝土建筑常见连接技术、装配式建筑与设备的关系、装配式建筑职业道德与素养九个任务,通过九个任务的学习,学习者应达到以下知识目标:

任务	知识目标	能力目标
装配式建筑的发展历程	1. 装配式建筑中外发展历程。 2. 装配式建筑在行业发展中的作用和地位。 3. 装配式建筑产业基地建设和预制构件工厂规划建设	
装配式建筑基本概念	装配式建筑、装配式建筑的构件系统、装配率、装配式建筑评价、建筑信息模型、工程总承包等整体性概念	熟悉预埋件、部品、部件等局部性概念,熟悉装配整体式框架 – 现浇剪力墙结构的基本结构形式及特点
装配式建筑结构体系	1. 装配整体式框架结构的框架柱、梁、楼板、外挂板和楼梯等构件的设计方法、工艺原理和基本连接方式。 2. 装配整体式框架 – 现浇剪力墙结构的结构设计要点,包括关键构件、节点及连接设计方法及技术手段	熟悉装配整体式剪力墙结构技术要点、结构设计的一般规定以及预制构件的设计和连接技术。熟悉装配整体式框架结构的概念及特点,结构设计的相关规定。掌握装配整体式剪力墙结构的基本概念、特点、优势及应用场景
装配式建筑的建材特性与施工要求		掌握装配式建筑的建材特性,包括混凝土、钢筋、预埋件、保温连接件的质量要求及影响因素。掌握装配式建筑建材施工要求,如预制构件用混凝土与现浇混凝土的区别、装配式预制混凝土构件中的预埋件有起吊件、安装件等,对有特殊要求的部件,如裸露的埋件,需进行热镀锌处理

1

续表

任务	知识目标	能力目标
与装配式建筑有关的规范要求	与装配式建筑有关的设计规范、施工规范、质量验收规范	熟悉装配式建筑施工规范的基本术语和要求,熟悉装配式建筑质量验收规范的基本术语和要求
装配式建筑图纸识读		掌握构件制作与生产图纸识读,能识读常见的构件加工图和模具加工图,确定构件编号、模具编号及尺寸参数等。掌握主体结构施工图纸识读。掌握围护墙与内隔墙施工图纸识读
装配式混凝土建筑常见连接技术	套筒连接件的分类。螺栓连接件的分类	掌握套筒连接件的施工方法。掌握螺栓连接件的施工方法
装配式建筑与设备的关系	机电管线的分类。给排水管线的分类	熟悉机电管线、给排水管线等设备与装配式建筑的关系。掌握建筑构件与机电管线、给排水管线的协调处理方法
装配式建筑职业道德与素养	建筑领域职业道德。装配式建筑领域的职业态度、协同与组织能力	掌握装配式建筑领域的法律、伦理与质量责任,掌握装配式建筑领域的学习能力与适应能力

项目概述（重难点）

　　项目围绕"1+X"装配式建筑构件制作与安装应具备的基础知识和职业素养,对装配式建筑的发展历程、装配式建筑基本概念、装配式建筑结构体系、装配式建筑的建材特性与施工要求、与装配式建筑有关的规范要求、装配式建筑图纸识读、装配式建筑与设备的关系、装配式建筑职业道德与素养进行了较为全面的阐述。

　　重点:装配式建筑基本概念,装配式建筑图纸识读,装配式建筑职业道德与素养。

　　难点:连接件的施工方法,混凝土构件与设备的协调。

任务 1.1　装配式建筑的发展历程

一、装配式建筑中外发展历程

1. 装配式建筑国外发展综述

　　装配式建筑在西方发达国家已有超过半个世纪的发展历史,形成了各有特色的产业和技术。发达国家装配式建筑发展主要经历以下几个阶段:① 初级阶段,满足工业化、城市化及第二次世界大战战后复苏带来的基建及住宅需求;② 发展阶段,出台相关政策确立行业标准、规范行业发展,保证住宅质量与功能,以舒适化为目标推进产业化生产;③ 成熟阶段,行业规模化程度高,技术先进,追求高品质与低能耗。

（1）美国装配式建筑

美国在 20 世纪 70 年代能源危机期间开始实施配件化施工和机械化生产。1976 年,美国国会通过了《国家工业化住宅建造及安全法案》,出台了一系列严格的行业标准规范,一直沿用至今,并与后来的美国建筑体系逐步融合。美国城市住宅的结构类型以混凝土装配式和钢结构装配式为主,城镇多以轻钢结构、木结构住宅体系为主。住宅构件和部件的标准化、系列化、专业化、商品化、集成化程度较高,提高了通用性,降低了建设成本。由于美国的工业化住宅在管理机制上较为先进,能够把房屋作为一个最终产品来进行通盘的考虑和设计,所以美国的装配式产业化住宅已经达到了一个相当高的程度和水平。

（2）欧洲装配式建筑

欧洲是第二次世界大战的主要战场之一,战争造成大量房屋损坏,战后欧洲各国出现了"房荒"现象。为解决居住问题,欧洲各国开始采用工业化的生产方式建造预制装配式住宅,并形成了一套完整的住宅建筑体系。

法国预制混凝土结构的使用迄今已有 130 年的历史,是世界上推行装配式建筑最早的国家之一。法国建筑工业化以混凝土体系为主,钢、木结构体系为辅,多采用框架或板柱体系,并逐步向大跨度发展。近年来,法国建筑工业化呈现的特点是:焊接连接等干法作业流行;结构构件与设备、装修工程分开,减少预埋,使生产和施工质量得到提高;主要采用预应力混凝土装配式框架结构体系,装配率达到 80%,脚手架用量减少 50%,节能可达到 70%。

德国的装配式住宅主要采取叠合板、混凝土、剪力墙结构体系,剪力墙板、梁、柱、楼板、内隔墙板、外挂板、阳台板等构件采用构件装配式与混凝土结构,耐久性较好。众所周知,德国是世界上建筑节能发展最快的国家,甚至近几年提出了零能耗的被动式建筑。从大幅度的节能到被动式建筑,德国都采取了装配式的住宅,这就需要装配式住宅与节能标准相互之间充分融合。

瑞典和丹麦早在 20 世纪 50 年代开始就有大量企业开发了混凝土、板墙装配的部件。目前,新建住宅之中通用部件占到 80%,既满足多样性的需求,又达到 50% 以上的节能率,这种新型建筑比传统建筑的能耗有大幅度下降。

丹麦是一个将模数法制化应用在装配式住宅的国家,国际标准化组织 ISO 模数协调标准即以丹麦的标准为蓝本编制。故丹麦推行建筑工程化的途径实际上是以产品目录设计为标准的体系,使部件达到标准化,然后在此基础上,实现多元化的需求,所以丹麦建筑实现了多元化与标准化的和谐统一。

1975 年,欧洲共同体委员会决定在土建领域实施一个联合行动项目,目的是消除对贸易的技术障碍,协调各国的技术规范。在该联合行动项目中,欧洲共同体委员会采取一系列措施来建立一套协调的用于土建工程设计的技术规范,最终将取代国家规范。1980 年产生了第一代欧洲规范,包括 EN 1990～EN 1999（欧洲规范 0～欧洲规范 9）等。1989 年,欧洲共同体委员会将欧洲规范的出版交予欧洲标准化委员会,使之与欧洲标准具有同等地位。其中 EN 1992-1-1（欧洲规范 2）的第一部分为混凝土结构设计的一般规则和对建筑结构的规则,是由代表处设在英国标准化协会的《欧洲规范》技术委员会编制的,另外还有预制构件质量控制相关的标准,如《预制混凝土产品通用规则》（EN 13369）等。

总部位于瑞士的国际结构混凝土协会（FIB）于 2012 年发布了新版的《模式规范》

（MC 2010）。《模式规范》（MC 90）在国际上有非常大的影响，经历 20 年，汇集了 5 大洲、44 个国家和地区的专家成果，修订完成了《模式规范》（MC 2010）。相较于 MC 90，MC 2010 的体系更为完善和系统，反映了混凝土结构材料的最新进展及性能优化设计的新思路，将会起到引领的作用，为今后的混凝土结构规范的修订提供一个模式。MC 2010 建立了完整的混凝土结构全寿命设计方法，包括结构设计、施工、运行及拆除等阶段。此外，国际结构混凝土协会还出版了大量的技术报告，为理解《模式规范》（MC 2010）提供了参考，其中与装配式混凝土结构相关的技术报告，涉及结构、构件、连接节点等设计的内容。

（3）日本装配式建筑

20 世纪 50 年代以来，日本借助保障性住房大规模发展契机，长期坚持多途径、多方式、多措施推进建筑工业化，发展装配式建筑。日本采用部件化、工厂化生产方式，高生产效率，住宅内部结构可变，适应多样化的需求。日本从一开始就追求中高层住宅的配件化生产体系，这种生产体系能满足日本人口比较密集的住宅市场的需求，更重要的是，日本通过立法来保证混凝土构件的质量，在装配式住宅方面制定了一系列的方针政策和标准，同时也形成了统一的模数标准，解决了标准化、大批量生产和多样化需求三者之间的矛盾。

日本的标准包括建筑标准法、建筑标准法实施令、国土交通省告示及通令、协会（学会）标准、企业标准等，涵盖了设计、施工等内容，其中包括由日本建筑学会（AIJ）制定的装配式结构相关技术标准和指南。1963 年成立的日本预制建筑协会在推进预制技术的发展方面做出了巨大贡献，该协会先后建立 PC 工法焊接技术资格认证制度、预制装配住宅装潢设计师资格认证制度、PC 构件质量认证制度、PC 结构审查制度等，编写了《预制建筑技术集成》丛书，包括剪力墙预制混凝土（W–PC）、剪力墙式框架预制钢筋混凝土（WR–PC）及现浇同等型框架预制钢筋混凝土（R–PC）等。

（4）新加坡装配式建筑

新加坡装配式建筑以剪力墙结构为主，该国 80% 的住宅由政府建造，组屋项目强制装配化，装配率达到 70%，大部分为塔式或板式混凝土多高层建筑，装配式施工技术主要应用于组屋建设。

新加坡的组屋一般为 15～30 层的单元式高层住宅，自 20 世纪 90 年代初开始尝试采用预制装配式建设，现已发展较为成熟，预制构件包括梁、柱、剪力墙、楼板（叠合板）、楼梯、内隔墙、外墙（含窗户）、走廊、女儿墙、设备管井等，预制化率达到 70% 以上。

2. 装配式建筑国内发展综述

我国建筑工业化模式应用始于 20 世纪 50 年代，借鉴苏联的经验，在全国建筑生产企业推行标准化、工厂化和机械化，发展预制构件和预制装配建筑。从 20 世纪 60 年代初至 80 年代中期，预制混凝土构件生产经历了研究、快速发展、使用、发展停滞等阶段。20 世纪 80 年代初期，建筑业曾经开发了一系列新工艺，如大板体系、南斯拉夫体系、预制装配式框架体系等，但在进行了这些实践之后，均未得到大规模推广。到 20 世纪 90 年代后期，建筑工业化迈向了一个新的阶段，国家相继出台了诸多重要的法规政策，并通过各种必要的机制和措施，推动了建筑领域的生产方式的转变。近年来，在国家政策的引导下，一大批施工工法、质量验收体系陆续在工程实践中得到应用，装配式建筑的施工技术越来越成熟。

国务院办公厅于 2016 年 9 月 27 日印发了《关于大力发展装配式建筑的指导意见》，要以京津冀、长三角、珠三角三大城市群为重点推进地区，常住人口超过 300 万的其他城市为积极推进地区,其余城市为鼓励推进地区,因地制宜发展装配式混凝土结构、钢结构和现代木结构等装配式建筑。当前,全国各级建设主管部门和相关建设企业正在全面认真贯彻落实中央城镇化工作会议与中央城市工作会议的各项部署。大力发展装配式建筑是绿色、循环与低碳发展的行业趋势,是提高绿色建筑和节能建筑建造水平的重要手段,不但体现了"创新、协调、绿色、开放、共享"的发展理念,更是大力推进建设领域供给侧结构性改革,培育新兴产业,实现我国新型城镇化建设模式转型的重要途径。当前的建筑业顶层设计正在推进、标准规范正在健全、各种技术体系正在完善、业主开发积极性正在提高。新型装配式建筑是建筑业的一场革命,是生产方式的变革,必然会带来生产力和生产关系的变革。

装配式混凝土建筑的建造方式符合国内建筑业的发展趋势,随着建筑工业化和产业化进程的推进,装配施工工艺越来越成熟,但是装配式混凝土建筑还应进一步提高生产技术、施工工艺、吊装技术、施工集成管理等,形成装配式混凝土建筑的成套技术措施和工艺,为装配式混凝土建筑的发展提供技术支撑。在施工实践中,装配式混凝土建筑的设计技术、构件拆分与模数协调、节点构造与连接处理、吊装与安装、灌浆工艺及质量评定、预制构件标准化及集成化技术、模具及构件生产、BIM 技术的应用等还存在标准、规程的不完善或技术实践空白等问题,在这方面尚需要进一步加大产学研的合作,促进装配式建筑的发展。

建筑业将逐步以现代化技术和管理替代传统的劳动密集型的生产方式,必将走新型工业化道路,也必然带来工程设计、技术标准、施工方法、工程监理、管理验收、管理体制、实施机制、责任主体等的改变。建筑产业现代化将提升建筑工程的质量、性能、安全、效益、节能、环保、低碳等的水平,是实现房屋建设过程中建筑设计、部品生产、施工建造、维护管理之间的相互协同的有效途径,也是降低当前建筑业劳动力成本、改善作业环境的有效手段。

二、装配式建筑在行业发展中的作用和地位

1. 装配式建筑在行业发展中的作用

装配式建筑是建造方式的重大变革,发展装配式建筑是牢固树立和贯彻落实创新、协调、绿色、开放、共享五大发展理念,按照适用、经济、安全、绿色、美观要求推动建造方式创新的重要体现,在推进建筑业转型升级过程中发挥着举足轻重的作用。

① 在经济效益方面,发展装配式建筑有助于改善当前建筑物生产成本、使用成本和维护成本过高的局面。装配式建筑成熟的工业化模式,将引导建筑业由劳动密集型向技术集成型转变,管理方式由粗放型向集约型转变,有效减少建造成本。

② 在环境保护方面,发展装配式建筑能有效推进建筑业由高能耗向绿色可持续转变,装配式建筑节水、节材、节时和环保的效益,有助于解决传统建造方式下资源浪费严重,能源消耗过多,环境污染加剧的局面,有效推动绿色建造。

③ 在技术革新方面,发展装配式建筑将加快实现建筑产业化,运用 BIM 信息化技术,实现设计标准化、生产工厂化、施工装配化、装修一体化的建造方式,有效解决建筑产业化面临的技术问题,推动行业技术革新。

④ 在行业素质方面,发展装配式建筑能刺激提升建筑行业从业人员整体素质,装配式

建筑"流水线"式的工业化生产方式,精细化生产与施工管理,对从业人员的专业素质及管理能力有了更新、更高的要求,将促使中低素质施工人员向高素质产业工人转型,有效提升行业整体素质。

2. 装配式建筑在行业发展中的地位

（1）发展装配式建筑是落实党中央国务院决策部署的重要举措

2020年,国家发展和改革委员会发布《2020年新型城镇化建设和城乡融合发展重点任务》,明确了城镇化作为国家发展重点任务。建筑行业将作为实现这一目标任务的重要手段,而装配式建筑充分发挥现代化、信息化和工业化优势,顺应现代城市绿色、低碳发展新理念和新趋势,将引领建筑行业产生根本性变革。多年来,各级领导都高度重视装配式建筑的发展,在国家战略导向下住房和城乡建设部与各地方政府相关激励政策陆续出台,全面系统地指明了推进装配式建筑的目标、任务和措施,积极助力实现"新型城镇化"。

（2）发展装配式建筑是促进建设领域节能减排降耗的有力抓手

当前,建筑业粗放建造方式带来的资源能源过度消耗和浪费将极大地制约着中国经济社会的可持续发展。发展装配式建筑在节能、节材和减排方面的成效已在实际项目中得到证明。在资源能源消耗和污染排放方面,根据住房和城乡建设部科技与产业化发展中心对13个装配式混凝土建筑项目的跟踪调研和统计分析,装配式建筑相比现浇建筑,建造阶段可以大幅减少木材模板、保温材料（寿命长,更新周期长）、抹灰水泥砂浆、施工用水、施工用电的消耗,并减少80%以上的建筑垃圾排放,减少碳排放,减少给环境带来的扬尘和噪声污染,有利于改善城市环境,提高建筑综合质量和性能,推进生态文明建设。

（3）发展装配式建筑是促进当前经济稳定增长的重要措施

在建筑行业面临全国经济增速放缓的大环境下,发展装配式建筑,将拉动部品生产、专用设备制造、物流、信息等产业的市场需求,带动大量社会资本投资建厂,促进建筑产品更新换代,刺激消费增长,凭着引入"一批企业",建设"一批项目",带动"一片区域",形成"一系列新经济增长点",有效促进区域经济快速增长。

（4）发展装配式建筑是带动技术进步、提高生产效率的有效途径

对比传统现浇建筑,装配式建筑能更好地依托物联网、大数据、AI（人工智能）、云计算、5G通信等现代化信息技术,推动建筑行业向智能化、数字化转型,带动行业技术革新,同时,发展装配式建筑,会颠覆传统建筑行业低效率、高消耗的粗放建造模式,"倒逼"建筑行业走依靠科技进步、提高劳动者素质、创新管理模式、内涵式、集约式的发展道路,依靠工业化、自动化生产模式有效提高劳动生产效率。

（5）发展装配式建筑是实现"一带一路"发展目标的重要路径

"一带一路"倡议要实现人类命运共同体的目标。在全球工业化大背景下,发展装配式建筑,有利于建筑行业与国际接轨,刺激国内建筑企业从生产方式、管理模式、人员素质等多方面向工业化发展,在巩固国内市场份额的同时,主动"走出去"参与全球分工,在更大范围、更多领域、更高层次上参与国际合作,推进全球工业化协作进程,推动"一带一路"建设。

（6）发展装配式建筑是全面提升住房质量和品质的必由之路

目前,建筑行业落后的生产方式直接导致施工过程随意性大,工程质量无法得到保证。采用装配式建筑,部品部件以工厂化预制为主,便于开展质量控制,质量责任追溯明确;现

场施工采用装配化作业方式取代大量手工作业,有效避免人为措施,保证工程质量;装配式建筑集成化、一体化的生产建造方式,能系统解决质量通病,减少后期维护费用,延长建筑寿命。发展装配式建筑,能够全面提升住房品质和性能,让人民群众共享科技进步带来的发展成果。

三、装配式建筑产业基地建设和预制构件工厂规划建设

1. 全国装配式建筑产业基地建设简介

2017 年 11 月,住房和城乡建设部公布了首批 30 个装配式建筑示范城市和 195 个产业基地名单。2019 年 10 月,住房和城乡建设部又启动了第二批装配式建筑示范城市和产业基地申报工作。两年多时间里,各地认真贯彻落实国家与住房和城乡建设部有关工作部署,出台了各类相关指导意见和鼓励政策,推动了装配式建筑不断向前发展。

2. 预制构件工厂规划建设

预制构件工厂的设计应由具有国家相应资质的单位承担,满足各项审批文件。工厂的建(构)筑物、电气系统、给排水、暖通等工程应符合国家相关标准的规定。按照《绿色工业建筑评价标准》(GB/T 50878—2013)的要求,做到合理用能、节能降耗。按照能耗评估和审批的原则,提出明确的能耗评估结论和建议。标准化产业基地设计范围包括厂区内配置的一切单项工程的完整设计,一般厂区划分为生产区(构件厂房、构件堆场、展示区等)、附属用房区(锅炉房、配电房、柴油机发电房、水泵房等)、生活区(宿舍、食堂、活动场地、门卫室等)、办公区(研究中心办公楼、实验室等)、其他区域(厂区绿化区、人行道路、行车道路、停车位等)。

(1)基地厂址选择

厂址选择应综合考虑工厂的服务区域、地理位置、水文地质、气象条件、交通条件、土地利用现状、基础设施状况、运输距离、企业协作条件及公众意见等因素,经多方案比选后确定。应有满足生产所需的原材料、燃料来源。应有满足生产所需的水源和电源。与厂址之间的管线连接应尽量短捷。

厂址选择应有便利和经济的交通运输条件,与厂外公路的连接应便捷。邻近江、河、湖、海的厂址,通航条件满足运输要求时,应尽量利用水运,桥涵、隧道、车辆、码头等外部运输条件及运输方式,应符合运输大件或超大件设备的要求。厂址宜靠近适合建设码头的地段,以便兴建便利的砂石码头,降低砂石的购置成本。

厂址选择应符合城市总体规划及国家有关标准的要求,应符合当地的大气污染防治、水资源保护和自然生态保护要求,并通过环境影响评价。厂址应远离居住区、学校、医院、风景游览区和自然保护区等,并符合相关文件技术要求,且应位于全年最大频率风向的下风侧。工厂不应建在受洪水、潮水或内涝威胁的地区。

(2)基地生产功能区域总体设计原则

生产主要功能区域包括生产区、办公区、住宿区、构件堆放区。其中,生产区又包括原材料储存区、混凝土配料及搅拌区、钢筋加工区、构件生产区、试验检测区等。在总平面设计上,应做到合理衔接并符合生产流程要求,所以应以构件生产车间等主要设施为主进行布置。构件流水线生产车间宜采用条形布置。应根据工厂生产规模布置相适应的构件成品堆场。

（3）基地总平面设计

基地总平面设计,应贯彻节约集约利用土地的规定,并应严格执行国家及地方有关部门规定的土地使用审批程序。工厂的总平面设计应根据厂址所在地区的自然条件,结合生产、运输、环境保护、职业卫生与劳动安全、职工生活,以及电力、通信、热力、给排水、防洪和排涝等设施,经多方案综合比较后确定。

① 容积率。生产性建筑部分(研发、宿舍楼部分不参与指标平衡)容积率宜大于 0.7。

② 建筑密度。单层不宜小于 40%,多层不宜小于 35%。

③ 绿地率。不小于 7%。

④ 行政办公及生活服务设施建筑面积不得超过总建筑面积的 10%。

（4）厂区概述

标准化构件厂区总占地面积不宜小于 150 亩(1 亩 $\approx$ 666.67 m^2),厂区划分为 PC 构件厂房、构件堆场、研发办公楼、展示区、实验室、宿舍、食堂、门卫、活动场地、附属用房(锅炉房、配电房、柴油机发电房、水泵房)及其他区(厂内绿化、行车道路、人行道路、停车位)等。

标准 PC 构件厂房的长、宽需要结合生产工艺要求、现场条件、符合建筑模数等因素综合确定。一般设置流水线、钢筋生产线(当厂区规模较小时可以不设)、固定模台生产线(含混凝土搅拌站)。流水线的跨度一般为 27 m,钢筋生产线及固定模台生产线的跨度一般为 24 m,标准构件厂典型产品包括预制外墙板、内墙板和叠合楼板,这三种产品都可以采用流水式作业,在自动化生产线上生产;异形构件(要说明是楼梯、阳台、空调板、框架梁柱等)由于产品几何形状的不规则及配套数小,在固定台模上进行生产不影响供应效率,同时在经济效益上更加合理。标准构件厂结合场地及其他要求,设计年产能为 20 万立方米,预制率达 60% 情况下,可满足建筑面积 100 万平方米需求。

（5）生产配套设施规划布局

① 混凝土拌和区域。混凝土搅拌站应遵循"原材料一次上料,不转料"的原则:原材料存储满足 3~7 天的存量。

为方便砂石原材料的运输进场,减少大型运输车辆对整个厂区的影响,因此确定将搅拌站规划为车间的一角,与固定模台线放在一跨厂房内,并且在车间的端头,面积为 24 m × 67.5 m。

② 库房与维修区域等辅助功能区域的规划按国家工艺设计要求进行。

任务 1.2　装配式建筑基本概念

一、装配式建筑的整体性概念

1. 装配式建筑

装配式建筑是以构件工厂预制化生产,现场装配式安装为模式,以标准化设计、工厂化生产、装配化施工、一体化装修和信息化管理为特征,整合从研发设计、生产制造、现场装配等各个业务领域,实现建筑产品节能、环保、全周期价值最大化的可持续发展的新型建筑生产方式。

　　装配式建筑目前一般指装配整体式建筑,即用预制和现浇相结合的方法建造的钢筋混凝土建筑。这类建筑中的主要承重构件可分别采用预制或现浇的方法,主要的类型有现浇墙体或柱和预制楼板相结合的建筑等。这类建筑兼具装配和现浇建筑两个方面的优点。为保证其具有足够的刚度和整体性,应注意各预制构件和现浇部分的节点处的连接。与全装配式建筑相比较,它具有较好的整体性,但却增加了大量的湿作业。

　　2. 装配式建筑的构件系统

　　装配式建筑的预制构件按照组成建筑的构件特征和性能划分,主要包括以下几类。

　　① 预制楼板,包括预制实心板、预制空心板、预制叠合板(图 1-1)、预制阳台板等。

　　② 预制梁,包括预制实心梁、预制叠合梁、预制 U 形梁等。

　　③ 预制墙,包括预制实心剪力墙(图 1-2)、预制空心墙、预制叠合式剪力墙、预制内隔墙等。

　　④ 预制柱,包括预制实心柱、预制空心柱等。

　　⑤ 预制楼梯(图 1-3),包括预制楼梯段、预制休息平台。

　　⑥ 其他复杂异形构件,包括预制飘窗、预制带飘窗外墙、预制转角外墙、预制整体厨房卫生间、预制空调板(图 1-4)等。

图 1-1　预制叠合楼板

图 1-2　预制剪力墙

图 1-3　预制楼梯

图 1-4　预制空调板

　　根据工艺特征不同,还可以进一步细分:预制叠合楼板,包括预制预应力叠合楼板、预制桁架钢筋叠合楼板、预制带肋预应力叠合楼板(PK 板)等;预制实心剪力墙,包括预制钢筋套筒剪力墙、预制约束浆锚剪力墙、预制浆锚孔洞间接搭接剪力墙等;预制外墙,从构造上又可分为预制普通外墙、预制夹心三明治保温外墙等。总之，预制构件的表现形式是多样的，可以根据项目特点和要求灵活采用。

3. 装配率

装配率是评价装配式建筑的重要指标，2017年12月12日，住房和城乡建设部发布《装配式建筑评价标准》（GB/T 51129—2017），将装配率作为装配式建筑的唯一评价标准，并给出了装配率的定义，同时明确了计算公式。装配率是指单体建筑室外地坪以上的主体结构、围护墙和内隔墙、装修和设备管线等采用预制部品部件的综合比例。装配率应根据表1-1中评价项分值按下式计算：

$$P=\frac{Q_1+Q_2+Q_3}{100-Q_4}\times100\%　　　　　（1-1）$$

式中：P——装配率；

Q_1——主体结构指标实际得分值；

Q_2——围护墙和内隔墙指标实际得分值；

Q_3——装修和设备管线指标实际得分值；

Q_4——评价项目中缺少的评价项分值总和。

表1-1　装配式建筑评分表

评价项		评价要求	评价分值	最低分值
主体结构 （50分）	柱、支撑、承重墙、延性墙板等竖向构件	35%≤比例≤80%	20~30*	20
	梁、板、楼梯、阳台、空调板等构件	70%≤比例≤80%	10~20*	
围护墙和内隔墙 （20分）	非承重围护墙非砌筑	比例≥80%	5	10
	围护墙与保温、隔热、装饰一体化	50%≤比例≤80%	2~5*	
	内隔墙非砌筑	比例≥50%	5	
	内隔墙与管线、装修一体化	50%≤比例≤80%	2~5*	
装修和设备管线 （30分）	全装修	—	6	6
	干式工法楼面、地面	比例≥70%	6	—
	集成厨房	70%≤比例≤90%	3~6*	
	集成卫生间	70%≤比例≤90%	3~6*	
	管线分离	50%≤比例≤70%	5~6*	

注：标准"*"项的分值采用"内插法"计算，计算结果取小数点后1位。

4. 装配式建筑评价

当装配式建筑同时满足主体结构部分的评价分值不低于20分；围护墙和内隔墙部分的评价分值不低于10分；采用全装修；装配率不低于50%；主体结构竖向构件中预制部品部

件的应用比例不低于 35% 时,可进行装配式建筑等级评价。

装配式建筑评价等级应划分为 A 级、AA 级、AAA 级,并应符合下列规定。

① 装配率为 60% ~ 75% 时,评价为 A 级装配式建筑。

② 装配率为 76% ~ 90% 时,评价为 AA 级装配式建筑。

③ 装配率为 91% 及以上时,评价为 AAA 级装配式建筑。

5. 建筑信息模型

建筑信息模型(BIM)是以三维数字技术为基础,集成了建筑工程项目各种相关信息的工程数据模型。BIM 技术最大的特色在于建筑模型内所携带的大量信息,透过参数化的建模过程,将这些几何信息组构成参数组件,如墙、柱、梁、板等,而这些参数组件造就了 BIM 技术于装配式建筑领域内的多种可能性。装配式建筑在设计阶段的多专业整合,构件碰撞检查,生产阶段的二次深化设计,自动化生产,施工阶段的装配施工模拟,都可以通过 BIM 技术进行优化,缩短周期、节约成本、保证质量,提高项目管理水平。BIM 技术与装配式建筑的结合,是建筑行业信息化与工业化二化融合的具体表现。

6. 工程总承包

工程总承包模式就是 EPC 总承包模式,是指受业主委托,按照合同约定对工程建设项目的设计、采购、施工、试运行等实行全过程或若干阶段的承包模式。EPC 与装配式建筑的结合,就是由承包商对装配式建筑的设计、生产、施工全过程进行全面承包。

由于装配式建筑在设计上有其独特性,尤其是各个不同的供应商的设计生产施工体系都各不相同,需要从设计阶段、生产阶段和施工阶段开始紧密配合,所以与传统的设计、制造、施工分离的承包模式不同,采用 EPC 总承包模式可发挥更好的效率。

二、装配式建筑的局部性概念

1. 预埋件

预先安装在预制构件中的,起到保温、减重、吊装、连接、定位、锚固、通水、通电、通气、互动、便于作业、防雷、防水、装饰等作用的部件,都叫作预埋件。常用预埋件按用途进行分类如下。

① 结构连接件。连接构件与构件(钢筋与钢筋),或起到锚固作用的预埋件。

② 支模吊装件。便于现场支模、支撑、吊装的预埋件。

③ 填充物。起到保暖、减重,或填充预留缺口的预埋件。

④ 水电暖通等功能件。通水、通电、通气或连接外部互动部件的预埋件。

⑤ 其他功能件。利于防水、防雷、定位、安装等的预埋件。

2. 部品与部件

部件是在工厂或现场预先生产制作完成,构成建筑结构系统的结构构件及其他构件的统称;部品是由工厂生产构成外围护系统、设备与管线系统、内装系统的建筑单一产品或复合产品组装而成的功能单元的统称。部品部件的概念是相对的,对不同的划分层级,部品和部件所指的对象也不相同,对整个装配式建筑单体来说,某个装配式房间可称为整个建筑单体的装配式部品,如整体厨房、整体卫浴等,组成这个房间的预制楼板、预制墙板则为这个房间的装配式部件;而对这个装配式房间来说,预制楼板则作为装配式部品,其中的某个预埋件或某块预制品则称为装配式部件。

任务 1.3　装配式建筑结构体系

一、装配整体式框架结构

1. 概念及特点

由预制柱、预制叠合梁组成主体受力框架,再由预制叠合楼板、预制阳台、预制楼梯、预制隔墙等辅助部件组成房屋。该结构体系的特点是工业化程度高,预制比例可达80%,内部空间自由度好,室内梁柱外露,施工难度较高,成本较高。适用高度为50 m以下(地震烈度7度);主要用于需要开敞大空间的厂房、仓库、商场、停车场、办公楼、教学楼、医务楼、商务楼等建筑,近年来也逐渐应用于居民住宅等民用建筑。

2. 结构设计的相关规定

这里主要介绍结构设计的重要注意事项。《装配式混凝土结构技术规程》(JGJ 1—2014)的7.1.1条规定:除本规程另有规定外,装配整体式框架结构可按现浇混凝土框架结构进行设计。

在装配式框架结构设计方法上,该规范明确了装配式框架结构等同于现浇混凝土框架结构,不是说连接、构造等做法都等同于现浇混凝土框架结构,而是指性能上等同于现浇混凝土框架结构,节点满足现浇结构要求。

3. 框架柱、楼盖等构件的设计方法

在《装配式混凝土结构技术规程》(JGJ 1—2014)的6.1.8条中对装配整体式框架结构设计的规定如下:框架结构的首层柱宜采用现浇混凝土,顶层宜采用现浇楼盖结构;高层装配整体式结构的框架结构宜设置地下室,地下室顶板不宜采用装配式,宜采用现浇混凝土。需要特别注意,装配整体式框架结构中预制柱水平接缝处不宜出现拉力,这种情况下不能采用装配式。

《装配式混凝土结构技术规程》(JGJ 1—2014)的6.1.9条对带转换层的装配整体式结构的规定:当采用部分框支剪力墙结构时,底部框支层不宜超过2层,且框支层及相邻上一层应采用现浇结构;部分框支剪力墙以外的结构中,转换梁、转换柱宜现浇。

《装配式混凝土结构技术规程》(JGJ 1—2014)的6.6.1条对装配整体式框架结构的楼盖的规定:宜采用叠合楼盖,结构转换层、平面复杂或开洞较大的楼层、作为上部结构嵌固部位的地下室楼层宜采用现浇楼盖。

装配整体式框架结构楼盖的布置形式有单向板和双向板两种,布置形式会影响主体结构的设计。布置时需要考虑构件的生产、构件的运输和吊装、构件的连接三个因素,这三个因素都是装配式结构区别于现浇混凝土结构的要点,如图1-5所示。

4. 工艺原理和基本连接方式

装配式建筑建设过程中因为包括构件生产的环节,必然会增加构件加工图设计,就是通常所说的构件深化设计。根据装配式建筑的特点,主体结构施工需要与内装设计同步进行。除此以外,装配式建筑建造技术含量较高、容错性很差,如果设计阶段发生错误,就会造成很大损失。所以,在装配式建设流程前期中还增加了技术策划这个阶段,而技术策划这个阶段又往往被忽视。一方面设计单位接触这个内容比较少,另一方面开发商的装配式建筑项目比较少,所以都没有注重技术策划阶段。装配式建筑设计和传统设计较大的差异就是有贯穿始终的协同设计过程,从技术策划直到主体施工、内装施工,都要与业主、设计各专业、施工单位协同、协作。

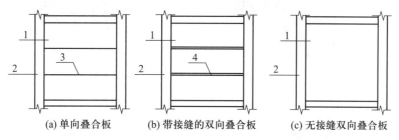

图 1-5　叠合楼盖的预制板布置形式示意图

1- 预制板;2- 梁或墙;3- 板侧分离式接缝;4- 板侧整体式接缝

装配式框架结构连接设计,最重要的部分是连接方式和现浇混凝土结构不同。接缝的截面承载力应符合现行国家标准《混凝土结构设计规范》(GB 50010—2010)的规定,接缝的受剪承载力应验算并符合持久设计和地震设计状况,一般情况下连接部分的承载力都不会小于杆件,所以接缝的正截面受压、受拉及受弯承载力可不必计算,只需验算抗剪承载力。其中,接缝受剪承载力增大系数,抗震等级一、二级的取 1.2,抗震等级三、四级的取 1.1,在梁、柱端部箍筋加密区及剪力墙底部加强部位,有强接缝弱构件的要求,详见《装配式混凝土结构技术规程》(JGJ 1—2014)的 6.5.1 条。

（1）预制柱连接方式

预制柱的纵向钢筋连接能选用的方式不是很多,应符合《装配式混凝土结构技术规程》(JGJ 1—2014)的 7.1.2 条规定:当房屋高度不大于 12 m 或层数不超过 3 层时,可采用套筒灌浆、浆锚搭接、焊接等连接方式;当房屋高度大于 12 m 或层数超过 3 层时,宜采用套筒灌浆连接。

（2）叠合梁连接方式

图 1-6 给出了叠合梁连接节点示意图,图 1-7 给出了现场施工实例。

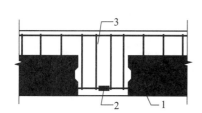

图 1-6　叠合梁连接节点示意图

1- 预制梁;2- 钢筋连接接头;3- 后浇段

图 1-7　现场工程实例

（3）主次梁连接方式

图 1-8 给出了主次梁节点连接构造示意图,图 1-9 给出了主次梁连接节点现场工程实例。

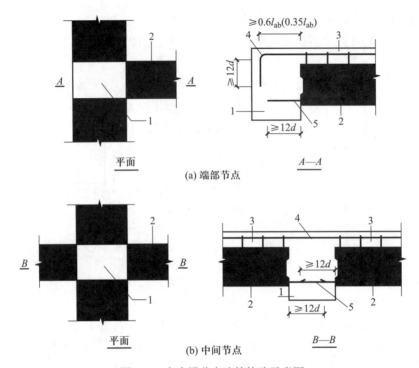

(a) 端部节点

(b) 中间节点

图 1-8　主次梁节点连接构造示意图

1- 主梁后浇段；2- 次梁；3- 后浇混凝土叠合层；4- 次梁上部纵向钢筋；5- 次梁下部纵向钢筋

图 1-9　主次梁连接节点现场施工实例

二、装配整体式框架 – 现浇剪力墙结构

1. 基本结构形式及特点

当前国内的装配式框架剪力墙结构主要为装配整体式框架 – 现浇剪力墙结构，剪力墙不能进行预制。装配整体式框架 – 现浇剪力墙结构的形式及特点：主体结构框架预制、主体结构剪力墙现浇、楼板采用叠合楼板，楼梯、雨篷、阳台等结构预制；特点是工业化程度高，施

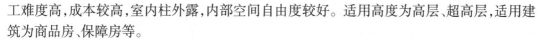

工难度高,成本较高,室内柱外露,内部空间自由度较好。适用高度为高层、超高层,适用建筑为商品房、保障房等。

2. 结构设计要点

框架梁、板采用部分预制加叠合层,框架柱采用预制柱,剪力墙采用现浇,通过必要的构造措施,保证连接节点在满足抗震延性需求的条件下,采用等同现浇框架剪力墙结构设计理念,因此,在建筑使用高度和抗震构造措施上,规范并未对其进行严格的限制。《装配式框架及框架 – 剪力墙结构设计规程》(DB 11/1310—2015)规定:水平地震作用下应对现浇剪力墙的墙肢弯矩、剪力分别乘以 1.1 和 1.2 的增大系数。因此,必要的连接节点(缝)的验算,成为装配式框架剪力墙结构的计算要点。《装配式混凝土结构技术规程》(JGJ 1—2014)规定了预制梁端竖向接缝与柱底水平接缝的受剪承载力计算公式。

3. 关键构件、节点与连接设计方法及技术手段

应充分优化结构平面布置,使剪力墙充分发挥其可提供较大抗侧刚度的作用,对高烈度地区,高预制率要求下,框架 – 剪力墙结构宜选择"一字形"或"回字形"平面布置,不宜选择"L 形"平面布置。

具有良好承载力及延性的梁柱节点,是保证框架梁柱大震作用下变形的前提,在当前等同现浇设计的理念下,必须采取充分的节点构造及现场质量监管,控制好预制构件之间结合面的处理,检验好预制构件钢筋之间的连接,以确保连接节点可以满足"强节点、强锚固"的设计需求。

预制柱之间的连接通常采用湿式连接,湿式连接控制的要点为纵向钢筋的连接及灌浆料的灌注,宜适当优化钢筋间距,优先采用"大直径、少根数",减少钢筋的连接数量,灌浆孔预留的得当、可靠是保证注浆质量的关键所在。位于结构外围的预制柱宜预留耳板,以减少现场模板作业,为保证结构整体刚度,预制框架梁与框架柱、预制框架梁与框架梁之间的连接,通常采用湿式连接,与现浇混凝土之间连接的梁端预留键槽,若有需要可设置必要的抗剪钢筋,梁纵向钢筋可采用机械连接。

三、装配整体式剪力墙结构

1. 基本概念、特点、优势及应用场景

剪力墙、梁等主要受力构件部分或全部由预制混凝土构件(预制的力墙、预制梁)组成,再与叠合楼板、楼梯、内隔墙等预制部件构成装配整体式混凝结构。该体系特点是工业化程度高,房间空间完整,无梁柱外露,施工难度高,成本较高,可选择局部或全部预制,空间灵活度一般。装配式剪力墙体系是目前研究最多、应用最多的结构体系。适用高度为高层、超高层,适用建筑为商品房、保障房等。

2. 设计技术要点与一般规定

为提高装配整体式剪力墙结构的整体性,增强关键部位的延性,《装配式混凝土建筑技术标准》(GB/T 51231—2016)、《装配式混凝土结构技术规程》(JGJ 1—2014)和《装配式剪力墙结构设计规程》(DB 11/1003—2013)规定了建筑结构不适合采用预制而适合采用现浇的区域:高层装配整体式剪力墙结构设置地下室时,宜采用现浇混凝土;底部加强部位宜采用现浇混凝土;结构转换层和作为上部结构嵌固部位的楼层宜采用现浇楼盖;屋面层和平面受力复杂的楼层宜采用现浇楼盖。楼梯平台板和梯梁宜采用现浇结构。预制构件实施范

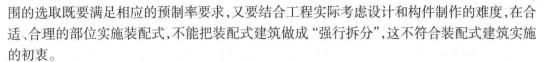

围的选取既要满足相应的预制率要求,又要结合工程实际考虑设计和构件制作的难度,在合适、合理的部位实施装配式,不能把装配式建筑做成"强行拆分",这不符合装配式建筑实施的初衷。

（1）拆分设计一般规定

方案设计应与结构拆分设计结合,避免复杂的外立面线条、大进深的凹廊等。构件拆分成果应保证工厂生产和现场施工的可行性,并尽可能地方便现场施工。构件拆分设计必须解决节点钢筋的锚固问题,避免钢筋冲突和锚固长度不足。设计功能务必完善,插座、开关、电器预留接口、安装预留洞口高度、数量、位置要合理。各专业使用功能无冲突。

（2）后浇段"节点"设计一般规定

后浇段尽量选用规范要求和图集推荐的一字形、L形、T形节点。当预制墙体过长分为两片墙体时,或在单片预制墙体端部,采用一字形节点连接。两墙垂直相交时采用L形节点连接。三墙相交时采用T形节点。相邻预制墙片之间应设置后浇段,宽度应同墙厚,后浇段的长度,当预制剪力墙的长度不大于1 500 mm时不宜小于150 mm,大于1 500 mm时不宜小于200 mm;后浇段内应设置竖向钢筋和水平环箍,竖向钢筋配筋率不小于墙体竖向分布筋配筋率,水平环箍配筋率不小于墙体水平钢筋配筋率;预制剪力墙的水平钢筋应在后浇段内锚固,或与后浇段内水平钢筋焊接或搭接连接。

3. 预制构件的设计和连接技术

（1）外墙和内墙

当外墙采用预制墙板时,建议采用预制混凝土夹心保温剪力墙板。当采用复合夹心保温外墙时,构造要满足墙体的保温隔热要求。采用夹心外墙板时穿透保温材料的连接件,宜采用非金属材料。当采用金属构件连接内外两层混凝土板时,应避免连接钢筋的热桥部位结露。开洞的预制墙洞口两侧设计成边缘构件以利于钢筋锚固。外窗洞口上方应避免设计单独的预制梁以防止出现真缝导致渗漏。预制外墙的大小要考虑工程的合理性、经济性,运输的可能性和现场的吊装能力。

预制内墙的构造做法及连接节点与预制外墙基本类似,其实施部位更加灵活,有更多的选择余地,根据具体工程中的户型布置和墙段长度,结合机电、装修可以深化集成的部位进行分段,通过调整后浇段长度,使预制构件的尺寸达到标准化。根据项目经验,宜尽可能地在无洞口范围内采用预制内墙,可以使预制率得到提高,构件的生产制作也相对容易。

（2）梁

轻质墙体下方宜做无梁设计。现浇结构之间的梁宜根据需要采用现浇梁或现浇连梁,且梁纵向钢筋宜采用直锚。内墙当采用全预制梁时,为方便施工,梁纵向钢筋宜直锚入后浇段,此时后浇段尺寸应满足钢筋锚固长度要求。

（3）叠合板

叠合板连接方式宜采用"后浇带"式以防止接缝处出现裂缝。当采用"双向板"时,为方便安装,至少一个方向是无梁支座。厨房、卫生间等预埋管道多的部位不建议设计叠合楼板。

（4）楼梯

混凝土预制楼梯,特别能体现出工厂化预制的便捷、高效、优质、节约的特点。住宅楼梯包括两跑楼梯和单跑剪刀楼梯,可采用的预制构件包括梯板、梯梁、平台板和防火分隔板等。

预制楼梯宜采用清水混凝土饰面,采取措施加强成品保护。楼梯踏面的防滑构造应在工厂预制时一次成型,节约人工、材料和后期维护,节能增效。采用统一的住宅层高,实现预制楼梯的模数化、标准化。

任务 1.4 装配式建筑的建材特性与施工要求

一、装配式建筑的建材特性

装配式混凝土预制构件所使用的材料主要包括混凝土、钢筋、连接件、预埋件及保温材料等,材料的质量应符合国家及行业相关标准的规定,并按规定进行复检,经减压合格后方可使用。不得使用国家及地方政府明令禁止的材料。

1. 装配式混凝土预制构件所用材料的质量要求

（1）混凝土

预制构件生产企业可以外购商品混凝土,也可以在工厂建设混凝土搅拌站进行自拌,应准备的混凝土生产原材料包括水泥、骨料、外加剂、掺和料等。

混凝土的主要性能包括拌和物的工作性能与硬化后的力学性能和耐久性能。预制构件用混凝土的工作性能取决于构件浇捣时的生产、施工工艺要求,力学性能和耐久性能应满足设计文件和国家相关标准的要求。对预制构件生产,为提高模具和货柜周转率,混凝土除满足设计强度等级的要求外,还应考虑构件特定的养护环境和龄期下达到脱模和出场所需强度的要求,预应力混凝土构件还要考虑预应力张放强度的要求。

相对于普通的商品混凝土,预制构件用混凝土一般具有以下特点。

① 要求有较快的早期强度发展速度。

② 对坍落度损失的控制时间较短,由于厂区内的混凝土运输距离短,一般混凝土从出机到浇捣完成在 30 min 内即可,坍落度保持时间过长,反而会影响构件的后处理,并对早期强度的发展不利。

③ 同一强度等级的混凝土,一般需要对不同类型的构件、养护环境和龄期设计不同的配合比。

④ 普通预制混凝土构件的强度等级不应低于同楼层、同类型现浇混凝土强度且不应低于 C30。预应力混凝土构件的强度等级不应低于同楼层、同类型现浇混凝土强度且不宜低于 C40,预应力筋放张时,混凝土强度应符合设计要求,且同条件养护的混凝土立方体抗压强度不低于设计混凝土强度等级值的 75%。

（2）钢筋

① 预制构件采用的钢筋和钢材应符合现行国家标准《混凝土结构设计规范》（GB 50010—2010）的规定并符合设计要求。

② 热轧带肋钢筋和热轧光圆钢筋应分别符合现行国家标准《钢筋混凝土用钢　第 2 部分:热轧带肋钢筋》（GB/T 1499.2—2018）和《钢筋混凝土用钢　第 1 部分:热轧光圆钢筋》（GB/T 1499.1—2017）的规定。

③ 预应力钢筋应符合现行国家标准《预应力混凝土用螺纹钢筋》（GB/T 20065—

2016）、《预应力混凝土用钢丝》（GB/T 5223—2014）和《预应力混凝土用钢绞线》（GB/T 5224—2014）等的要求。

④ 钢筋焊接网片应符合现行国家标准《钢筋混凝土用钢　第 3 部分：钢筋焊接网》（GB/T 1499.3—2010）及行业标准《钢筋焊接网混凝土结构技术规程》（JGJ 114—2014）的要求。

⑤ 钢筋桁架应符合现行行业标准《钢筋混凝土用钢筋桁架》（YB/T 4262—2011）的要求。

⑥ 钢材宜采用 Q235、Q345、Q390、Q420 钢；当有可靠依据时，也可采用其他型号钢材。

⑦ 吊环应采用未经冷加工的 HPB300 钢筋制作。吊装用内埋式螺母、吊杆及配套吊具，应根据相应的产品标准和设计规定选用。

（3）预埋件

预埋件应满足下列要求。

① 预埋件的材料、品种、规格、型号应符合国家相关标准规定和设计要求。

② PVC 线盒、线管和配件质量应符合现行国家和行业标准《建筑排水用硬聚氯乙烯（PVC–U）管材》（GB/T 5836.1—2018）、《建筑排水用硬聚氯乙烯（PVC–U）管件》（GB/T 5836.2—2018）、《给水用硬聚氯乙烯（PVC–U）管材》（GB/T 10002—2006）、《电缆管理用导管系统》（GB/T 20041）、《电气安装用阻燃 PVC 塑料平导管通用技术条件》（GA 305）、《建筑用绝缘电工套管及配件》（JG 3050—1998）等的相关要求。

③ KBG/JDG 线盒、线管和配件质量应符合国家现行标准《电缆管理用导管系统　第 1 部分：通用要求》（GB/T 20041.1—2015）和《电缆管理用导管系统　第 21 部分：刚性导管系统的特殊要求》（GB/T 20041.21—2017）等的相关规定。

④ 预埋件及管线的防腐防锈应满足《工业建筑防腐蚀设计规范》（GB/T 50046—2018）和《涂覆涂料前钢材表面处理　表面清洁度的目视评定》（GB/T 8923）的规定。

⑤ 预埋件锚板用钢材宜采用 Q235 钢、Q345 钢，钢材等级不应低于 B 级；其质量应符合《碳素结构钢》（GB/T 700）和《低合金高强度结构钢》（GB/T 1591—2018）的规定，当采用其他牌号的钢材时，尚应符合相应有关标准的规定和要求；预埋件的锚筋应采用未经冷加工的热轧钢筋制作。

（4）保温连接件

在夹芯保温外墙板中设置的用于连接保温层和两侧预制混凝土层的连接件（图 1–10）应满足下列要求。

① 连接件受力材料应满足现行国家及行业标准的技术要求。

② 连接件应具有足够的抗拉承载力、抗剪承载力和抗扭承载力及与混凝土的锚固力，还应具有良好的变形能力和耐久性能。

③ 连接件的规格型号应满足设计文件的要求。

（5）保温材料

预制混凝土夹心保温外墙板宜采用挤塑聚苯板或聚氨酯保温板作为保温材料，保温材料除应符合设计要求外，尚应符合现行国

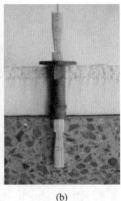

(a)　　　　　　　(b)

图 1–10　保温连接件

家和地方标准要求。

挤塑聚苯板主要性能指标应符合表 1-2 的要求,其他性能指标应符合现行国家标准《绝热用模塑聚苯乙烯泡沫塑料》(GB/T 10801.1—2002)标准要求。

表 1-2 挤塑聚苯板性能指标要求

项目	单位	性能指标	试验方法
密度	kg/m³	30~35	参见 GB/T 6364—2013
热导率	W/(m·K)	≤0.03	参见 GB/T 10294—2008
压缩强度	MPa	≥0.2	参见 GB/T 8813—2020
燃烧性能	级	不低于 B_2 级	参见 GB 8624—2012
尺寸稳定性	%	≤2.0	参见 GB/T 8811—2008
吸水率(体积分数)	%	≤1.5	参见 GB/T 8810—2005

聚氨酯保温板主要性能指标应符合表 1-3 的要求,其他性能指标应符合现行行业标准《聚氨酯硬泡复合保温板》(JG/T 314—2012)标准要求。

表 1-3 聚氨酯保温板性能指标要求

项目	单位	性能指标	试验方法
表观密度	kg/m³	≥32	GB/T 6343—2013
热导率	W/(m·K)	≤0.024	GB/T 10294—2008
压缩强度	MPa	≥0.15	GB/T 8813—2020
拉伸强度	MPa	≥0.15	GB/T 9641—1988
吸水率(体积分数)	%	≤3	GB/T 8810—2005
燃烧性能	级	不低于 B_2 级	GB 8624—2012
尺寸稳定性	%	80℃ 48 h ≤1.0 -30℃ 48 h ≤1.0	GB/T 8811—2008

2. 预制构件用混凝土质量的影响因素

混凝土的质量影响因素主要包括原材料的选用、水灰比、养护条件、环境等,而预制构件所用混凝土可购买商品混凝土,也可在工厂自设搅拌站,由于建筑业与工业化的深度融合,在预制构件所用混凝土的质量主要影响因素为原材料的选用,应符合下列要求。

① 水泥宜采用不低于 42.5 级硅酸盐、普通硅酸盐水泥,质量应符合现行国家标准《通用硅酸盐水泥》(GB 175—2007)的规定。水泥应与所使用的外加剂具有良好的适应性,宜优先选用早期强度高、凝结时间较短的普通硅酸盐水泥。

② 砂质量应符合《普通混凝土用砂、石质量及检验方法标准》(JGJ 52—2006)的规定,宜选用Ⅱ区中砂,根据当地砂的来源情况选用河砂、机制砂或其他砂种。

③ 石质量应符合《普通混凝土用砂、石质量及检验方法标准》(JGJ 52—2006)的规定,最大公称粒径应符合现行国家标准《混凝土质量控制标准》(GB 50164—2011)的有关规

定,宜选用 5～20 mm 连续级配的碎石。

④ 外加剂宜选用高性能减水剂 HPWR,其质量应符合现行国家标准《混凝土外加剂》(GB 8076—2008)的规定,并满足工厂混凝土缓凝、早强等要求,外加剂的掺量应经试验确定。

⑤ 粉煤灰及其他矿物掺和料应符合《用于水泥和混凝土中粉煤灰》(GB/T 1596—2017)等国家及行业相关标准规定,宜选用 Ⅱ 级或优于 Ⅱ 级的粉煤灰。

⑥ 拌和用水应符合现行行业标准《混凝土拌合用水标准》(JGJ 63—2006)的规定。

二、装配式建筑建材施工要求

1. 预制构件用混凝土与现浇混凝土的区别

在工厂中预制混凝土构件,最大的优越性是有利于质量控制,而在现浇混凝土时,由于条件的限制,很多方面是难以做到的。这种优越性主要体现在以下几个方面。

(1)便于预应力钢筋或钢丝的张拉

在楼板、桁条等建筑构件中,常常配有预应力钢筋,这些钢筋不同于普通钢筋,它们在浇筑混凝土前预先加上一个外力,将其张拉。钢筋的张拉应力值对所制备构件的力学性质有着相当大的影响,必须严格加以控制。在现场张拉钢筋常常受到施工条件的限制,即便可以张拉,也可能由于锚固不好,或模板的松动等原因,使张拉应力松弛而达不到设计的要求。而在预制构件厂中,由于有专门的场地、专用的模具和锚固件,以及专用的钢筋张拉设备,因而能比较好地控制钢筋的张拉应力。

(2)便于混凝土的质量控制

预制构件厂一般是一些专业性的企业,它们对所生产的构件具有一定的专业知识和较丰富的经验,对混凝土的制备控制比较严格,由于不受场地的限制,成型、振捣都比较容易。因此,比较容易控制混凝土的质量。

(3)便于养护

混凝土的养护对混凝土的质量来说是一个十分重要的环节。在施工现场,由于受到条件的限制,一般只是采取自然养护,因而受环境影响较大。而在预制厂中生产预制构件,由于它是一个独立的构件,相对于建筑物而言,它的体积要小得多,因而可以采取较灵活的养护方式,如室内养护、蒸汽养护等。

2. 装配式预制混凝土构件中的预埋件要求

预制混凝土构件中的预埋件用钢材及焊条的性能应符合实际要求,其加工允许偏差应符合表 1-4 的规定。

表 1-4　预埋件加工允许偏差

项次	检验项目		允许偏差 /mm	检验方法
1	预埋件锚板的边长		0, -5	钢尺量测
2	预埋件锚板的平整度		1	直尺和塞尺量测
3	锚筋	长度	10, -5	钢尺量测
		间距偏差	± 10	钢尺量测

3. 有特殊要求的（如裸露的）埋件的热镀锌处理

镀锌是指在金属、合金或其他材料的表面镀一层锌以起到美观、防锈等作用的表面处理技术。主要采用的方法是热镀锌。

锌易溶于酸，也能溶于碱，故称它为两性金属。锌在干燥的空气中几乎不发生变化。在潮湿的空气中，锌表面会生成致密的碱式碳酸锌膜。在含二氧化硫、硫化氢及海洋性气氛中，锌的耐蚀性较差，尤其是在高温高湿含有机酸的气氛里，锌镀层极易被腐蚀。锌的标准电极电位为 $-0.76V$，对钢铁基体来说，锌镀层属于阳极性镀层，它主要用于防止钢铁的腐蚀，其防护性能的优劣与镀层厚度关系很大。锌镀层经钝化处理、染色或涂覆护光剂后，能显著提高其防护性和装饰性。

热镀锌的生产工序主要包括材料准备→镀前处理→热浸镀→镀后处理→成品检验等。按照习惯往往根据镀前处理方法的不同，把热镀锌工艺分为线外退火和线内退火两大类。在装配式混凝土预制构件中（图 1-11），各类构件均有裸露的钢筋和预埋件，必要时需考虑采取热镀锌处理。

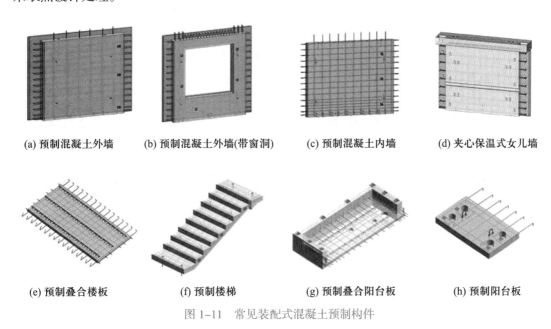

(a) 预制混凝土外墙　　(b) 预制混凝土外墙(带窗洞)　　(c) 预制混凝土内墙　　(d) 夹心保温式女儿墙

(e) 预制叠合楼板　　(f) 预制楼梯　　(g) 预制叠合阳台板　　(h) 预制阳台板

图 1-11　常见装配式混凝土预制构件

任务 1.5　部分装配式建筑相关的规范要求

一、《装配式住宅建筑设计标准》（JGJ/T 398—2017）

1. 简介

2018 年 6 月 1 日起开始实施的《装配式住宅建筑设计标准》（JGJ/T 398—2017）是国内首部面向全国的关于装配式住宅建筑设计类的指导文件，其从建筑设计源头建立装配式住宅的建设标准体系，明确技术要点，引导、促进和规范装配式住宅的建设，改变各地建设水平参差不齐的现状,对引导促进建筑产业现代化可持续性发展具有重要意义。该标准主要包括 8 个部分的内容:① 总则;② 术语;③ 基本规定;④ 建筑设计;⑤ 建筑结构体与主体部件;⑥ 建筑内装体与内装部品;⑦ 围护结构;⑧ 设备及管线。该标准适用于采用装配式建筑结构体与建筑内装体集成化建造的新建、改建和扩建住宅建筑设计。

2. 基本规定

① 装配式住宅的安全性能、适用性能、耐久性能、环境性能、经济性能和适老性能等应符合国家现行相关标准的规定。

② 装配式住宅应在建筑方案设计阶段进行整体技术策划,对技术选型、技术经济可行性和可建造性进行评估,科学合理地确定建造目标与技术实施方案。整体技术策划应包括下列内容:概念方案和结构选型的确定;生产部件部品工厂的技术水平和生产能力的评定;部件部品运输的可行性与经济性分析;施工组织设计及技术路线的制订;工程造价及经济性的评估。

③ 装配式住宅建筑设计宜采用住宅建筑通用体系,以集成化建造为目标实现部件部品的通用化、设备及管线的规格化。

④ 装配式住宅建筑应符合建筑结构体和建筑内装体的一体化设计要求,其一体化技术集成应包括下列内容:建筑结构体的系统及技术集成;建筑内装体的系统及技术集成;围护结构的系统及技术集成;设备及管线的系统及技术集成。

⑤ 装配式住宅建筑设计宜将建筑结构体与建筑内装体、设备管线分离。

⑥ 装配式住宅设计应满足标准化与多样化要求,以少规格多组合的原则进行设计,应包括下列内容:建造集成体系通用化;建筑参数模数化和规格化;套型标准化和系列化;部件部品定型化和通用化。

⑦ 装配式住宅建筑设计应遵循模数协调原则,并应符合现行国家标准《建筑模数协调标准》(GB/T 50002—2013)的有关规定。

⑧ 装配式住宅设计除应满足建筑结构体的耐久性要求,还应满足建筑内装体的可变性和适应性要求。

⑨ 装配式住宅建筑设计选择结构体系类型及部件部品种类时,应综合考虑使用功能、生产、施工、运输和经济性等因素。

⑩ 装配式住宅主体部件的设计应满足通用性和安全可靠要求。

⑪ 装配式住宅内装部品应具有通用性和互换性,满足易维护的要求。

⑫ 装配式住宅建筑设计应满足部件生产、运输、存放、吊装施工等生产与施工组织设计的要求。

⑬ 装配式住宅应满足建筑全寿命期要求,应采用节能环保的新技术、新工艺、新材料和新设备。

二、《装配式混凝土结构技术规程》(JGJ 1—2014)

1. 简介

《装配式混凝土结构技术规程》(JGJ 1—2014)是在原《装配式大板居住建筑设计和施工规程》(JGJ 1—91)基础上修订完成,在原规程的基础上扩大了适用范围,加强了装配式结构整体性的设计要求,实现等同现浇的要求。该规程包含了装配式框架结构、剪力墙结构等几种主要的结构形式,除结构设计的内容外,还补充、强化了建筑设计、加工制作、安装、工程验收等环节,着重强调钢筋的连接以及预制构件与后浇混凝土或拼缝材料之间的连接,突出整体性要求,以保证结构的抗震性能和整体稳固性。该规程主要包括 13 个部分的内容:① 总则;② 术语和符号;③ 基本规定;④ 材料;⑤ 建筑设计;⑥ 结构设计基本规定;⑦ 框架结构设计;⑧ 剪力墙结构设计;⑨ 多层剪力墙结构设计;⑩ 外挂墙板设计;⑪ 构件制作与运输;⑫ 结构施工;⑬ 工程验收。

2. 基本规定

① 在装配式建筑方案设计阶段,应协调建设、设计、制作、施工各方之间的关系,并应加强建筑、结构、设备、装修等专业之间的配合。

② 装配式建筑设计应遵循少规格、多组合的原则。

③ 装配式结构的设计应符合现行国家标准《混凝土结构设计规范》(GB 50010—2010)的基本要求,并应符合下列规定:应采取有效措施加强结构的整体性;装配式结构宜采用高强混凝土、高强钢筋;装配式结构的节点和接缝应受力明确、构造可靠,并应满足承载力、延性和耐久性等要求;应根据连接节点和接缝的构造方式和性能,确定结构的整体计算模型。

④ 抗震设防的装配式结构,应按现行国家标准《建筑工程抗震设防分类标准》(GB 50223—2015)确定抗震设防类别及抗震设防标准。

⑤ 装配式结构中,预制构件的连接部位宜设置在结构受力较小的部位,其尺寸和形状应符合下列规定:应满足建筑使用功能、模数、标准化要求,并应进行优化设计;应根据预制构件的功能和安装部位、加工制作及施工精度等要求,确定合理的公差;应满足制作、运输、堆放、安装及质量控制要求。

⑥ 预制构件深化设计的深度应满足建筑、结构和机电设备等各专业以及构件制作、运输、安装等各环节的综合要求。

三、《装配式混凝土建筑技术标准》(GB/T 51231—2016)

1. 简介

《装配式混凝土建筑技术标准》(GB/T 51231—2016)作为重要的装配式建筑技术标准之一,明确了装配式建筑的定义:装配式建筑是建筑结构系统、外围护系统、内装系统和设备与管线系统的主要部分采用预制部品部件集成的建筑。该标准既秉承装配式建筑标准的集成性和一体化特点,同时又兼顾了结构系统设计的重要性。在结构设计的内容上,该标准结合了近几年的科研成果和工程实践经验,对《装配式混凝土结构技术规程》(JGJ 1—2014)的技术内容和条文进行补充完善,丰富发展了装配式混凝土结构的成熟新技术、新工艺。除此之外,标准中针对装配式混凝土预制构件的生产运输、施工安装、质量验收等内容都提出了明确的规定和要求。该标准主要包括 11 个部分的内容:① 总则;② 术语和符号;③ 基本规定;④ 建筑集成设计;⑤ 结构系统设计;⑥ 外围护系统设计;⑦ 设备与管线系统设计;⑧ 内装系统设计;⑨ 生产运输;⑩ 施工安装;⑪ 质量验收。

2. 基本规定

① 装配式混凝土建筑应采用系统集成的方法统筹设计、生产运输、施工安装,实现全过程的协同。

② 装配式混凝土建筑设计应按照通用化、模数化、标准化的要求,以少规格、多组合的

原则,实现建筑及部品部件的系列化和多样化。

③ 部品部件的工厂化生产应建立完善的生产质量管理体系,设置产品标识,提高生产精度,保障产品质量。

④ 装配式混凝土建筑应综合协调建筑、结构、设备和内装等专业,制订相互协同的施工组织方案,并应采用装配式施工,保证工程质量,提高劳动效率。

⑤ 装配式混凝土建筑应实现全装修,内装系统应与结构系统、外围护系统、设备与管线系统一体化设计建造。

⑥ 装配式混凝土建筑宜采用建筑信息模型(BIM)技术,实现全专业、全过程的信息化管理。

⑦ 装配式混凝土建筑宜采用智能化技术,提升建筑使用的安全、便利、舒适和环保等性能。

⑧ 装配式混凝土建筑应进行技术策划,对技术选型、技术经济可行性和可建造性进行评估,并应科学合理地确定建造目标与技术实施方案。

⑨ 装配式混凝土建筑应满足适用性能、环境性能、经济性能、安全性能、耐久性能等要求,并应采用绿色建材和性能优良的部品部件。

四、《装配式建筑评价标准》(GB/T 51129—2017)

1. 简介

2018年2月1日起实施的《装配式建筑评价标准》(GB/T 51129—2017),以装配率作为统一指标来考量建筑的装配化程度,整合了各地标准中预制率、预制装配率、装配化率等评价指标,使装配式建筑的评价工作更为简捷明确和易于操作。拓展了装配率计算指标的范围,设置了控制性指标,明确了装配式建筑最低准入门槛,以竖向构件、水平构件、围护墙和分隔墙、全装修等指标,分析建筑单体的装配化程度。该标准以装配式建筑作为最终产品对建筑的装配化等级进行定量的评价,可作为地方政府制定相关奖励性政策的依据。该标准主要包括5部分内容:① 总则;② 术语;③ 基本规定;④ 装配率计算;⑤ 评价等级划分。

2. 基本规定

① 装配率计算和装配式建筑等级评价应以单体建筑作为计算和评价单元,并应符合下列规定:主体建筑应按项目规划批准文件的建筑编号确认;主楼和裙房组成时,主楼和裙房可按不同的单体建筑进行计算和评价;单体建筑的层数不大于3层,且地上建筑面积不超过500 m² 时,可由多个单体建筑组成建筑组团作为计算和评价单元。

② 装配式建筑评价宜符合下列规定:设计阶段宜进行预评价,并应按设计文件计算装配率;项目评价应在项目竣工验收后进行,并应按竣工验收资料计算装配率和确定评价等级。

③ 装配式建筑应同时满足下列要求:主体结构部分的评价分值不低于20分;围护墙和内隔墙部分的评价分值不低于10分;采用全装修;装配率不低于50%。

④ 装配式建筑宜采用装配化装修。

五、《装配式住宅建筑检测技术标准》(JGJ/T 485—2019)

1. 简介

自2020年6月1日起实施的《装配式住宅建筑检测技术标准》(JGJ/T 485—2019),适用于新建装配式住宅建筑在工程施工与竣工验收阶段的现场检测。标准明确了装配式住宅建筑的现场检测要求,对装配式住宅建筑的检测方法做出了明确的规定。该标准主要包括装配式混凝土结构检测、装配式钢结构检测、装配式木结构检测、外围护系统检测、设备与管线系统检测、内装系统检测等内容,适用于安装施工与竣工验收阶段装配式住宅建筑的检测等内容。标准的出台,填补了装配式住宅建筑检测技术标准的空白,为安装施工与竣工验收阶段装配式住宅建筑的现场检测提供了技术依据,对保证装配式住宅建筑的工程质量具有重大的显示意义。该标准包括了 9 个部分内容:① 总则;② 术语;③ 基本规定;④ 装配式混凝土结构检测;⑤ 装配式钢结构检测;⑥ 装配式木结构检测;⑦ 外围护系统检测;⑧ 设备与管线系统检测;⑨ 装饰装修系统检测。

2. 基本规定

① 装配式住宅建筑检测应包括结构系统、外围护系统、设备与管线系统、装饰装修系统等内容。

② 工程施工阶段,应对装配式住宅建筑的部品部件及连接等进行现场检测;检测工作应结合施工组织设计分阶段进行,正式施工开始至首层装配式结构施工结束宜作为检测工作的第一阶段,对各阶段检测发现的问题应及时整改。

③ 工程施工和竣工验收阶段,当遇到下列情况之一时,应进行现场补充检测:涉及主体结构工程质量的材料、构件以及连接的检验数量不足;材料与部品部件的驻厂检验或进场检验缺失,或对其检验结果存在争议;对施工质量的抽样检测结果达不到设计要求或施工验收规范要求;对施工质量有争议;发生工程质量事故,需要分析事故原因。

④ 第一阶段检测前,应在现场调查基础上,根据检测目的、检测项目、建筑特点和现场具体条件等因素制订检测方案。

⑤ 现场调查应包括下列内容:收集被检测装配式住宅建筑的设计文件、施工文件和岩土工程勘察报告等资料;场地和环境条件;被检测装配式住宅建筑的施工状况;预制部品部件的生产制作状况。

⑥ 检测方案宜包括下列内容:工程概况;检测目的或委托方检测要求;检测依据;检测项目、检测方法以及检测数量;检测人员和仪器设备;检测工作进度计划;需要现场配合的工作;安全措施;环保措施。

⑦ 装配式住宅建筑的现场检测可采用全数检测和抽样检测两种检测方式,遇到下列情况时宜采用全数检测方式:外观缺陷或表面损伤的检查;受检范围较小或构件数量较少;检测指标或参数变异性大、构件质量状况差异较大。

⑧ 装配式住宅建筑施工过程应测量结构整体沉降和倾斜,测量方法应符合现行行业标准《建筑变形测量规范》(JGJ 8—2016)的规定。

⑨ 当仅采用静力性能检测无法进行损伤识别和缺陷诊断时,宜对结构进行动力测试。动力测试应符合现行国家标准《建筑结构检测技术标准》(GB/T 50344—2019)的规定。

⑩ 检测结束后,应修补检测造成的结构局部损伤,修补后的结构或构件的承载能力不应低于检测前承载能力。

⑪ 每一阶段检测结束后应提供阶段性检测报告,检测工作全部结束后应提供项目检测报告。检测报告应包括工程概况、检测依据、检测目的、检测项目、检测方法、检测仪器、检测数据和检测结论等内容。

任务 1.6　装配式建筑图纸识读

一、装配式混凝土建筑识图基本知识

1. 图纸制成原理与基本概念

装配式建筑工程施工图与传统的建筑工程施工图相比,也是由建筑施工图、结构施工图和设备施工图组成。装配式建筑工程施工图除要在平面、立面、剖面准确表达预制构件的应用范围、构件编号及位置、安装节点等要求外,还应包括典型预制构件图、配件标准化设计与选型、预制构件性能设计等内容。施工图设计必须要满足后续预制构件深化设计要求,在施工图初步设计阶段就要与深化设计单位充分沟通,将装配式建筑施工要求融入施工图设计中,减少后续图纸变更或更改,确保施工图设计图纸的深度对深化设计需要协调的要点已经充分清晰表达。

装配式建筑工程施工图与传统的建筑工程施工图不同的是还有一个预制构件施工图深化设计阶段,包括平立面安装布置图、典型构件安装节点详图、预制构件安装构造详图及各专业设计预留预埋件定位图。

2. 图纸说明的识读

在设计总说明中,添加了装配式混凝土结构专项说明,装配式混凝土结构专项说明可以与结构设计总说明合并编写,也可单独编写。当选用配套标准图集的构件和做法时,应满足选用图集的规定,并将配套图集列于设计文件中。

① 了解依据性文件名称和文号,如批文、本专业设计所执行的主要法规和所采用的主要标准(包括标准名称、编号、年号和版本号)及设计合同等。

② 了解项目概况。内容一般有建筑名称、建设地点、建设单位、建筑面积、建筑基底面积、项目设计规模等级、设计使用年限、建筑层数和建筑高度、建筑防火分类和耐火等级、人防工程类别和防护等级,人防建筑面积、屋面防水等级、地下室防水等级、主要结构类型、抗震设防烈度、项目内采用装配整体式结构单体的分布情况,范围、规模及预制构件种类、部位等,以及能反映建筑规模的主要技术经济指标,如住宅的套型和套数(包括每套的建筑面积、使用面积)、旅馆的客房间数和床位数、医院的门诊人次和住院部的床位数、车库的停车泊位数等;各装配整体式建筑单体的建筑面积统计,应列出预制外墙部分的建筑面积,说明外墙预制构件所占的外墙面积比例及计算过程,并说明是否满足不计入规划容积率的条件。

③ 掌握设计标高。搞清工程的相对标高与总图绝对标高的关系。

④ 熟悉用料说明和室内外装修情况。

a. 墙体、墙身防潮层、地下室防水、屋面、外墙面、勒脚、散水、台阶、坡道、油漆、涂料等处的材料和做法,可用文字说明或部分文字说明,部分直接在图上引注或加注索引号,其中应包括节能材料的说明。

b. 预制装配式构件的构造层次,当采用预制外墙时,应注明预制外墙外饰面做法。如预制外墙反打面砖、反打石材、涂料等。

c. 室内装修部分除用文字说明以外也可用表格形式表达,在表上填写相应的做法或代号。

⑤ 说明各类预制构件和现浇构件在不同部位所选用的混凝土强度等级和钢筋级别,以确定相应预制构件预留钢筋的最小锚固长度及最小搭接长度等。

⑥ 注明后浇段、纵筋、预制墙体分布筋等在具体工程中需接长时所采用的连接形式及有关要求。必要时,应注明对接头的性能要求。

二、主体结构施工图纸识读

1. 预制内墙施工图识读

预制混凝土剪力墙内墙板一般为单叶板、实心墙板模式。预制内墙板如图 1–12 所示。

（1）规格及编号

预制内墙板在装配式建筑施工图中,针对不同的形式及规格大小,采用统一的编号规则编写,如图 1–13 所示。

图 1–12 预制内墙板

NQ×× － ×××× － ××××

预制内墙板类型(NQ、NQM1、NQM2、NQM3)

预制内墙板标志宽度、建筑层高,以dm计

预制内墙板洞口宽度和高度,以dm计

墙板类型	示意图	墙板编号	标志宽度	层高	门宽	门高
无洞口内墙		NQ–2128	2100	2800	—	—
固定门垛内墙		NQM1–3028–0921	3000	2800	900	2100
中间门洞内墙		NQM2–3029–1022	3000	2900	1000	2200
刀把内墙		NQM3–3330–1022	3300	3000	1000	2200

图 1–13 预制内墙板规格及编号

（2）图例及符号说明

预制钢筋混凝土内墙板及外墙板所用图例及编号的规定见表 1–5。

表 1–5 预制钢筋混凝土墙板图例

编号或图例	名称	编号或图例	名称
MJ1	吊件		预埋线盒
MJ2	临时支撑预埋螺母	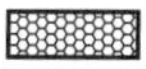	保温层
TT1/TT2	套筒组件		

（3）墙身模板图识读

根据国家标准图集《预制混凝土剪力墙内墙板》（15G365-2）的相关规定，本节以 NQ-1828 为例说明墙身模板图识读，如图 1-14 所示。

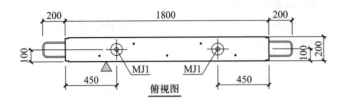

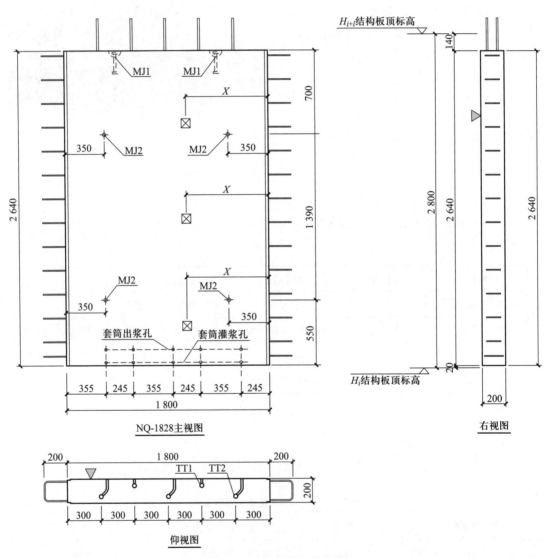

图 1-14 预制内墙板模板图

① 墙板宽 1 800 mm, 高 2 640 mm, 底部预留 20 mm 高灌浆区, 顶部预留 140 mm 后浇区, 厚 200 mm。

② 墙板底部预埋 5 个灌浆套筒(TT), 墙板顶部有 2 个预埋吊件(MJ1), 墙板内侧面有 4 个临时支撑预埋螺母(MJ2), 墙板内侧面有 3 个预埋电气线盒(⊠)。

③ 墙板两侧边钢筋伸出墙边 200 mm。

2. 预制外墙施工图识读

预制混凝土剪力墙外墙由内叶墙板、保温层和外叶墙板组成。预制外墙板如图 1-15 所示。

图 1-15 预制外墙板

(1)规格及编号

预制外墙板在装配式建筑施工图中, 针对不同的形式及规格大小, 采用统一的编号规则编写, 如图 1-16 所示。

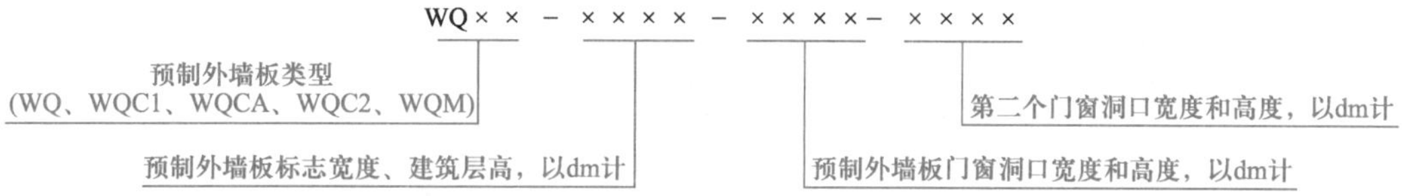

WQ××－××××－××××－××××

预制外墙板类型
(WQ、WQC1、WQCA、WQC2、WQM)

预制外墙板标志宽度、建筑层高, 以dm计

第二个门窗洞口宽度和高度, 以dm计

预制外墙板门窗洞口宽度和高度, 以dm计

墙板类型	示意图	墙板编号	标志宽度	层高	门/窗洞口宽	门/窗洞口高	门/窗洞口宽	门/窗洞口高
无洞口外墙	□	WQ-2428	2400	2800	—	—	—	—
一个窗洞外墙(高窗台)	▣	WQC1-3328-1514	3300	2800	1500	1400	—	—
一个窗洞外墙(矮窗台)	▣	WQCA-3329-1517	3300	2900	1500	1700	—	—
两个窗洞外墙	▢▢	WQC2-4830-0615-1515	4800	3000	600	1500	1500	1500
一个门洞外墙	⊓	WQM-3628-1823	3600	2800	1800	2300		

图 1-16 预制外墙板规格及编号

(2)墙身模板图识读

根据国家标准图集《预制混凝土剪力墙外墙板》(15G365-1)的相关规定, 本节以 NQ-1828 为例说明墙身模板图识读, 如图 1-17 所示。

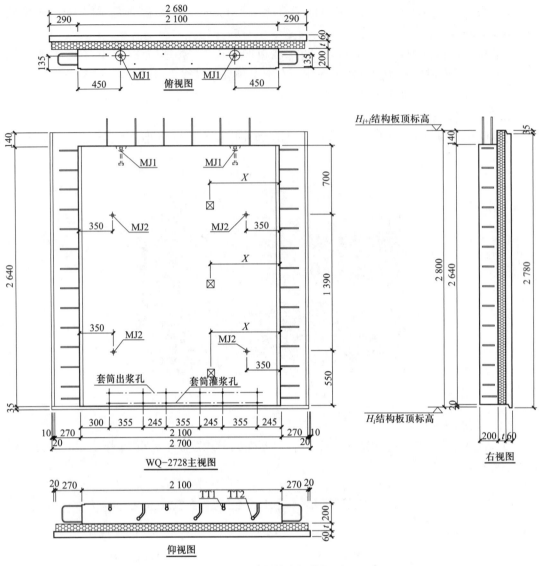

图 1-17　预制外墙板模板图

① 由内而外依次是内叶墙板、保温板和外叶墙板,均同中心轴对称布置。内叶墙板距保温板边 270 mm,外叶墙板距保温板边 20 mm。内叶墙板底部高出结构板顶 20 mm(底部灌浆区),顶部低于上一层结构板顶标高 140 mm。保温板底部与内叶墙板平齐,顶部与上一层结构板顶标高平齐。外叶墙板底低于内叶墙板底部 35 mm。

② 其余外墙板识图内容、方法均与内墙板的识图一致。

3. 预制柱施工图识读

预制柱是指预先按规定尺寸做好模板,然后浇筑成型的混凝土柱,强度达到后再运至施工现场按设计要求位置进行安装固定的柱。在框架结构中,预制柱承受梁和板传来的荷载,并将荷载传给基础,是主要的竖向支撑结构。

预制混凝土柱包括实心柱和矩形柱壳两种形式。预制混凝土柱的外观多种多样,包括矩形、圆形和工字形等。

目前,我国预制装配式混凝土框架结构通常采用分层预制的实心混凝土柱,梁柱节点区域采用现浇混凝土,框架柱纵向钢筋通常采用套筒灌浆连接进行接续。预制柱钢筋笼如图 1-18 所示,预制混凝土实心柱成品如图 1-19 所示,预制混凝土实心柱(带灌浆套筒)如图 1-20 所示。

图 1-18　预制柱钢筋笼

图 1-19　预制混凝土实心柱成品

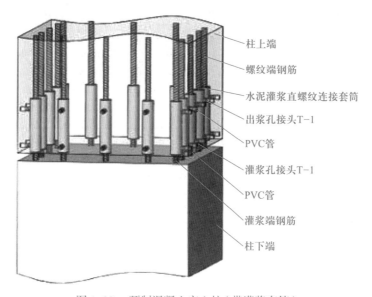

图 1-20　预制混凝土实心柱(带灌浆套筒)

4. 预制板施工图识读

目前,装配式建筑中常用的预制板为桁架钢筋混凝土叠合板,是由预制底板和后浇钢筋混凝土叠合而成的装配整体式楼板,又可分为单向叠合板和双向叠合板。预制叠合板如图 1-21 所示。

(1)规格及编号

预制叠合板在装配式建筑施工图中,针对不同的形式及规格大小,采用统一的编号规则编写,预制双向叠合板编号规则如图 1-22 所示。

例如:底板编号 DBS1-67-3620-31,表示双向受力叠合板用底板,拼板位置为边板,预制底板厚度为 60 mm,后浇叠合层厚度为 70 mm,预制底板的标志跨度为 3 600 mm,预制底

31

板的标志宽度为 2 000 mm,底板跨度方向配筋为 Φ 10@200,底板宽度方向配筋为 Φ 8@200。

预制单向叠合板编号规则如图 1-23 所示。

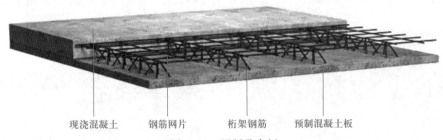

图 1-21 预制叠合板

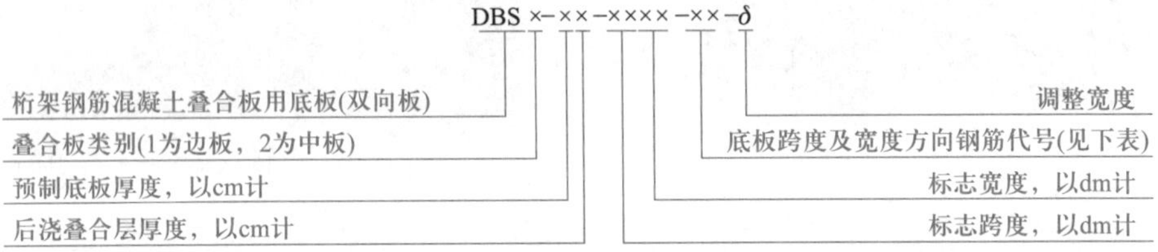

DBS ×－××－××××－××－δ

桁架钢筋混凝土叠合板用底板(双向板)　　　　　　　调整宽度
叠合板类别(1为边板,2为中板)　　　底板跨度及宽度方向钢筋代号(见下表)
预制底板厚度,以cm计　　　　　　　标志宽度,以dm计
后浇叠合层厚度,以cm计　　　　　　标志跨度,以dm计

编号 跨度方向钢筋 / 宽度方向钢筋	Φ8@200	Φ8@150	Φ10@200	Φ10@150
Φ8@200	11	21	31	41
Φ8@150		22	32	42
Φ8@100				43

图 1-22 预制双向叠合板编号规则

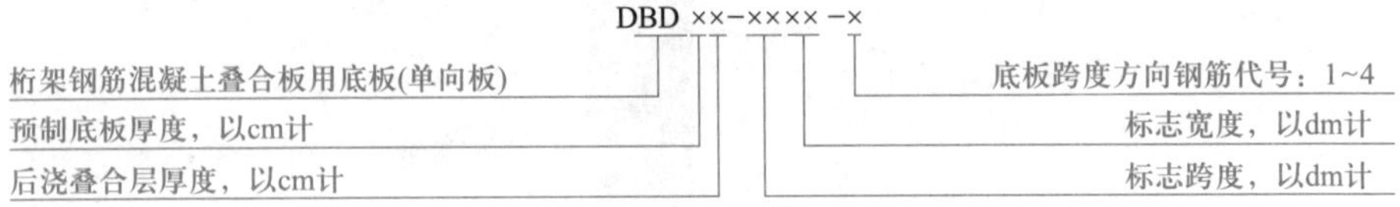

DBD ××－××××－×

桁架钢筋混凝土叠合板用底板(单向板)　　　底板跨度方向钢筋代号:1~4
预制底板厚度,以cm计　　　　　　标志宽度,以dm计
后浇叠合层厚度,以cm计　　　　　标志跨度,以dm计

代号	1	2	3	4
受力钢筋规格及间距	Φ8@200	Φ8@150	Φ10@200	Φ10@150
分布钢筋规格及间距	Φ6@200	Φ6@200	Φ6@200	Φ6@200

图 1-23 预制单向叠合板编号规则

例如:底板编号 DBD68-3620-2,表示单向受力叠合板用底板,预制底板厚度为 60 mm,后浇叠合层厚度为 80 mm,预制底板的标志跨度为 3 600 mm,预制底板的标志宽度为 2 000 mm,底板跨度方向配筋 Φ 8@150。

（2）符号说明

预制钢筋混凝土叠合板施工图中, 所指方向为模板面, 所指方向为粗糙面。

（3）叠合板模板图识读

根据国家标准图集《桁架钢筋混凝土叠合板》(15G366-1)的相关规定,本节以 DBS1-67-3015-11 为例说明叠合板模板图识读,如图 1-24 所示。

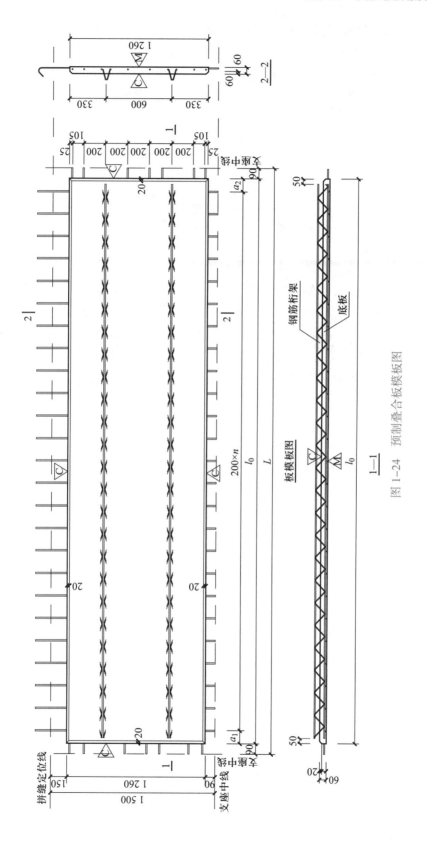

图 1-24　预制叠合板模板图

图1-24中,叠合板双向板底板,厚度60 mm,用作边板。板的宽度方向,支座中线距拼缝定位线1 500 mm,预制板混凝土面厚度1 260 mm,支座中线距支座一侧板边90 mm,拼缝定位线距拼缝一侧板边150 mm。板的长度方向,两侧板边距支座中线均为90 mm,预制板混凝土面长度l_0。预制板四边及顶面均为粗糙面,底面为模板面。

5. 预制楼梯施工图识读

预制楼梯是将梯段整体预制,通过预留的销键孔与梯梁上的预留筋形成连接。常用的预制楼梯有双跑楼梯和剪刀楼梯。预制楼梯如图1-25所示。

图1-25 预制楼梯

（1）规格及编号

预制楼梯在装配式建筑施工图中,针对不同的形式及规格大小,采用统一的编号规则编写,如图1-26所示。

双跑楼梯　　　　　　ST － ×× － ××
　　　　　　　　楼梯类型　　层高　楼梯间净宽

剪刀楼梯　　　　　　JT － ×× － ××
　　　　　　　　楼梯类型　　层高　楼梯间净宽

图1-26 预制楼梯规格及编号

例如：ST-28-25表示双跑楼梯梯段板,建筑层高2.8 m,楼梯间净宽2.5 m。JT-28-25表示剪刀楼梯梯段板,建筑层高2.8 m,楼梯间净宽2.5 m。

（2）图例及符号说明

预制钢筋混凝土楼梯所用图例及符号的规定见表1-6。

表1-6 预制钢筋混凝土楼梯图例

编号	名称	编号	名称
D1	栏杆预留洞口	M2	梯段板吊装预埋件
M1	梯段板吊装预埋件	M3	栏杆预留埋件

（3）楼梯模板图识读

根据国家标准图集《预制钢筋混凝土板式楼梯》（15G367-1）的相关规定,本节以 ST-28-25 为例说明楼梯模板图识读,如图 1-27 所示。

① 楼梯间净宽 2 500 mm,梯段宽 1 195 mm,梯井宽 110 mm,梯段水平投影长 2 620 mm,梯段板厚 120 mm。

② 梯段底部平台上面宽 400 mm,底面宽 348 mm,厚 180 mm。顶面与低处楼梯平台建筑面层平齐,支撑在平台梁上。平台上设置两个销键预留洞,预留顶下部 140 mm、直径为 50 mm,上部 40 mm、直径为 60 mm,预留洞中心距离梯段板边分别为 185 mm 和 280 mm。

③ 高处平台的上面宽 400 mm,底面宽 192 mm,厚 180 mm,长 1 250 mm,梯井一侧比踏步宽 55 mm。平台上设置两个销键预留洞,直径为 50 mm,预留洞中心距离两侧梯段板边均为 280 mm。

④ 踏步高 175 mm,踏步宽 260 mm,踏步表面做防滑槽。02 和 06 踏步面上各设置两个梯段板吊装预埋件 M1,距板边 200 mm。02 和 06 踏步侧面各设置一个梯段板吊装预埋件 M2。01、03、05、07 踏步面靠近梯井处板边 50 mm 分别设置一个栏杆预留洞口。

三、其他预制构件施工图识读

1. 预制阳台板施工图识读

预制钢筋混凝土阳台板是一种悬挑构件的水平承重板,按构件形式分为叠合板式阳台、全预制板式阳台、全预制梁式阳台。预制阳台板如图 1-28 所示。

（1）规格及编号

预制阳台板在装配式建筑施工图中,针对不同的形式及规格大小,采用统一的编号规则编写,如图 1-29 所示。

预制阳台板类型：D 型代表叠合板式阳台;B 型代表全预制板式阳台;L 型代表全预制梁式阳台。

预制阳台板封边高度：04 代表阳台封边 400 mm 高;08 代表阳台封边 800 mm 高;12 代表阳台封边 1 200 mm 高。

（2）施工平面图示例

在装配式建筑施工图中,预制阳台平面布置图如图 1-30 所示。

（3）图例、符号及视点说明

详图索引方法如图 1-31 所示。

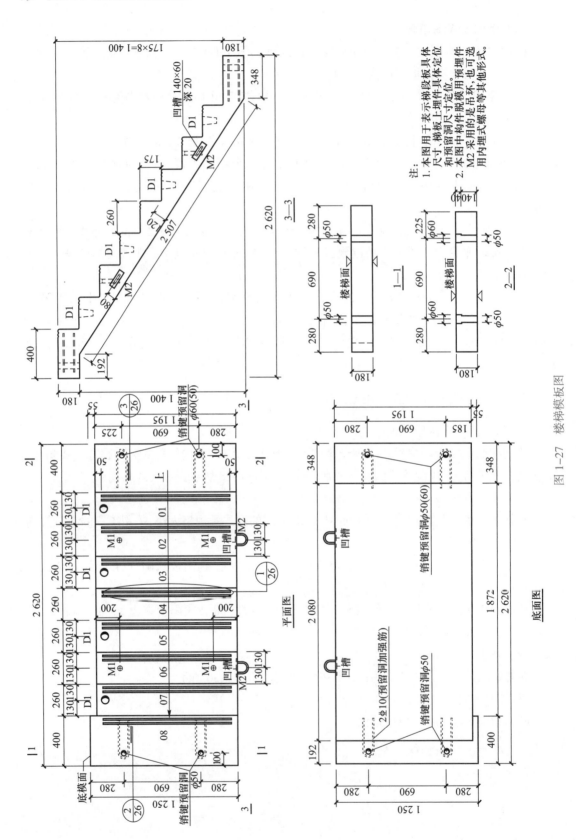

图1-27　楼梯模板图

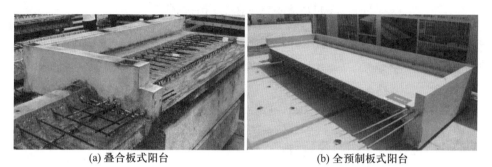

(a) 叠合板式阳台　　　　　(b) 全预制板式阳台

图 1-28　预制阳台板

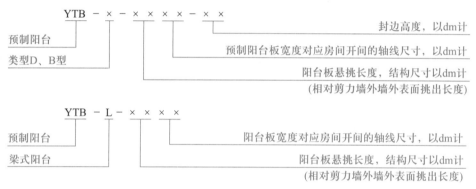

图 1-29　预制阳台规格及编号

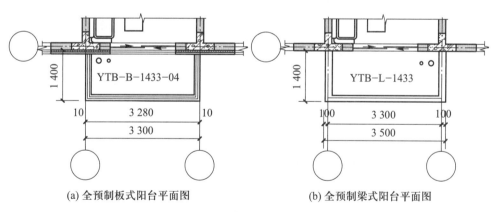

(a) 全预制板式阳台平面图　　　　　(b) 全预制梁式阳台平面图

图 1-30　预制阳台平面布置图

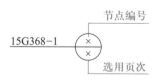

图 1-31　详图索引方法

预制钢筋混凝土阳台板所用图例及符号的规定见表1-7和表1-8。

表1-7 预制钢筋混凝土阳台板图例

名称	图例	名称	图例
预制钢筋混凝土构件		后浇段、边缘构件	
保温层		夹心保温外墙	
钢筋混凝土现浇层			

表1-8 符号说明

名称	符号	名称	符号
压光面	Y	粗糙面	C
模板面	M		

预制阳台板在施工图中,根据不同的视点进行绘制,从上至下为俯视图或平面图,从下至上为仰视图或底面图,从左至右为右视图,从前至后为正视图或正立面图,如图1-32所示。

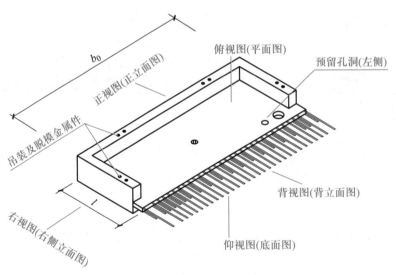

图1-32 预制阳台视点示意图

（4）预制阳台板模板图识读

根据国家标准图集《预制钢筋混凝土阳台板、空调板及女儿墙》（15G368-1）中关于预制钢筋混凝土阳台板的相关规定,本节以叠合板式阳台 YTB-D-×××-04 为例说明预制阳台板模板图识读。

预制叠合板式阳台 YTB-D-×××-04 预制底板模板平面图如图 1-33 所示。图中，阳台宽度为 b_0，阳台长度为 l，阳台封边厚度为 150 mm；阳台落水管预留孔直径为 150 mm，地漏预留孔直径为 100 mm，两者位置尺寸见图中标注；接线盒位于预制阳台板中心；三面封边的"□"表示阳台栏杆预埋件，"⊕⟨⊕"表示吊点位置。剖面图中，△ 所指方向为模板面，△ 所指方向为粗糙面，△ 所指方向为压光面；预制底板厚度为 60 mm，现浇部分厚度为 h_2；封边尺寸为 400 mm，其中上侧伸出 150 mm；滴水线做法参见节点详图。

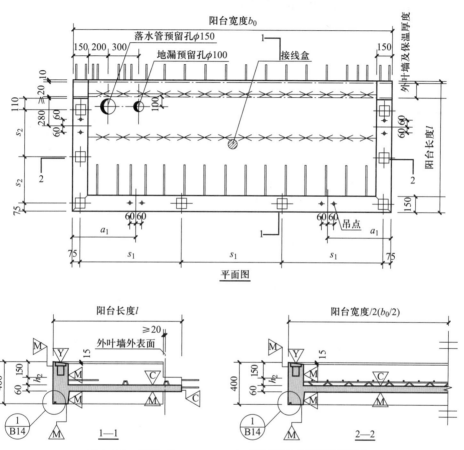

图 1-33　YTB-D-××××-04 预制阳台板模板平面图

2. 预制空调板施工图识读

预制空调板根据栏杆构造形式的不同，一般有铁艺栏杆空调板和百叶空调板两种类型，构造上主要区别在于预埋件不同，预制空调板如图 1-34 所示。

（1）规格及编号

预制空调板规格及编号由预制空调板名称汉语拼音 + 预制空调板长度 + 预制空调板宽度组成。如图 1-35 所示。

例如：KTB-84-130 表示预制空调板构件长度（L）为 840 mm，预制空调板宽度（B）为 1 300 mm。

（2）施工平面图示例

在装配式建筑施工图中，预制空调板平面布置图如图 1-36 所示。

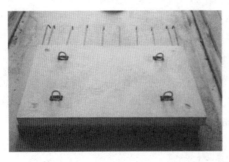

图 1-34　预制空调板

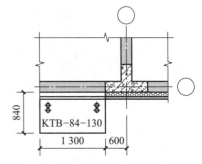

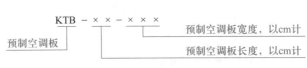

图 1-35　预制空调板规格及编号

图 1-36　预制空调板平面布置图

（3）符号说明

预制钢筋混凝土空调板施工图中，⚠ 所指方向为模板面，⚠ 所指方向为粗糙面，⚠ 所指方向为压光面。

（4）模板图识读

根据国家标准图集《预制钢筋混凝土阳台板、空调板及女儿墙》（15G368-1）中关于预制钢筋混凝土空调板的相关规定，本节以预制钢筋混凝土铁艺栏杆空调板为例说明空调板模板图识读。

预制钢筋混凝土铁艺栏杆空调板模板图如图 1-37 所示。图中，空调板宽度为 B、长度为 L、厚度为 h；4 个预留孔直径为 100 mm；两个吊件位于长度方向的 1/2 处；"⊞" 表示安装铁艺栏杆用预埋件，共 4 个。

3. 预制女儿墙施工图识读

预制钢筋混凝土女儿墙是安装在混凝土结构屋顶的构件，一般常见的有夹心保温式女儿墙和非保温式女儿墙两类。夹心保温式女儿墙如图 1-38 所示。

（1）规格及编号

预制女儿墙规格及编号由女儿墙汉语拼音首字母 + 预制女儿墙种类 + 预制女儿墙长度 + 预制女儿墙高度四部分组成，如图 1-39 所示。

预制女儿墙类型：J1 型代表夹心保温式女儿墙（直板）；J2 型代表夹心保温式女儿墙（转角板）；Q1 型代表非夹心保温式女儿墙（直板）；Q2 型代表非夹心保温式女儿墙（转角板）。

预制女儿墙高度从屋顶结构层标高算起 600 mm 高表示为 06，1 400 mm 高表示为 14。

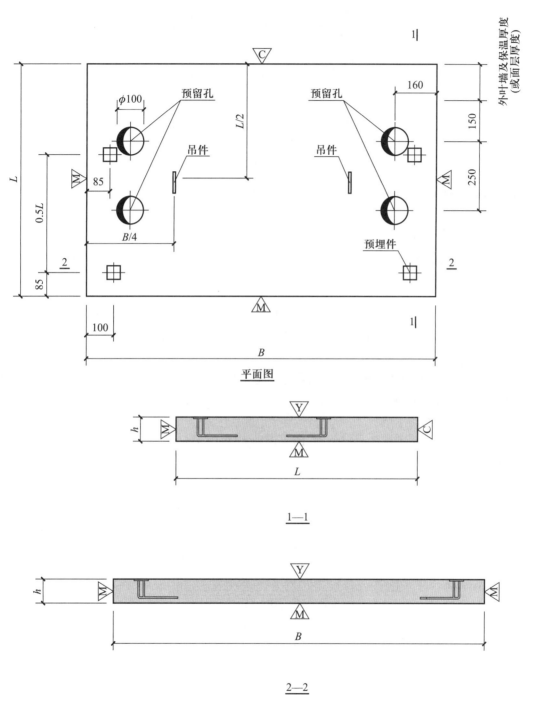

图 1-37　预制钢筋混凝土空调板模板图（铁艺栏杆）

图1-38 夹心保温式女儿墙

图1-39 预制女儿墙规格及编号

例如：NEQ-J2-3314：该编号预制女儿墙是指夹心保温式女儿墙（转角板），单块女儿墙放置的轴线尺寸为3 300 mm（女儿墙长度：直段3 520 mm，转角段590 mm），高度为1 400 mm。

例如：NEQ-Q1-3006：该编号预制女儿墙是指全预制式女儿墙（直板），单块女儿墙长度为3 000 mm，高度为600 mm。

（2）施工平面图示例

在装配式建筑施工图中，预制女儿墙平面图如图1-40所示。

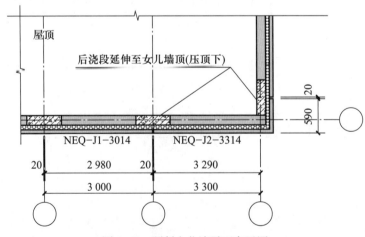

图1-40 预制女儿墙平面布置图

（3）图例及符号说明

预制钢筋混凝土女儿墙所用图例及符号的规定见表1-9。

表 1-9　预制钢筋混凝土女儿墙图例

编号	功能	图例
M1	调节标高用埋件	⊠
M2	吊装用埋件	⊙
	脱模斜撑用埋件	
M3	板板连接用埋件	⊠
	模板拉结用埋件	
M4	后装栏杆用埋件	◇

（4）墙身模板图识读

根据国家标准图集《预制钢筋混凝土阳台板、空调板及女儿墙》（15G368-1）中关于预制钢筋混凝土女儿墙的相关规定，本节以夹心保温式女儿墙（1.4 m）为例说明墙身模板图识读，其中正立面图构件简单，限于篇幅，此处不再赘述。

夹心保温式女儿墙（1.4 m）墙身模板背立面图如图 1-41 所示。图中，外叶板高 1 210 mm，内叶板高 1 190 mm；内叶板 450 mm 高度处为泛水收口预留槽；墙身共有 8 个脱模斜撑用埋件 M2；外叶板两侧分别有 3 个板连接用埋件 M3，内叶板两侧分别有 3 个模板拉结用埋件 M3；墙底部有两处螺纹盲孔（当墙长<4 m 时，螺纹盲孔仅居中设置一个）；螺纹盲孔至内叶墙板侧边尺寸为 L_1，外侧 M2 至外叶墙板侧边尺寸为 L_2，内侧 M2 之间的尺寸为 L_3，螺纹盲孔之间的尺寸为 L_4。

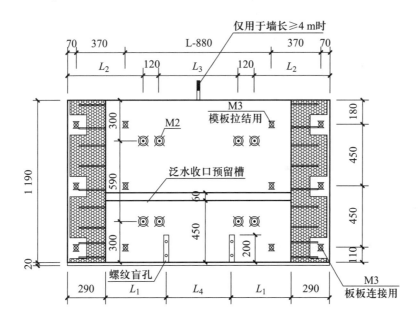

背立面图

注：当女儿墙长度取值<4 m 时，螺纹盲孔仅居中设置一个。

图 1-41　夹心保温式女儿墙（1.4 m）墙身模板背立面图

四、连接节点施工图识读

装配式混凝土结构中存在大量水平接缝、竖向接缝及节点。国家标准图集《预制混凝土剪力墙外墙板》(15G365-1)和《预制混凝土剪力墙内墙板》(15G365-2)中均给出了预制墙体连接节点推荐做法,《桁架钢筋混凝土叠合板(60 mm 厚底板)》(15G366-1)中给出了叠合板底板拼缝构造图及节点构造图。国家标准图集《装配式混凝土结构连接节点构造》(15G310-1~2)对装配式混凝土结构连接节点展开了更为详尽的介绍。

装配式混凝土结构节点施工图常采用的图例见表 1-10。

表 1-10　装配式混凝土结构连接节点施工图图例

名称	图例	名称	图例
预制构件		预制构件钢筋	
后浇混凝土		后浇混凝土钢筋	
灌浆部位		附加或重要钢筋(红色)	
空心部位		钢筋灌浆套筒连接	
橡胶支垫或坐浆		钢筋机械连接	
粗糙面结合面		钢筋焊接	
键槽结合面		钢筋锚固板	

注:1. 钢筋套筒灌浆连接包括全灌浆套筒连接和半灌浆套筒连接。

2. 钢筋锚固板包括正放和反放两种情况。

1. 楼盖连接节点施工图识读

装配式混凝土结构楼盖连接节点构造依据是国家标准图集《装配式混凝土结构连接节点构造(楼盖和楼梯)》(15G310-1),包括混凝土叠合板连接构造、混凝土叠合梁连接构造等。

(1)叠合板预制底板布置图

图 1-42 所示为施工图中叠合板预制底板布置图。图中编号 YB 为预制板,YXB 为悬挑预制板,KL 为框架梁,L 为非框架梁;"╪╪"表示双向板后浇带接缝,"▃▃"表示双向板密拼接缝或单向板连接。

(2)连接节点图识读

混凝土叠合板连接节点构造包括双向叠合板整体式接缝连接构造、边梁支座板端连接构造、中间梁支座板端连接构造、剪力墙边支座板端连接构造、剪力墙中间支座板端连接构造、单向叠合板板侧连接构造、悬挑叠合(预制)板连接构造等。

本节以图 1-42 中编号为 B1-1 的连接节点为例说明叠合板连接节点图识读。该节点为双向叠合板整体式接缝连接中的后浇带形式接缝,板底纵筋直线搭接,如图 1-43 所示,"▨"表示预制双向叠合板,"▢"表示后浇混凝土;叠合板垂直拼缝的纵向受拉钢筋搭接长度为 l_l,钢筋截断位置距离叠合板边缘不小于 10 mm;后浇带接缝宽度为 l_h,不小于 200 mm,且应满足钢筋搭接长度要求;接缝处顺缝板底纵筋为 A_{sa}。

U 形钢筋之间的距离不小于 20 mm,附加连接钢筋到预制墙边缘的距离不小于 10 mm;附加连接钢筋与 U 形钢筋的搭接长度不小于 $0.6\,l_{aE}$,且不小于 $0.6\,l_a$;接缝后浇段宽度 L_g 不小于 b_w,且不小于 200 mm。

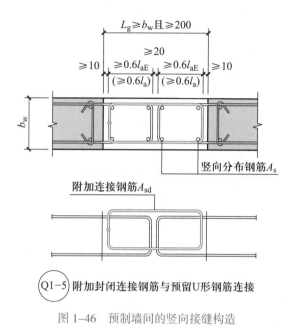

图 1-46　预制墙间的竖向接缝构造

任务 1.7　装配式混凝土建筑常见连接技术

预制构件之间需通过可靠的连接方式形成整体的装配式混凝土结构。现行《装配式混凝土结构技术规程》(JGJ 1—2014)中,对预制构件受力钢筋的连接方式,推荐采用钢筋套筒灌浆连接技术和浆锚搭接连接技术。前者在美国和日本等地震高发国家已经得到普遍应用,后者也已经具备了应用的技术基础。

一、钢筋套筒灌浆连接技术

钢筋套筒灌浆连接技术在美国、日本等国家的应用已有 40 多年的历史。它们对钢筋套筒灌浆连接的技术进行了大量的试验研究。采用这项技术的建筑物也经历了多次地震的考验,包括日本一些大地震的考验。美国 ACI 明确地将这种接头归类为机械连接接头,并将这项技术广泛用于预制构件受力钢筋的连接,同时也用于现浇混凝土受力钢筋连接。

随着装配式建筑技术的发展,国内也对钢筋套筒灌浆连接技术进行了大量的研究与实践。目前已有大量的试验数据和成功案例验证了钢筋套筒灌浆技术的可行性,这种技术目前主要用于柱、剪力墙等竖向构件的受力钢筋连接。

1. 工作机理

钢筋套筒灌浆连接是指在预制混凝土构件内预埋的金属套筒中插入带肋钢筋并灌注水泥基灌浆料而实现的钢筋连接方式。

这种连接方式是基于灌浆套筒内灌浆料有较高的抗压强度,同时自身还具有微膨胀特性,当它受到灌浆套筒的约束时,在灌浆料与灌浆套筒内侧筒壁间产生较大的正向应力,钢筋靠此正向应力在其带肋的粗糙表面产生摩擦力,以传递钢筋轴向力。因此,灌浆套筒连接结构要求灌浆料有较高的抗压强度,钢筋套筒应具有较大的刚度和较小的变形能力。钢筋套筒灌浆连接接头的另一个关键技术在于灌浆料的质量。灌浆料应具有高强、早强、无收缩和微膨胀等基本特性,以使其能与套筒、被连接钢筋更有效地结合在一起共同工作,同时满足装配式结构快速化施工的要求。

2. 钢筋套筒灌浆连接材料

（1）灌浆套筒

灌浆套筒在预制构件生产时进行预埋,可分为全灌浆套筒（图 1–47）、半灌浆套筒（图 1–48）两种形式。全灌浆套筒的两端钢筋均采用灌浆套筒连接,主要用于水平构件的钢筋连接;半灌浆套筒的一端钢筋采用灌浆套筒连接,另一端钢筋采用其他方式连接（如锚固在预制混凝土构件中）,主要用于竖向构件的钢筋连接。

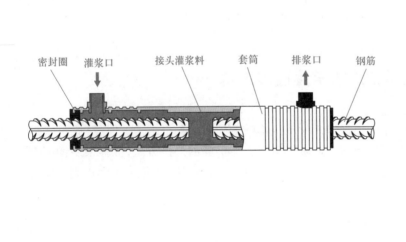
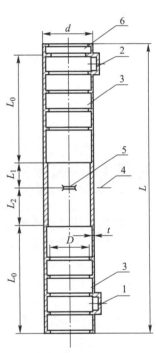

图 1–47　全灌浆套筒

1– 灌浆孔; 2– 排浆孔; 3– 剪力槽; 4– 强度验算用截面; 5– 钢筋限位挡块; 6– 安装密封垫的结构尺寸;

L– 灌浆套筒总长; L_0– 锚固长度; L_1– 预制端预留钢筋安装调整长度; L_2– 现场装配端预留钢筋安装调整长度;

t– 灌浆套筒壁厚; d– 灌浆套筒外径; D– 内螺纹的公称直径

（2）钢筋

采用套筒灌浆连接技术的受力钢筋应采用符合现行国家标准规定的带肋钢筋;钢筋直径不宜小于 12 mm,也不宜大于 40 mm。

灌浆套筒灌浆端最小内径与连接钢筋公称直径的差值不宜小于表 1–11 规定的数值,灌浆连接端用于钢筋锚固的深度不宜小于插入钢筋公称直径的 8 倍。

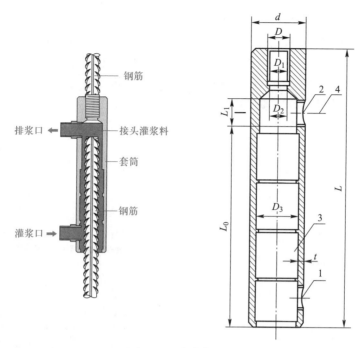

图 1-48　半灌浆套筒

1- 灌浆孔；2- 排浆孔；3- 剪力槽；4- 强度验算用截面；L- 灌浆套筒总长；L_0- 锚固长度；L_1- 现场装配端预留钢筋安装调整长度；t- 灌浆套筒壁厚；d- 灌浆套筒外径；D- 内螺纹的公称直径；D_1- 内螺纹的基本小径；D_2- 半灌浆套筒螺纹端与灌浆端连接处的通孔直径；D_3- 灌浆套筒锚固段环形突起部分的内径

表 1-11　灌浆套筒灌浆段最小内径尺寸要求　　　　　　　　　　　单位：mm

钢筋直径	套筒灌浆段最小内径与连接钢筋公称直径差最小值
12 ~ 25	10
28 ~ 40	15

（3）灌浆料

灌浆料以水泥为基本材料，配以细骨料、混凝土外加剂和其他材料组成。加水拌和后具有良好的流动性、早强、高强、微膨胀等性能，填充于套筒与带肋钢筋间隙。

其中，细骨料最大粒径不宜超过 2.36 mm，其他性能需满足表 1-12 的要求。

表 1-12　套筒灌浆料的技术性能

检测项目		性能指标
流动度 /mm	初始	≥ 300
	30 min	≥ 260
抗压强度 /MPa	1 d	≥ 35
	3 d	≥ 60
	28 d	≥ 85
竖向膨胀率 /%	3 h	≥ 0.02
	24 h 与 3 h 差值	0.02 ~ 0.05
氯离子含量 /%		≤ 0.03
泌水率 /%		0

3. 连接形式

水平构件的钢筋连接采用全灌浆套筒,如图1-49所示,套筒两端的连接均在现场完成;竖向构件的钢筋连接采用半灌浆套筒,如图1-50所示,套筒的连接一般可分为两个阶段:第一个阶段在构件生产工厂完成,套筒的一端与构件底端竖向钢筋可靠连接,浇筑构件混凝土时将钢筋和套筒预埋在构件内;第二个阶段在施工现场完成,底部带灌浆套筒的构件与底层预留钢筋精准对接安装,并通过各种灌浆保证措施在施工现场完成注浆连接。

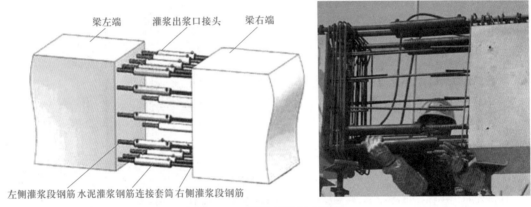

图1-49　灌浆套筒水平连接

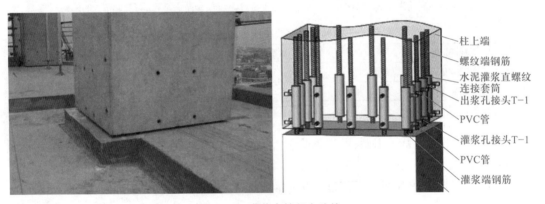

图1-50　灌浆套筒竖向连接

4. 套筒灌浆连接在预制剪力墙中的应用

预制剪力墙竖向钢筋采用灌浆套筒连接时,可根据构件类型、钢筋数量、直径大小合理确定采用套筒灌浆连接技术的钢筋数量。如预制剪力墙构件由于竖向分布钢筋直径小且数量多,全部连接会导致施工繁琐且造价高,连接接头数量太多对剪力墙的抗震性能也有不利影响。因此,预制剪力墙的竖向分布钢筋宜采用双排连接,而边缘构件的竖向钢筋则应逐根连接。当采用竖向分布钢筋"梅花形"部分连接时,连接钢筋的配筋率应符合规范规定的最小配筋率的要求,连接钢筋的直径不应小于12 mm,同侧的间距不应大于600 mm,未连接的竖向分布筋钢筋直径不应小于6 mm(图1-51)。

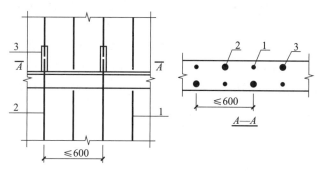

图 1–51　竖向分布钢筋"梅花形"套筒灌浆连接构造
1– 未连接的竖向分布钢筋；2– 连接的竖向分布钢筋；3– 灌浆套筒

　　墙体厚度不大于 200 mm 的丙类建筑预制剪力墙的竖向分布钢筋可采用单排连接，采用单排连接时，剪力墙两侧竖向分布钢筋与配置于墙体厚度中部的连接钢筋搭接连接，连接钢筋位于内、外侧被连接钢筋的中间；连接钢筋受拉承载力不应小于上下层被连接钢筋受拉承载力较大值的 1.1 倍，间距不宜大于 300 mm，上下层剪力墙连接钢筋的长度应符合规范要求。钢筋连接长度范围内应配置拉筋，同一连接接头内的拉筋配筋面积不应小于连接钢筋的面积；拉筋沿竖向的间距不应大于水平分布钢筋间距，且不宜大于 150 mm，拉筋沿水平方向的间距不应大于竖向分布钢筋间距，直径不应小于 6 mm；拉筋应紧靠连接钢筋，并钩住最外层分布筋（图 1–52）。

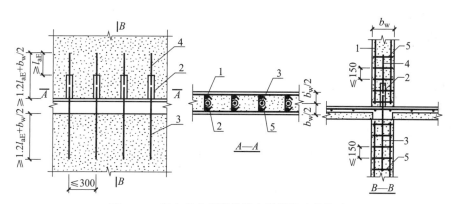

图 1–52　竖向分布钢筋单排套筒灌浆连接构造
1– 上层预制剪力墙竖向分布钢筋；2– 灌浆套筒；3– 下层剪力墙连接钢筋；4– 上层剪力墙连接钢筋；5– 拉筋

二、钢筋浆锚搭接连接技术

　　钢筋浆锚搭接连接是指在预制混凝土构件中预留孔道，在孔道中插入需要搭接的钢筋，并灌注水泥基灌浆料而实现的钢筋搭接连接方式。该技术适用于直径较小钢筋的连接，具有施工方便，造价较低的特点。

　　这种连接方式在欧洲具有多年的应用历史和研究成果，也被称为间接搭接或间接锚固。早在我国 1989 年版的《混凝土结构设计规范》（GBJ 10—1989）的条文说明中，已将欧洲标准对间接搭接的要求进行了说明。近年来，国内的科研单位及企业对各种形式的钢筋浆锚搭接连接接头进行了试验研究工作,已有了一定的研究成果和实践经验。

1. 工作机理

钢筋采用浆锚搭接连接技术,构件安装时需将搭接的钢筋插入孔洞内一定深度,然后通过灌浆孔和排气孔向孔洞内灌入具有高强、早强、无收缩和微膨胀等特性的灌浆料,灌浆料经凝结硬化后,完成两根钢筋的搭接,从而实现力的传递,即钢筋中的应力是通过灌浆料传递给预制混凝土构件的。当采用这种连接方式时,对预留孔成孔工艺、孔道形状和长度、构造要求、灌浆料和被连接的钢筋应进行力学性能及适用性的试验验证。

2. 连接形式

按照成孔方式主要有预留孔洞插筋后灌浆(图 1-53)和金属波纹管浆锚搭接连接(图 1-54)两种形式。

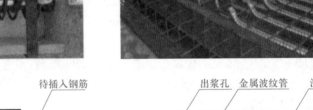
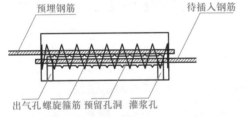
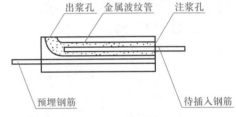

图 1-53 预留孔洞插筋后灌浆的间接搭接连接　　图 1-54 金属波纹管浆锚搭接连接

浆锚搭接的连接过程分为两个阶段:第一阶段在工场预制,即在上层预制构件的底部预埋金属波纹管或螺旋箍筋,并与被连接钢筋绑扎,然后浇筑混凝土,实现工程预制构件的准确预埋工作;第二个阶段在施工现场完成,下层预制构件伸出连接钢筋,插入上层构件的预留孔洞中并灌浆锚固,连接钢筋与被连接钢筋间互不接触,形成间接搭接,从而保证钢筋受力连续性(图 1-55)。

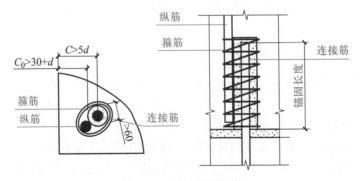

图 1-55 浆锚搭接连接

任务 1.8　装配式建筑与设备的关系

一、设备的分类

1. 机电管线

（1）电气工程设计

这是整个建筑工程的一部分,有着与建筑、结构、给水排水、暖通动力多个专业和电气专业内部的配合,在各个设计阶段,都要互提资料,互有要求,要密切配合,才能节省时间,保证工程的设计、施工质量,尤其是装配式建筑设计阶段尤为重要。机电管线设计主要分为电器照明、防雷接地系统、火灾自动报警系统、通信网络及有线电视、会议等弱电系统。而机电管线布线系统的敷设方法是根据建筑物构造、环境特征、使用要求、用电设备分布等条件及所选用导体的类型等因素综合确定。同时满足以下基本条件。

① 低压配电线路应采用绝缘线缆。在同管或同一线槽内有几个回路时,所有导线应具有与最高标称电压回路绝缘相同的绝缘等级。

② 配线用的钢导管及金属线槽在内的外界可导电部分严禁用作 PEN 导体。

③ 布线用塑料管、塑料线槽及附件,应采用氧指数为 27 以上的阻燃型制品。

④ 插座回路与照明回路宜分别供电。低压配电线路支线宜以防火分区或结构缝为界。

⑤ 线缆穿越防火分区、楼板、墙体的洞口等处应做防火封堵。通常可采用消防部门检测合格的防火堵料。

⑥ 电缆持续允许载流量的环境温度确定可按《电力工程电缆设计规范》(GB 50217—2007)表 3.6.5 查取。

⑦ 有条件时,强电和弱电线路宜分别设置在配电间和弱电间内。如受条件限制必须合用电气间,强电与弱电线路应分别在电气间的两侧敷设或采取隔离措施。强弱电线路间距应满足规程要求。当工程设有电信布线系统时,不应将电信管线与强电管道同路径敷设。

⑧ 敷设在钢筋混凝土现浇楼板内的电线管最大外径不宜超过板厚的 1/3。

⑨ 穿管的绝缘导线（两根除外）总截面积（包括外护层）不应超过管内截面积的 40%,暗配的导管,埋设深度与建筑物、构筑物表面的距离不应小于 15 mm。

⑩ 布线系统的选择和敷设,应避免因环境温度、外部热源、浸水、灰尘聚集及腐蚀性或污染物质等外部影响对布线系统带来的损害,并应防止在敷设和使用过程中因受撞击、振动、电线或电缆自重和建筑物的变形等各种机械应力作用而带来的损害。

（2）直敷布线

① 直敷布线适用于正常环境室内场所和挑檐下的室外场所。在建筑物的顶棚内、墙体及顶棚的抹灰层、保温层及装饰面板内,严禁采用直敷布线。

② 直敷布线应采用护套绝缘电线,其截面不宜大于 6 mm^2。

③ 直敷布线的护套绝缘电线应采用线卡沿墙壁、顶棚或建筑物构件表面直接敷设,固定点间距不应大于 0.30 m。

④ 护套绝缘电线与接地导体及不发热的管道紧贴交叉时宜加绝缘导管保护,敷设在易

受机械损伤的场所应用钢导管保护。

⑤ 直敷布线电线至地面的最小距离：电线水平敷设：室内 ≥ 2.5 m，室外 ≥ 2.7 m；导线垂直敷设至地面低于 1.80 m 的部分应穿导管保护。

⑥ 护套绝缘电线与接地导体及不发热的管道紧贴交叉时，宜加绝缘导管保护，敷设在易受机械损伤的场所应用钢导管保护。

（3）金属导管布线

① 金属导管布线宜用于室内外场所，但对金属导管有严重腐蚀的场所不宜采用，敷设在管内的电缆宜采用护套电缆。

② 明敷或暗敷于干燥场所的金属导管宜采用管壁厚度不小于 1.5 mm 的电线管；明敷于潮湿场所或埋地敷设的金属导管，应采用管壁厚度不小于 2.0 mm 的钢导管（又称焊接钢管）。

③ 穿导管的绝缘电线（除两根外），其总截面积（含外护层）不应超过导管内截面积的 40%。两根绝缘电线穿同一根管时，管内径不应小于 2 根导线直径之和的 1.35 倍。

④ 穿金属管的交流线路应将同一回路的所有相导体及中性导体穿入同一根导管内。互为备用的线路不得共管。不同回路也不宜同管敷设，但除标称电压为 50 V 及以下的回路、同一设备或同一联动系统设备的主回路和无电磁兼容要求的控制回路、同一照明灯具的几个回路三种情况外。

⑤ 暗敷于地下的管路不宜穿过设备基础，如必须穿越时应加套管保护。在穿过建筑物基础时，应加保护管保护；当穿过建筑物变形缝时，应设补偿装置。

⑥ 室外地下埋设管路不宜采用绝缘电线穿金属管的布线方式。必要时，对次要负荷且线路长度小于 15 m 的，可采用穿金属导管敷设，但应采用壁厚不小于 2 mm 的钢导管并采取可靠的防水、防腐措施。

⑦ 金属管布线的管路较长或转弯较多时，宜适当加装拉线盒或加大管径。室内拉线盒的位置不应选在有二次装修的厅堂内，一般宜设在较隐蔽但又可能维修的部位。

⑧ 电线管与热水管、蒸汽管同侧敷设时，宜敷设在热水管、蒸汽管下方。当有困难时，可敷设在其上面。但相互间的净距不宜小于下列数值：

a. 当电线管路敷设在热水管下面时为 200 mm，在上面时为 300 mm，交叉时为 100 mm。

b. 当电线管路敷设在蒸汽管下面时为 500 mm，在上面时为 1 000 mm，交叉时为 300 mm。

当不能符合上述要求时，应采取隔热措施。对有保温措施的蒸汽管，上下净距均可减至 200 mm。电线管与其他管道（不包括可燃气体及易燃、可燃液体管道）的平行净距不应小于 100 mm，交叉净距不应小于 50 mm。当与水管同侧敷设时，宜敷设在水管的上面。

⑨ 交流单芯线缆，不得单独穿于钢管内。

（4）可挠金属电线保护套管布线

① 建筑物的顶棚内，可采用可挠金属电线保护套管布线。

② 在正常环境的室内场所，明敷或暗敷于建筑物顶棚内时可采用双层金属层的基本型可挠金属电线保护套管。明敷于潮湿场所或暗敷于墙体、混凝土地面、楼板垫层或现浇钢筋混凝土楼板内或直埋地下时，应采用双层金属层外覆聚氯乙烯护套的防水型可挠金属电线保护套管。

③ 对可挠金属电线保护套管有可能承受重物压力或明显机械冲击的部位应采取保护

措施。

④ 可挠金属电线保护套管的金属外壳应可靠接地。

⑤ 暗敷于建筑物、构筑物内的可挠金属电线保护套管,其与建筑物、构筑物表面的外护层厚度不应小于 15 mm。

⑥ 可挠金属电线保护套管之间及其与盒、箱或钢导管连接时,应采用专用附件。

（5）金属线槽布线

① 金属线槽布线宜用于正常环境的室内场所明敷,有严重腐蚀的场所不宜采用金属线槽。具有槽盖的封闭式金属线槽可在建筑顶棚内敷设,同一配电回路的所有相导体和中性导体应敷设在同一金属线槽内。

② 金属线槽及其支架应可靠接地,且全长不应少于 2 处与接地干线（PE 线）相连。

③ 同一路径无电磁兼容要求的几个配电线路可敷设在同一金属线槽内,应急配电线路与正常配电线路应分槽敷设。有电磁兼容要求的线路与其他线路敷设于同一金属线槽内时,应用金属隔板隔离或采用屏蔽电线、电缆。

④ 双电源供电的两个电源回路不宜同槽敷设,强电与弱电应分槽敷设,弱电中的不同系统宜分槽敷设。

⑤ 金属线槽布线的直线段长度超过 30 m 时,宜设置伸缩节;跨越建筑物变形缝处宜设置补偿装置。

⑥ 同一线槽内强电电线或电缆的总截面（含外护层）不应大于线槽内截面的 20%,载流导体不宜超过 30 根。控制和信号线路的电线或电缆的总截面不应超过线槽内截面的 50%,电线或电缆根数不限。

⑦ 根据建筑功能要求在地面或活动地板内,宜采用可灵活装配的网络地面线槽,电线或电缆在金属线槽内不应有接头。

⑧ 金属线槽敷设时,宜在直线段不大于 2 m 及线槽接头处、线槽首端、终端及进出接线盒 0.5 m 处、线槽转角处等部位设置吊架或支架。

⑨ 金属线槽不宜敷设在腐蚀性气体管道和热力管道的上方及腐蚀性液体管道的下方,当有困难时应采取防腐、隔热措施;金属线槽布线与各种管道平行或交叉时,其最小净距需满足规范要求。

⑩ 由金属线槽引出的线路,可采用金属管、硬质塑料管、半硬质塑料管、金属软管或电缆等布线方式,电线或电缆在引出部分不得遭受损伤;金属线槽布线不得在穿越楼板或墙壁等处进行连接。

（6）刚性塑料导管（槽）布线

① 刚性塑料导管（槽）布线宜用于室内场所和有酸碱腐蚀性介质的场所,但在高温和易受机械损伤的场所不宜采用明敷设。

② 同一路径无电磁兼容要求的几个配电回路可敷设在同一线槽内。除特殊情况外,不同回路的线路不宜穿于同一根刚性塑料导管内。

③ 当采用刚性塑料导管暗敷或埋地敷设时,引出地（楼）面的一段管路应穿入金属管保护,防止机械损伤。

④ 刚性塑料导管布线的管路较长或转弯较多时,宜适当加装拉线盒（箱）或加大管径。

⑤ 刚性塑料导管（槽）在穿过建筑物变形缝时,应装设补偿装置。

⑥ 电线、电缆在刚性塑料导管（槽）内不得有接头，分支接头应在接线盒内进行。

（7）封闭式母线布线

① 封闭式母线布线适用于干燥、无腐蚀性气体的室内场所，封闭式母线在穿过防火墙及防火楼板时，应采取防火隔离措施。

② 封闭式母线水平敷设时，底边至地面的高度不应小于2.2 m。垂直敷设时，距地面1.8 m以下部分应采取防止机械损伤措施，但敷设在电气专用房间（如配电室、电气竖井、技术层等）内时除外。

③ 封闭式母线不宜敷设在腐蚀性气体管道和热力管道的上方及腐蚀性液体管道的下方，否则应采取防腐、隔热措施。

④ 封闭式母线水平敷设的支持点间距不宜大于2 m。垂直敷设时，应在通过楼板处采用专用附件支撑并以支架沿墙支持，支持点间距不宜大于2 m；当进线盒及末端悬空时，垂直敷设的封闭式母线应采用支架固定。

⑤ 当封闭式母线终端无引出线时，终端头应封闭；封闭式母线的连接不应在穿过楼板或墙壁处进行。

⑥ 当封闭式母线直线敷设长度超过80 m时，每50～60 m宜设置膨胀节；当跨越建筑物的变形缝时宜增加膨胀节。

⑦ 多根封闭式母线并列敷设时，各相邻封闭式母线间应预留维护、检修距离。

⑧ 封闭式母线外壳及支架应可靠接地，且全长不应少于2处与接地导体（PE线）相连。

⑨ 封闭式母线用作配电干线时，其载流量选择宜留有裕度。

⑩ 封闭式母线随线路长度的增加和负荷的减少而需要变截面时，应采用变容量接头。

除以上几种外，还有电缆桥架布线、电气竖井内布线、电力电缆布线、预制分支电缆布线、矿物绝缘电缆布线等布线方式。

2. 给排水管线

给排水管线大致分为给水系统、生活排水系统、雨水系统、热水及饮水供应系统。

（1）给水系统管道布置和敷设

① 不得穿越变配电房、电梯机房、通信机房、大中型计算机房、计算机网络中心、音像库房等遇水会损坏设备或引发事故的房间。

② 不得在生产设备、配电柜上方通过，不得妨碍生产操作、交通运输和建筑物的使用。

③ 室内给水管道不得布置在遇水会引起燃烧、爆炸的原料、产品和设备的上面。

④ 埋地敷设的给水管道不应布置在可能受重物压坏处。管道不得穿越生产设备基础，在特殊情况下必须穿越时，应采取有效的保护措施。

⑤ 给水管道不得敷设在烟道、风道、电梯井、排水沟内。给水管道不得穿过大便槽和小便槽，且立管离大、小便槽端部不得小于0.5 m。给水管道不宜穿越橱窗、壁柜。

⑥ 给水管道不宜穿越变形缝。当必须穿越时，应设置补偿管道伸缩和剪切变形的装置；明设的给水立管穿越楼板时，应采取防水措施。

⑦ 塑料给水管道在室内宜暗设。明设时立管应布置在不易受撞击处。当不能避免时，应在管外加保护措施；给水管道穿越地下室或地下构筑物的外墙处、穿越屋面处时，应设置防水套管。

⑧ 塑料给水管道不得布置在灶台上边缘;明设的塑料给水立管距灶台边缘不得小于 0.4 m,距燃气热水器边缘不宜小于 0.2 m;当不能满足上述要求时,应采取保护措施;不得与水加热器或热水炉直接连接,应有不小于 0.4 m 的金属管段过渡。

⑨ 给水管道暗设时不得直接敷设在建筑物结构层内;干管和立管应敷设在吊顶、管井、管窿内,支管可敷设在吊顶、楼(地)面的垫层内或沿墙敷设在管槽内;敷设在垫层或墙体管槽内的给水支管的外径不宜大于 25 mm;敷设在垫层或墙体管槽内的给水管管材宜采用塑料、金属与塑料复合管材或耐腐蚀的金属管材;敷设在垫层或墙体管槽内的管材,不得采用可拆卸的连接方式;柔性管材宜采用分水器向各卫生器具配水,中途不得有连接配件,两端接口应明露。

⑩ 室内冷、热水管上、下平行敷设时,冷水管应在热水管下方。卫生器具的冷水连接管,应在热水连接管的右侧。

(2)生活排水管道布置和敷设

① 排水管道不得穿过变形缝、烟道和风道;当排水管道必须穿过变形缝时,应采取相应技术措施;排水埋地管道不得布置在可能受重物压坏处或穿越生产设备基础。

② 排水管、通气管不得穿越住户客厅、餐厅,排水立管不宜靠近与卧室相邻的内墙;塑料排水管不应布置在热源附近;当不能避免,并导致管道表面受热温度大于 60℃时,应采取隔热措施;塑料排水立管与家用灶具边净距不得小于 0.4 m。

③ 排水管道不得穿越下列场所:a. 卧室、客房、病房和宿舍等人员居住的房间;b. 生活饮用水池(箱)上方;c. 遇水会引起燃烧、爆炸的原料、产品和设备的上面;d. 食堂厨房和饮食业厨房的主副食操作、烹调和备餐的上方。住宅厨房间的废水不得与卫生间的污水合用一根立管。

④ 生活排水管道敷设应符合下列规定:a. 宜在地下或楼板填层中埋设,或在地面上、楼板下明设;b. 当建筑有要求时,可在管槽、管道井、管窿、管沟或吊顶、架空层内暗设,但应便于安装和检修;c. 在气温较高、全年不结冻的地区,管道可沿建筑物外墙敷设;d. 管道不应敷设在楼层结构层或结构柱内。

⑤ 当卫生间的排水支管要求不穿越楼板进入下层用户时,应设置成同层排水。同层排水形式应根据卫生间空间、卫生器具布置、室外环境气温等因素,经技术经济比较确定;住宅卫生间宜采用不降板同层排水。

⑥ 金属排水管道穿楼板和防火墙的洞口间隙、套管间隙应采用防火材料封堵。塑料排水管设置阻火装置应符合下列规定:a. 当管道穿越防火墙时应在墙两侧管道上设置;b. 高层建筑中明设管径大于或等于 DN110 排水立管穿越楼板时,应在楼板下侧管道上设置;c. 当排水管道穿管道井壁时,应在井壁外侧管道上设置。

二、混凝土构件与设备的协调

1. 与机电管线协调

① 装配式混凝土建筑的设备与管线宜与主体结构分离,应方便维修更换,且不应影响主体结构安全。

② 装配式混凝土建筑的设备与管线宜采用集成化技术,标准化设计,当采用集成化新技术、新产品时应有可靠依据。

③ 装配式混凝土建筑的设备与管线应合理选型,准确定位。装配式混凝土建筑的设备和管线设计应与建筑设计同步进行,预留预埋应满足结构专业相关要求,不得在安装完成后的预制构件上剔凿沟槽、打孔开洞等。穿越楼板管线较多且集中的区域可采用现浇楼板。装配式混凝土建筑的设备与管线设计宜采用建筑信息模型(BIM)技术,当进行碰撞检查时应明确被检测模型的精细度、碰撞检测范围及规则。装配式混凝土建筑的部品与配管连接、配管与主管道连接及部品间连接应采用标准化接口,且应方便安装使用维护。装配式混凝土建筑的设备与管线宜在架空层或吊顶内设置。公共管线、阀门、检修口、计量仪表、电表箱、配电箱、智能化配线箱等应统一集中设置在公共区域。

④ 装配式混凝土建筑的设备与管线穿越楼板和墙体时,应采取防水、防火、隔声、密封等措施,防火封堵应符合现行国家标准《建筑设计防火规范》(GB 50016—2014)的有关规定。

⑤ 装配式混凝土建筑的电气和智能化设备与管线的设计,应满足预制构件工厂化生产、施工安装及使用维护的要求。

⑥ 装配式混凝土建筑的电气和智能化设备与管线设置及安装应符合下列规定:

a. 电气和智能化系统的竖向主干线应在公共区域的电气竖井内设置。

b. 配电箱、智能化配电箱不宜安装在预制构件上。

c. 当大型灯具、桥架、母线、配电设备等安装在预制构件上时,应采用预留预埋件固定。

d. 设置在预制构件上的接线盒、连接管等应做预留、出线口和接线盒应准确定位。

e. 不应在预制构件受力部位和节点连接区域设置孔洞及接线盒。隔墙两侧的电气和智能化设备不应直接连通设置。

⑦ 装配式混凝土建筑的防雷设计应符合下列规定:

a. 当利用预制剪力墙、预制柱内的部分钢筋作为防雷引下线时,预制构件内作为防雷引下线的钢筋,应在构件接缝处做可靠的电气连接,并在构件接缝除预留施工空间及条件,连接部位应有永久性明显标记。

b. 建筑外墙上的金属管道、栏杆、门窗等金属物需要与防雷装置连接时,应与相关预制构件内部的金属件连接成电气通路。

c. 设置等电位连接的场所,各构件内的钢筋应做可靠的电气连接,并与等电位连接箱连通。

2. 与给排水管线协调

① 装配式混凝土建筑冲厕宜采用非传统水源,水质应符合现行国家标准《城市污水再生利用城市杂用水水质》(GB/T 18920—2016)的有关规定。

② 装配式混凝土建筑的给水系统设计应符合下列规定。

a. 给水系统配水管道与部品的接口形式及位置应便于检修更换,并应采取措施避免结构或温度变形对给水管道接口产生影响。

b. 给水分水器与用水器具的管道接口应一对一连接,在架空层或吊顶内敷设时,中间不得有连接配件,分水器设置应便于检修,并宜有排水措施。

c. 装配式的管线及其配件连接件应符合国家规范要求。

d. 敷设在吊顶或楼地面架空层的给水管道应采取防腐蚀、隔声减噪和防结露等措施。

③ 装配式混凝土建筑的排水系统宜采用同层排水技术,同层排水管道敷设在架空层

时,宜设积水排出措施。

④ 装配式混凝土建筑的太阳能热水系统应与建筑一体化设计。

⑤ 装配式混凝土建筑应选用耐腐蚀、使用寿命长、降噪性能好、便于安装及维修的管材、管件,以及连接可靠、密封性能好的管道阀门设备。

任务 1.9　装配式建筑职业道德与素养

一、建筑领域职业道德

虽然我国的建筑行业正在如火如荼地发展,但是建筑领域的职业道德素质出现了不同程度的下滑现象,使我国的土木建筑业面临着发展的困境。职业道德的缺失主要体现在以下几个方面:第一,在工程的建设过程中,缺乏对职业人的法律约束,因此只能依靠他们的自身道德来约束行为,但是目前我国的建筑行业道德意识还比较薄弱,这就导致了很多工程在施工过程中,无法按照一定的安全和质量标准进行,造成了很多安全事故的发生;第二,在工程建设的大环境中,一些错误的思想风气正在逐步萌芽,对工程人员的职业道德造成了误导,弱化了他们的职业道德素质,对我国的建筑事业产生了不利的影响。

1. 施工作业人员职业道德

施工作业人员主要从事具体施工作业,长期在生产一线工作,职业道德规范主要有以下几项。

① 苦练硬功,扎实工作。刻苦钻研技术,熟练掌握本工种的基本技能,努力学习和运用先进的施工方法,练就过硬本领,立志岗位成才。热爱本职工作,不怕苦、不怕累,认真细致,精心操作。

② 精心施工,确保质量。严格按照设计图纸和技术规范操作,坚持自检、互检、交接检制度,确保工程质量。

③ 安全生产,文明施工。树立安全生产意识,严格执行安全操作规程,杜绝一切违章作业现象。维护施工现场整洁,不乱倒垃圾,做到工完场清。

④ 遵章守纪,维护公德。争做文明职工,不断提高文化素质和道德修养,遵守各项规章制度,发扬劳动者的主人翁精神,维护国家利益和集体荣誉,服从上级领导和有关部门的管理,争做文明职工。

2. 施工管理员职业道德

施工员是施工现场重要的工程管理人员,其自身素质对工程项目的质量、成本、进度有很大影响。因此,要求施工员应具有良好的职业道德,职业道德规范主要有以下几项。

① 学习和贯彻执行国家工程规定。学习、贯彻执行国家和建设行政管理部门颁发的建设法律、规范、规程、技术标准;熟悉基本建设程序、施工程序和施工规律,并在实际工作中具体运用。

② 做好本职工作。热爱施工员本职工作,爱岗敬业,工作认真,一丝不苟,团结合作。

③ 遵纪守法。遵纪守法,模范地遵守建设职业道德规范。

④ 维护国家的荣誉和利益。

⑤ 努力学习专业技术知识,不断提高业务能力和水平。

⑥ 认真负责地履行自己的义务和职责,保证工程质量。

3. 工程技术人员职业道德

建筑企业工程技术人员主要是从事工程设计、施工方案等技术性工作,要求一丝不苟,精益求精,牢固确立精心工作、求实认真的工作作风,其职业道德规范主要有以下几项。

① 热爱科技,献身事业。树立"科学技术是第一生产力"的观念,敬业爱岗,勤奋钻研,追求新知,掌握新技术、新工艺,不断更新业务知识,拓宽视野。忠于职守,辛勤劳动,为企业的振兴与发展贡献自己的才智。

② 深入实际,勇于攻关。深入基层,深入现场,做到理论和实际相结合、科研和生产相结合,把施工生产中的难点作为工作重点,知难而进,百折不挠,不断解决施工生产中的技术难题,提高生产效率和经济效益。

③ 一丝不苟,精益求精。牢固确立精心工作、求实认真的工作作风。施工中严格执行建筑技术规范,认真编制施工组织设计,做到技术上精益求精,工程质量上一丝不苟,为用户提供合格建筑产品。积极推广和运用新技术、新工艺、新材料、新设备,大力发展建筑高科技,不断提高建筑科学技术水平。

④ 以身作则,培育新人。谦虚谨慎,尊重他人,善于合作共事,搞好团结协作,既当好技术带头人,又甘当铺路石,培育科技事业的接班人,大力做好施工科技知识在职工中的普及工作。

⑤ 严谨求实,坚持真理。培养严谨求实、坚持真理的优良品德。在参与可行性研究时,坚持真理,实事求是,协助领导进行科学决策;在参与投标时,从企业实际出发,以合理造价和合理工期进行投标;在施工中,严格执行施工程序、技术规范、操作规程和质量安全标准,绝不弄虚作假,欺上瞒下。

4. 项目经理职业道德

项目经理承担着对项目的人、财、物进行科学管理的重任,职业道德规范主要有以下几项。

① 强化管理,争创效益。加强成本核算,实行成本否决,教育全体人员节约开支、厉行节约、精打细算,努力降低物资和人工消耗。

② 讲求质量,重视安全。精心组织,严格把关,顾全大局,不为自身和小团体的利益而降低对工程质量的要求。加强劳动保护措施,对国家财产和施工人员的生命安全高度负责,不违章指挥,及时发现并坚决制止违章作业,检查和消除各类事故隐患。

③ 关心职工,平等待人。要像关心家人一样关心职工、爱护职工,特别是农民工。不拖欠工资,不敲诈用户,不索要回扣,不多签或少签工程量或工资。充分尊重职工的人格,以诚相待,平等待人。搞好职工的生活,保障职工的身心健康。

④ 廉洁奉公,不谋私利。发扬民主,主动接受监督,不利用职务之便谋取私利,不用公款请客送礼,如实上报施工产值、利润,不弄虚作假。不在决算定案前搞分配,不搞分光吃光的短期行为。

⑤ 用户至上,诚信服务。树立用户至上的思想,事事为用户着想,积极采纳用户的合理要求和建议,热忱为用户服务,建设用户满意工程。坚持保修回访制度,为用户排忧解难,维护企业的信誉。

二、装配式建筑领域的职业态度、协同与组织能力

1. 职业态度

职业态度是指个人对所从事职业的看法及在行为举止方面反应的倾向。一般情况下，态度的选择与确立，与个人对职业的价值认识，即职业观与情感维系程度有关，是构成职业行为倾向的稳定的心理因素。

肯定的、积极的职业态度，促进装配式建筑领域的相关工作人员去钻研技术、掌握技能，提高职业活动的忍耐力和工作效率，包括工作的认真度、责任度、努力程度等。职业态度是做好本职工作的前提，作为装配式建筑行业，职业态度是安全生产的重要保证，因此对建筑行业从业人员的责任心提出了更高的要求。职业态度还是强化企业核心竞争力的秘密武器。如果团队中每个人都有良好的职业态度，那么每个岗位的工作必然能做到让自己满意、同事满意、领导满意、客户满意，团队的执行力、工作水平、工作质量就会不断得到飞跃，从而使企业的核心竞争力得到强化。

① 要有敬业且乐业的精神，积极执行公司的命令、领导和管理。

② 不管面对怎样的挫折，都始终保持积极进取的工作态度。

③ 严格遵守单位的规章制度，维护公司的名誉、形象和利益。

④ 及时调整个人情绪，使之不会影响日常工作，虚心接受上级和同事的批评建议。

⑤ 不管你有多大困难，考虑问题时都应先从工作的角度出发。

2. 协同能力

因为装配式建筑行业涉及很多知识领域和工作环节，所以一个完整的项目从勘察、设计、构件制作、构件运输、构件安装等到完成建设，这其中的流程不但专业性强而且牵涉多人共同协作工作。要有过硬的专业技术知识，还要有较强的协同能力。

（1）协同管理在项目管理中的体现

在装配式建筑项目管理中，协同管理是指协调两种及以上的不同的组织和资源，使它们可以共同去完成某个既定的目标任务，在强化人与人之间的相互协同管理的时候，同时也涉及相关的不同系统之间、不同工程设备之间、不同工程资源之间、不同建筑情景之间以及人与建筑设备之间的协调配合，而这些不同的团队就要在协调一致的基础上完成许多复杂的程序。

项目经理对其技术、专业性有着很高的要求，必须做到要对整个项目的施工现场进行全局的掌控。如该项目的经理对整个施工现场还一知半解，会造成自认为的工程项目管理重点与工程每个部门所理解的项目重点出现差异，并由此导致各种工作矛盾的产生，进而对整个项目的协同管理造成很大的障碍和困难。此外，在工程项目经理召开例行会议时则会造成会议内容的侧重点有所偏差，会议的召开与实际施工中出现的问题得不到解决就成为必然会出现的情况，给整个工程的施工进度带来不可估量的影响。项目经理因此不能完全充分地发挥自己的工作职责，不能及时合理地协调和沟通更会给整个工程项目带来管理上和施工上的混乱状况。

一线施工人员向上级反映施工情况及上级向一线施工现场发布施工指令时，如果信息不能及时、有效、准确地传达给彼此，就很容易造成彼此对信息的误读和产生歧义，间接对建筑施工造成巨大的资源浪费。

（2）协同管理在质量管理中的体现

协同能力在强化质量管理的过程中，首先要做的就是对一线施工人员责任心的培养和提高。责任心的培养和提高可以通过进行项目岗位岗前培训方案来进行，与此同时，通过相关真实的工程实例讲解和宣传、案例分析、与工程项目的责任人签订工程施工责任状等形式来规范和约束一线施工人员的质量把控问题以及对用户的危害性问题。在实际的工作当中可以通过从严要求、从严管理的角度出发，核查施工质量。当施工过程结束之后，依照相关的施工要求来检查施工质量，以此保证工程质量。与此同时，还要积极地开展施工人员的自查、施工组之间的互查、制订检查方案，依照相关质量把控工序进行检查，并在检查之后进行签字确认，如在检查验收不通过的情况下，则不能投入日后使用，要严把质量关。

（3）协同管理在安全文明施工中的体现

在施工过程中还要注意对周边环境的保护，其中包括水和噪声的污染。噪声的污染是最为普遍和严重的，在实际的建筑施工中可以采取错时施工的方法，将工程施工噪声较大的项目尽量安排在白天进行，可以通过此种方式避开对居民的打扰；并要做好对施工设备的日常维护和及时的更新，一方面提高施工的效率，另一方面可以降低施工所带来的噪声污染。

（4）协同管理在成本管控中的体现

协同能力在加强造价管理的过程中，在设计之初就要把控好整个工程项目的成本与管理，在工程项目开始施工前，要做好每个施工环节的经济成本预算，之后根据经济成本核算制订出相应的建筑施工项目成本控制计划，即通过协同管理等方法达到成本控制的目标，可以通过加强施工管理来加强造价管理，加强施工产品的质量管理，就能相应避免项目的返工。

3. 组织能力

装配式建筑工程组织管理对项目的顺利进行有着极其重要的意义，在工程项目中，任何一种意识和行为都有着既定的标准和要求，凡是偏离标准和要求的意识和行为，就会诱发问题和事故。因此，让管理人员和施工人员认识到工程质量控制的重要性才是改变组织管理基础水平的根本。只有这样，才能有效加强质量控制，保证工程质量，促进装配式建筑工程的高速发展。

（1）优化人力资源

在人力资源培养优化上，应该明确发展目标和计划，以坚定、耐心的信心，开展人才战略。例如：统计、规划施工组织管理人力资源的容量、种类，以及专业职业能力要求，把人力资源培养计划方案有机与结合、引入人力资源管理及控制工作中，协调处理施工团队招聘、培训及容量控制等工作。"以人为本"构建工程团队的先进思想和理念，必须严格强调它的影响力和作用价值，在评估、监测每个操作者和管理者的工作能力、业绩的时候，要把他们所做的努力、所付出的劳动都计算在内。这样，一是能够积极鼓励每个工程人员的专业素质与能力并且培养积极性和信心，让他们更好地为工程操作、监管工作而服务；二是能有效地优化、分配好岗位工作，使组织管理能够在高效、科学、有序的工作环境中进行。

（2）拓展组织管理工作职能范围

拓展组织管理工作职能范围，转变工作重心。以往，工程组织管理的对象是工程操作者和管理者，其工作职能有限、约束条件很多。因此，未来要想扩大工程组织管理的职能范围，必须把管理的对象、范围扩大至整个工程层面上，例如：成立监督小组，对工程的各个环节进行层层把关，包括建筑材料的采购与应用、建筑设备器材的维修与养护、工程的设计进度规

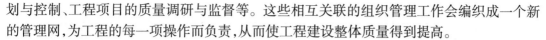

划与控制、工程项目的质量调研与监督等。这些相互关联的组织管理工作会编织成一个新的管理网,为工程的每一项操作而负责,从而使工程建设整体质量得到提高。

（3）全面规划工程组织管理的控制及监督工作

一般来说,问题的发生存在事前、事中、事后三个阶段,为能够在这三个环节中行使必要、科学的管控职能,必须全面规划工程组织管理的控制及监督工作。例如,工程团队每天、每周、每月,都要对工程中的各个工程项目进行质量、安全评估,汇总成评估报告,上报给管理者,以做好协调安排。又如,设立调度中心,从人员、施工、技术、物资等方面加强管理,加强设计质量控制、监督控制,确保设计水平符合相关要求符合建筑标准。工程建造完成后,总体规划工程的质量及安全工作。例如:装配式构件制作、构件安装等环节要仔细,确保每道工序的测量放样工作得到落实效果;各工程项目的性能表现是否符合工程预先设计的职能标准;各工作环节的交接、监测单据、资料信息是否完整,在哪方面存在漏洞;管理人员的工作日志回馈调研分析,查探在整个工程组织管理过程中,工作行为的具体表现还存在哪些漏洞等。

三、装配式建筑领域的法律法规、伦理与质量责任

1. 相关法律法规

与欧美发达国家的装配式建筑发展相比,虽然我国装配式建筑起步较晚,但我国装配式建筑发展速度较快,各项标准规范正在逐步完善,尤其在预制构件标准研究方面取得较多可喜成果。目前,常用的国家、省市及行业的相关法律法规、标准、规程和图集已达到 70 多种,涉及国家和行业规范、规程、图集已有 16 种,地方规范、规程、图集已有 59 种,广泛适用于装配式建筑的设计、加工、施工及验收等。

（1）国家标准和行业标准

部分国家标准和行业标准见表 1–13。

表 1–13 部分国家标准和行业标准

序号	地区	类型	名称	编号	适用阶段	发布时间
1	国家	图集	装配式混凝土结构住宅建筑设计示例（剪力墙结构）	15J939–1	设计、生产	2015 年 2 月
2	国家	图集	装配式混凝土结构表示方法及示例（剪力墙结构）	15G107–1	设计、生产	2015 年 2 月
3	国家	图集	预制混凝土剪力墙外墙板	15G365–1	设计、生产	2015 年 2 月
4	国家	图集	预制混凝土剪力墙内墙板	15G365–2	设计、生产	2015 年 2 月
5	国家	图集	桁架钢筋混凝土叠合板（60 mm 厚底板）	15G366–1	设计、生产	2015 年 2 月
6	国家	图集	预制钢筋混凝土板式楼梯	15G367–1	设计、生产	2015 年 2 月
7	国家	图集	装配式混凝土结构连接节点构造（楼盖结构和楼梯）	15G310–1	设计、施工、验收	2015 年 2 月
8	国家	图集	装配式混凝土结构连接节点构造（剪力墙结构）	15G310–2	设计、施工、验收	2015 年 2 月

续表

序号	地区	类型	名称	编号	适用阶段	发布时间
9	国家	图集	预制钢筋混凝土阳台板、空调板及女儿墙	15G368-1	设计、生产	2015年2月
10	国家	验收规范	混凝土结构工程施工质量验收规范	GB 50204—2015	施工、验收	2014年12月
11	国家	验收规范	混凝土结构工程施工规范	GB 50666—2011	生产、施工、验收	2010年10月
12	国家	评价标准	装配式建筑评价标准	GB/T 51129—2017	设计、生产、施工	2018年2月
13	行业	技术规程	钢筋机械连接技术规程	JGJ 107—2016	生产、施工、验收	2016年2月
14	行业	技术规程	钢筋套筒灌浆连接应用技术规程	JGJ 355—2015	生产、施工、验收	2015年1月
15	行业	设计规程	装配式混凝土结构技术规程	JGJ 1—2014	设计、施工、验收	2014年2月

现有国家标准图集包括:《装配式混凝土结构住宅建筑设计示例(剪力墙结构)》(15J939-1)、《装配式混凝土结构表示方法及示例(剪力墙结构)》(15G107-1)、《预制混凝土剪力墙外墙板》(15G365-1)、《预制混凝土剪力墙内墙板》(15G365-2)、《桁架钢筋混凝土叠合板(60 mm厚底板)》(15G366-1)、《预制钢筋混凝土板式楼梯》(15G367-1)、《装配式混凝土结构连接节点构造(楼盖结构和楼梯)》(15G310-1)、《装配式混凝土结构连接节点构造(剪力墙结构)》(15G310-2)、《预制钢筋混凝土阳台板、空调板及女儿墙》(15G368-1)。

现有国家规范及标准包括:《混凝土结构工程施工质量验收规范》(GB 50204—2015)、《混凝土结构工程施工规范》(GB 50666—2011)、《混凝土结构设计规范》(GB 50010—2010)、《建筑防火设计规范》(GB 50016—2014)、《建筑抗震设计规范》(GB 50011—2010)、《装配式建筑评价标准》(GB/T 51129—2017)、《装配式混凝土建筑技术标准》(GB/T 51231—2016)等。

现有行业标准包括:《装配式混凝土结构技术规程》(JGJ 1—2014)、《预制预应力混凝土装配整体式框架结构技术规程》(JGJ 224—2010)、《钢筋机械连接技术规程》(JGJ 107—2016)、《钢筋套筒灌浆连接应用技术规程》(JGJ 355—2015)、《钢筋锚固板应用技术规程》(JGJ 256—2011)、《钢筋连接用套筒灌浆料》(JGT 408—2019)、《预制带肋底板混凝土叠合楼板技术规程》(JGJ/T 258—2011)等。

(2)地方标准

部分地方标准见表1-14。

表 1-14 部分地方标准

序号	地区	类型	名称	编号	适用阶段	发布时间
1	北京市	设计规程	装配式剪力墙住宅建筑设计规程	DB11/T 970—2013	设计	2013 年
2	北京市	设计规程	装配式剪力墙结构设计规程	DB11/T 1003—2013	设计	2013 年
3	北京市	标准	预制混凝土构件质量检验标准	DB11/T 968—2013	生产、施工、验收	2013 年
4	北京市	验收规程	装配式混凝土结构工程施工与质量验收规程	DB11/T 1030—2013	生产、施工、验收	2013 年
5	山东省	设计规程	装配整体式混凝土结构设计规程	DB37/T 5018—2014	设计	2014 年 9 月
6	山东省	验收规程	装配整体式混凝土结构工程施工与质量验收规程	DB37/T 5019—2014	施工、验收	2014 年 9 月
7	山东省	验收规程	装配整体式混凝土结构工程预制构件制作与验收规程	DB37/T 5020—2014	生产、验收	2014 年 9 月
8	上海市	设计规程	装配整体式混凝土公共建筑设计规程	DGJ08-2154-2014	设计	2014 年
9	上海市	图集	装配整体式混凝土构件图集	DBJT08-121-2016	设计、生产	2016 年 5 月
10	上海市	图集	装配整体式混凝土住宅构造节点图集	DBJT08-116-2013	设计、生产、施工	2013 年 5 月
11	上海市	评价标准	工业化住宅建筑评价标准	DG/T J08-2198-2016	设计、生产、施工	2016 年 2 月
12	广东省	技术规程	装配式混凝土建筑结构技术规程	DBJ15-107-2016	设计、生产、施工	2016 年 5 月
13	深圳市	技术规程	预制装配钢筋混凝土外墙技术规程	SJG24-2012	设计、生产、施工	2012 年 6 月
14	深圳市	技术规范	预制装配整体式钢筋混凝土结构技术规范	SJG18-2009	设计、生产、施工	2009 年 9 月
15	江苏省	技术规程	装配整体式混凝土剪力墙结构技术规程	DGJ32/TJ125—2016	设计、生产、施工、验收	2016 年 6 月
16	江苏省	技术规程	施工现场装配式轻钢结构活动板房技术规程	DGJ32/J54—2016	设计、生产、施工、验收	2016 年 4 月
17	江苏省	技术规程	预制预应力混凝土装配整体式结构技术规程	DGJ32/TJ199—2016	设计、生产、施工、验收	2016 年 3 月
18	江苏省	技术导则	江苏省工业化建筑技术导则（装配整体式混凝土建筑）	无	设计、生产、施工、验收	2015 年 12 月

序号	地区	类型	名称	编号	适用阶段	发布时间
19	江苏省	图集	预制装配式住宅楼梯设计图集	G26—2015	设计、生产	2015 年 10 月
20	江苏省	技术规程	预制混凝土装配整体式框架（润泰体系）技术规程	JG/T 034—2009	设计、生产、施工、验收	2009 年 11 月
21	江苏省	技术规程	预制预应力混凝土装配整体式框架（世构体系）技术规程	JG/T 006—2005	设计、生产、施工、验收	2009 年 9 月
22	四川省	验收规程	装配式混凝土结构工程施工与质量验收规程	DBJ51/T054—2015	施工、验收	2016 年 1 月
23	四川省	设计规程	四川省装配整体式住宅建筑设计规程	DBJ51/T038—2015	设计	2015 年 1 月
24	福建省	技术规程	预制装配式混凝土结构技术规程	DBJ13-216—2015	生产、施工、验收	2015 年 2 月
25	福建省	设计导则	装配整体式结构设计导则	无	设计	2015 年 3 月
26	福建省	审图要点	装配整体式结构施工图审查要点	无	设计	2015 年 3 月
27	浙江省	技术规程	叠合板式混凝土剪力墙结构技术规程	DB33/T1120—2016	生产、施工、验收	2016 年 3 月
28	湖南省	规范	装配式钢结构集成部品撑柱	DB43T-1009—2015	生产、验收	2015 年 6 月
29	湖南省	技术规程	装配式斜支撑节点钢结构技术规程	DBJ43/T311—2015	生产、施工、验收	2015 年 6 月
30	湖南省	规范	装配式钢结构集成部品主板	DB43/T995—2015	生产、验收	2015 年 6 月
31	湖南省	技术规程	混凝土装配 – 现浇式剪力墙结构技术规程	DBJ43/T301—2015	设计、生产、施工、验收	2015 年 2 月
32	湖南省	技术规程	混凝土叠合楼盖装配整体式建筑技术规程	DBJ43/T301—2013	设计、生产、施工、验收	2013 年 11 月
33	河北省	技术规程	装配整体式混合框架结构技术规程	DB13（J）/T184—2015	设计、生产、施工、验收	2015 年 4 月
34	河北省	技术规程	装配整体式混凝土剪力墙结构设计规程	DB13（J）/T179—2015	设计	2015 年 4 月
35	河北省	技术规程	装配式混凝土剪力墙结构建筑与设备设计规程	DB13（J）/T180—2015	设计	2015 年 4 月
36	河北省	验收标准	装配式混凝土构件制作与验收标准	DB13（J）/T181—2015	生产、验收	2015 年 4 月

序号	地区	类型	名称	编号	适用阶段	发布时间
37	河北省	验收规程	装配式混凝土剪力墙结构施工及质量验收规程	DB13（J）/T182—2015	施工、验收	2015 年 4 月
38	河南省	技术规程	装配式住宅建筑设备技术规程	DBJ41/T159—2016	设计、生产、施工、验收	2016 年 6 月
39	河南省	技术规程	装配整体式混凝土结构技术规程	DBJ41/T154—2016	设计、生产、施工、验收	2016 年 7 月
40	河南省	技术规程	装配式混凝土构件制作与验收技术规程	DBJ41/T155—2016	生产、验收	2016 年 7 月
41	河南省	技术规程	装配式住宅整体卫浴间应用技术规程	DBJ41/T158—2016	施工、验收	2016 年 6 月
42	湖北省	技术规程	装配整体式混凝土剪力墙结构技术规程	DB42/T1044—2015	设计、生产、施工、验收	2015 年 4 月
43	湖北省	施工验收规程	预制装配式混凝土结构施工与质量验收规程	DB42/T1225—2016	施工、验收	2017 年 2 月
44	甘肃省	图集	预制带肋底板混凝土叠合楼板图集	DBJT25-125—2011	设计、生产	2011 年 11 月
45	甘肃省	图集	横孔连锁混凝土空心砌块填充墙图集	DBJT25-126—2011	设计、生产	2011 年 11 月
46	辽宁省	验收规程	预制混凝土构件制作与验收规程（暂行）	DB21/T1872—2011	生产、验收	2011 年 2 月
47	辽宁省	技术规程	装配整体式混凝土结构技术规程（暂行）	DB21/T1924—2011	设计、生产、施工、验收	2011 年
48	辽宁省	技术规程	装配式建筑全装修技术规程（暂行）	DB21/T1893—2011	设计、生产、施工、验收	2011 年
49	辽宁省	设计规程	装配整体式剪力墙结构设计规程（暂行）	DB21/T2000—2012	设计、生产	2012 年
50	辽宁省	技术规程	装配整体式混凝土结构技术规程（暂行）	DB21/T1868—2010	设计、生产、施工、验收	2010 年
51	辽宁省	技术规程	装配整体式建筑设备与电气技术规程（暂行）	DB21/T1925—2011	设计、生产、施工、验收	2011 年
52	辽宁省	图集	装配式钢筋混凝土板式住宅楼梯	DBJT05—272	设计	2015 年
53	辽宁省	图集	装配式钢筋混凝土叠合板	DBJT05—273	设计	2015 年

续表

序号	地区	类型	名称	编号	适用阶段	发布时间
54	辽宁省	图集	装配式预应力混凝土叠合板		设计	2015 年
55	安徽省	技术规程	建筑用光伏构件系统工程技术规程	DB34/T2461—2015	设计、生产、施工、验收	2015 年 8 月
56	安徽省	产品规范	建筑用光伏构件	DB34/T2460—2015	设计、生产、施工、验收	2015 年 8 月
57	安徽省	验收规程	装配整体式混凝土结构工程施工及验收规程	DB34/T5043—2016	施工、验收	2016 年 3 月
58	安徽省	验收规程	装配整体式建筑预制混凝土构件制作与验收规程	DB34/T5033—2015	生产、验收	2015 年 10 月

北京市技术规程和标准包括:《装配式剪力墙住宅建筑设计规程》(DB11/T 970—2013)、《装配式剪力墙住宅结构设计规程》(DB 11/1003—2013)、《预制混凝土构件质量检验标准》(DB11/T 968—2013)、《装配式混凝土结构工程施工与质量验收规程》(DB11/T 1030—2013)。

山东省技术规程和标准包括《装配整体式混凝土结构设计规程》(DB37/T 5018—2014)、《装配整体式混凝土结构工程施工与质量验收规程》(DB37/T 5019—2014)、《装配整体式混凝土结构工程预制构件制作与验收规程》(DB37/T 5020—2014)、《山东省装配式混凝土结构钢筋套筒灌浆连接应用技术规程》(DB37/T 5162—2020)、《山东省装配式混凝土结构现场检测技术标准》(DB37/T 5106—2018)。

上海市技术规程和标准包括《装配整体式混凝土公共建筑设计规程》(DGJ08-2154-2014)、《装配整体式混凝土构件图集》(DBJT08-121-2016)、《装配整体式混凝土住宅构造节点图集》(DBJT08-116-2013)、《工业化住宅建筑评价标准》(DG/TJ08-2198-2016)。

广东省及深圳市技术规程和标准包括《装配式混凝土建筑结构技术规程》(DBJ15-107-2016)、《预制装配钢筋混凝土外墙技术规程》(SJG24-2012)、《预制装配整体式钢筋混凝土结构技术规范》(SJG18-2009)。

江苏省技术规程和标准包括《装配整体式混凝土剪力墙结构技术规程》(DGJ32/TJ125—2016)、《施工现场装配式轻钢结构活动板房技术规程》(DGJ32/J54—2016)、《预制预应力混凝土装配整体式结构技术规程》(DGJ32/TJ199—2016)、《江苏省工业化建筑技术导则(装配整体式混凝土建筑)》、《预制装配式住宅楼梯设计图集》(G26—2015)、《预制混凝土装配整体式框架(润泰体系)技术规程》(JG/T034—2009)、《预制预应力混凝土装配整体式框架(世构体系)技术规程》(JG/T006—2005)。

四川省技术规程和标准包括《装配式混凝土结构工程施工与质量验收规程》(DBJ51/T054—2015)、《四川省装配整体式住宅建筑设计规程》(DBJ51/T038—2015)。

福建省技术规程和标准包括《预制装配式混凝土结构技术规程》(DBJ13-216—2015)、《装配整体式结构设计导则》《装配整体式结构施工图审查要点》。

浙江省技术规程和标准包括《叠合板式混凝土剪力墙结构技术规程》(DB33/T1120—2016)。

湖南省技术规程和标准包括《装配式钢结构集成部品撑柱》(DB43T-1009—2015)、

《装配式斜支撑节点钢结构技术规程》（DBJ43/T311—2015）、《装配式钢结构集成部品主板》（DB43/T995—2015）、《混凝土装配－现浇式剪力墙结构技术规程》（DBJ43/T301—2015）、《混凝土叠合楼盖装配整体式建筑技术规程》（DBJ43/T301—2013）。

河北省技术规程和标准包括《装配整体式混合框架结构技术规程》（DB13（J）/T184—2015）、《装配整体式混凝土剪力墙结构设计规程》（DB13（J）/T179—2015）、《装配式混凝土剪力墙结构建筑与设备设计规程》（DB13（J）/T180—2015）、《装配式混凝土构件制作与验收标准》（DB13（J）/T181—2015）、《装配式混凝土剪力墙结构施工及质量验收规程》（DB13（J）/T182—2015）。

河南省技术规程和标准包括《装配式住宅建筑设备技术规程》（DBJ41/T159—2016）、《装配整体式混凝土结构技术规程》（DBJ41/T154—2016）、《装配式混凝土构件制作与验收技术规程》（DBJ41/T155—2016）、《装配式住宅整体卫浴间应用技术规程》（DBJ41/T158—2016）。

湖北省技术规程和标准包括《装配整体式混凝土剪力墙结构技术规程》（DB42/T1044—2015）、《预制装配式混凝土构件生产和质量检验规程》《预制装配式混凝土结构施工与验收规程》。

甘肃省技术规程和标准包括《预制带肋底板混凝土叠合楼板图集》（DBJT25-125—2011）、《横孔连锁混凝土空心砌块填充墙图集》（DBJT25-126—2011）。

辽宁省技术规程和标准包括《预制混凝土构件制作与验收规程（暂行）》（DB21/T1872—2011）、《装配整体式混凝土结构技术规程（暂行）》（DB21/T1924—2011）、《装配式建筑全装修技术规程（暂行）》（DB21/T1893—2011）、《装配整体式剪力墙结构设计规程（暂行）》（DB21/T2000—2012）、《装配整体式混凝土结构技术规程（暂行）》（DB21/T1868—2010）、《装配整体式建筑设备与电气技术规程（暂行）》（DB21/T1925—2011）、《装配式钢筋混凝土板式住宅楼梯》（DBJT05—272）、《装配式钢筋混凝土叠合板》（DBJT05—273）、《装配式预应力混凝土叠合板》。

安徽省技术规程和标准包括《建筑用光伏构件系统工程技术规程》（DB34/T2461—2015）、《建筑用光伏构件》（DB34/T2460—2015）、《装配整体式混凝土结构工程施工及验收规程》（DB34/T5043—2016）、《装配整体式建筑预制混凝土构件制作与验收规程》（DB34/T5033—2015）。

目前，我国预制构件标准除上述国标、行业标准、地方标准外，各地代表性企业积极推进预制构件相关标准的编制和研究，形成了比较丰富的企业标准。我国标准规范及标准图集，主要以推荐性和参考性为主，选用型标准图集［如《预制混凝土外墙板》（15G365-1）等］虽已经出台，但各地直接选用的情况不太普遍，构件设计、生产的标准化、模数化和施工、验收的规范化、科学化亟需提高。因此，应加大执行力度，使参与装配式建设各单位、企业及个人以相应标准为依据，严格执行，做到有规必依，从而使各环节确保装配式预制构件质量可靠、规格统一。

2. 工程伦理

中国是当今世界的工程大国，正在向工程强国迈进。近年来，工程伦理日益成为科技哲学领域的热门话题。实践证明，工程尤其是大工程，不纯粹是自然科学技术的应用，还牵涉道德、人文、生态和社会等诸多维度的问题，这使工程师面临特别的义务或责任，工程伦理便是这种责任的批判性反思。在当代社会，人们免不了使用工程产品，免不了生活在工程世界之中,工程伦理因而与每个社会成员息息相关。

（1）工程伦理历史变迁

工程伦理伴随着工程师和工程师职业团体的出现而出现。一开始,人们认为工程任务自然会带给人类福祉,但后来发现工程实践目标很容易被等同于商业利益增长,这一点随着越来越多工程的实施遭到了社会批判。人们日益认识到工程师因为应用现代科学技术拥有巨大力量,要求工程师承担更多伦理的义务和责任。从职业发展来说,工程师共同体强调行业的专业化和独立性,也需要加强工程师的职业伦理建设,因而很多工程师职业组织在19世纪下半叶开始将明确的伦理规范写入组织章程之中。从工程实践来说,好的工程要给社会带来更多的便利,工程师必须要解决社会背景下工程实践中的伦理问题,这些问题仅仅依靠工程方法是无法解决的,在工程设计中尤其要寻求人文科学的帮助。总之,工程伦理就是对工程与工程师的伦理反思,只要人们生活在工程世界中,使用过程产品,工程伦理便和每个人的生活密切相关。

按照美国哲学家卡尔·米切姆被普遍接受的看法,西方工程伦理的发展大致经过5个主要阶段。

① 工程伦理酝酿阶段。在现代工程和工程师诞生初期,工程伦理处于酝酿阶段,各个工程师团体并没有将之以文字形式明确下来,伦理准则以口耳相传和师徒相传的形式传播,其中最重要的观念是对忠诚或服从权威的强调。这与工程师首先出现在军队之中是一致的。

② 工程伦理形成明文规定阶段。到19世纪下半叶20世纪初,工程师的职业伦理开始有了明文规定,成为推动职业发展和提高职业声望的重要手段,例如1912年美国电气工程师协会制定的伦理准则。忠诚要求被明确下来,被描述为对职业共同体的忠诚、对雇主的忠诚和对顾客的忠诚,从而达到公众认可和职业自治的程度。

③ 工程伦理关注效率阶段。20世纪上半叶,工程伦理关注的焦点转移到效率上,即通过完善技术、提高效率而取得更大的技术进步。效率工程观念在工程师中非常普遍,与当时流行的技术治理运动紧密相连。技术治理的核心观点之一是要给予工程师更大的政治和经济权力。

④ 关注工程与工程师社会责任的阶段。在第二次世界大战之后,工程伦理进入关注工程与工程师社会责任的阶段。反核武器运动、环境保护运动和反战运动等风起云涌,要求工程师投身于公共福利之中,把公众的安全、健康和福利放到首位,让他们逐渐意识到工程的重大社会影响和相应的社会责任。

⑤ 工程伦理进入社会公众参与阶段。21世纪初,工程伦理的社会参与问题受到越来越多的重视。从某种意义上说,之前的工程伦理是一种个人主义的工程师伦理,谨遵社会责任的工程师基于严格的技术分析和风险评估,以专家权威身份决定工程问题,并不主张所有公民或利益相关者参与工程决策。新的参与伦理则强调社会公众对工程实践中的有关伦理问题发表意见,工程师不再是工程的独立决策者,而是在参与式民主治理平台或框架中参与对话和调控的贡献者之一。当然,参与伦理实践还不成熟,尚在发展之中。

（2）加强工程伦理研究

总的来说,目前工程伦理研究的主要问题包括:工程伦理的基础理论研究,例如工程伦理的概念、特点、方法,工程伦理学的学科定位和学科归属等问题;工程伦理的发展史与案例研究,包括工程伦理的观念史、实践史及典型的工程伦理案例研究;工程师的伦理责任和伦理准则研究,包括在工程设计、施工、运转与维护等各个环节中工程师所面对的伦理义务;大型工程实践的伦理考量研究,包括如何将伦理考量融入工程实践当中,如何让伦理学家参与大型工程实施过程,如何对大型工程进行伦理评价以及不同类型工程的伦理考量等涉及制度建设的问题;工程伦理教育研究,包括工程伦理教育的目标、内容、方法、实施,卓越工程师的培养,以及与工程界在教育方面的合作等问题;工程伦理建设的公众参与与沟通研究,包括公众参与的原则、方法、程序、平台、控制与限度,以及大型工程的舆论沟通、伦理传播与误解消除等问题;中国工程伦理问题,包括中国工程伦理的地方性与国际化,中国工程伦理的现状、问题和对策,中外工程伦理理论和实践的比较,中国大型工程的伦理等问题。当然,工程伦理研究内容归根结底要为提升工程和工程师的伦理水平服务,因而会随着工程实践的发展而不断变化。

3. 工程质量责任

按照"谁建设,谁负责"的原则,实行工程质量责任终身制,对工程建设、项目法人及设计、施工、监理、质量监督、竣工验收等各方主体,分别建立责任人档案,如工程建设期间发生责任人变动,及时进行工序签证,办理责任人变更手续,让工程质量责任档案与责任人相伴终生,从源头上建立了确保建设质量的安全保障体系。《建筑工程五方责任主体项目负责人质量终身责任追究暂行办法》规定如下。

第一条,为加强房屋建筑和市政基础设施工程(以下简称建筑工程)质量管理,提高质量责任意识,强化质量责任追究,保证工程建设质量,根据《中华人民共和国建筑法》《建设工程质量管理条例》等法律法规,制定本办法。

第二条,建筑工程五方责任主体项目负责人是指承担建筑工程项目建设的建设单位项目负责人、勘察单位项目负责人、设计单位项目负责人、施工单位项目经理、监理单位总监理工程师。

建筑工程开工建设前,建设、勘察、设计、施工、监理单位法定代表人应当签署授权书,明确本单位项目负责人。

第三条,建筑工程五方责任主体项目负责人质量终身责任,是指参与新建、扩建、改建的建筑工程项目负责人按照国家法律法规和有关规定,在工程设计使用年限内对工程质量承担相应责任。

第四条,国务院住房和城乡建设主管部门负责对全国建筑工程项目负责人质量终身责任追究工作进行指导和监督管理。

县级以上地方人民政府住房和城乡建设主管部门负责对本行政区域内的建筑工程项目负责人质量终身责任追究工作实施监督管理。

第五条,建设单位项目负责人对工程质量承担全面责任,不得违法发包、肢解发包,不得以任何理由要求勘察、设计、施工、监理单位违反法律法规和工程建设标准,降低工程质量,其违法违规或不当行为造成工程质量事故或质量问题应当承担责任。

勘察、设计单位项目负责人应当保证勘察设计文件符合法律法规和工程建设强制性标准的要求,对因勘察、设计导致的工程质量事故或质量问题承担责任。

施工单位项目经理应当按照经审查合格的施工图设计文件和施工技术标准进行施工,对因施工导致的工程质量事故或质量问题承担责任。

监理单位总监理工程师应当按照法律法规、有关技术标准、设计文件和工程承包合同进行监理,对施工质量承担监理责任。

第六条,符合下列情形之一的,县级以上地方人民政府住房和城乡建设主管部门应当依法追究项目负责人的质量终身责任:

① 发生工程质量事故;

② 发生投诉、举报、群体性事件、媒体报道并造成恶劣社会影响的严重工程质量问题;

③ 由于勘察、设计或施工原因造成尚在设计使用年限内的建筑工程不能正常使用;

④ 存在其他需追究责任的违法违规行为。

第七条,工程质量终身责任实行书面承诺和竣工后永久性标牌等制度。

第八条,项目负责人应当在办理工程质量监督手续前签署工程质量终身责任承诺书,连同法定代表人授权书,报工程质量监督机构备案。项目负责人如有更换的,应当按规定办理变更程序,重新签署工程质量终身责任承诺书,连同法定代表人授权书,报工程质量监督机构备案。

第九条,建筑工程竣工验收合格后,建设单位应当在建筑物明显部位设置永久性标牌,载明建设、勘察、设计、施工、监理单位名称和项目负责人姓名。

第十条,建设单位应当建立建筑工程各方主体项目负责人质量终身责任信息档案,工程竣工验收后移交城建档案管理部门。项目负责人终身责任信息档案包括下列内容:

① 建设、勘察、设计、施工、监理单位项目负责人姓名,身份证号码,执业资格,所在单位,变更情况等;

② 建设、勘察、设计、施工、监理单位项目负责人签署的工程质量终身责任承诺书;

③ 法定代表人授权书。

第十一条,发生本办法第六条所列情形之一的,对建设单位项目负责人按以下方式进行责任追究:

① 项目负责人为国家公职人员的,将其违法违规行为告知其上级主管部门及纪检监察部门,并建议对项目负责人给予相应的行政、纪律处分;

② 构成犯罪的,移送司法机关依法追究刑事责任;

③ 处单位罚款数额5%以上10%以下的罚款;

④ 向社会公布曝光。

第十二条,发生本办法第六条所列情形之一的,对勘察单位项目负责人、设计单位项目负责人按以下方式进行责任追究。

① 项目负责人为注册建筑师、勘察设计注册工程师的,责令停止执业1年;造成重大质量事故的,吊销执业资格证书,5年以内不予注册;情节特别恶劣的,终身不予注册。

② 构成犯罪的,移送司法机关依法追究刑事责任。

③ 处单位罚款数额5%以上10%以下的罚款。

④ 向社会公布曝光。

第十三条,发生本办法第六条所列情形之一的,对施工单位项目经理按以下方式进行责任追究。

① 项目经理为相关注册执业人员的,责令停止执业1年;造成重大质量事故的,吊销执业资格证书,5年以内不予注册;情节特别恶劣的,终身不予注册。

② 构成犯罪的,移送司法机关依法追究刑事责任。

③ 处单位罚款数额5%以上10%以下的罚款。

④ 向社会公布曝光。

第十四条,发生本办法第六条所列情形之一的,对监理单位总监理工程师按以下方式进行责任追究。

① 责令停止注册监理工程师执业 1 年;造成重大质量事故的,吊销执业资格证书,5 年以内不予注册;情节特别恶劣的,终身不予注册。

② 构成犯罪的,移送司法机关依法追究刑事责任。

③ 处单位罚款数额 5% 以上 10% 以下的罚款。

④ 向社会公布曝光。

第十五条,住房和城乡建设主管部门应当及时公布项目负责人质量责任追究情况,将其违法违规等不良行为及处罚结果记入个人信用档案,给予信用惩戒。

鼓励住房和城乡建设主管部门向社会公开项目负责人终身质量责任承诺等质量责任信息。

第十六条,项目负责人因调动工作等原因离开原单位后,被发现在原单位工作期间违反国家法律法规、工程建设标准及有关规定,造成所负责项目发生工程质量事故或严重质量问题的,仍应按本办法第十一条、第十二条、第十三条、第十四条规定依法追究相应责任。

项目负责人已退休的,被发现在工作期间违反国家法律法规、工程建设标准及有关规定,造成所负责项目发生工程质量事故或严重质量问题的,仍应按本办法第十一条、第十二条、第十三条、第十四条规定依法追究相应责任,且不得返聘从事相关技术工作。项目负责人为国家公职人员的,根据其承担责任依法应当给予降级、撤职、开除处分的,按照规定相应降低或取消其享受的待遇。

第十七条,工程质量事故或严重质量问题相关责任单位已被撤销、注销、吊销营业执照或宣告破产的,仍应按本办法第十一条、第十二条、第十三条、第十四条规定依法追究项目负责人的责任。

第十八条,违反法律法规规定,造成工程质量事故或严重质量问题的,除依照本办法规定追究项目负责人终身责任外,还应依法追究相关责任单位和责任人员的责任。

第十九条,省、自治区、直辖市住房和城乡建设主管部门可以根据本办法,制定实施细则。

以上就是关于建筑工程质量终身责任的相关规定。只要是建筑开始施工后确定好了质量监督的责任人就必须在竣工后发生的一切质量问题上负担相应的责任,并且这样的责任将伴随其终生而不会因为人事变动就可以逃避,只有这样才能在施工的时候就确保了质量。

四、装配式建筑领域的学习能力与岗位技能要求

1. 相关学习能力

学习能力一般是指人们在正式学习或非正式学习环境下自我求知、做事、发展的能力。通常指学习的方法与技巧,有了这样的方法与技巧,学习到知识后,就形成专业知识;学习到如何执行的方法与技巧,就形成执行能力。学习能力是所有能力的基础。评价学习能力的指标一般有六个:学习专注力、学习成就感、自信心、思维灵活度、独立性和反思力。学习能力表现可以分为 6 项"多元才能"和 12 种"核心能力"两大方面。

提高学习能力的本质是学会思考。首先,我们来区分两种学习:一种叫"以知识为中心的学习";另一种叫"以自我为中心的学习"。"以知识为中心的学习"也叫学院式学习,是以

通过考试或科学研究为目的,主要强调对知识的理解、记忆、归纳、解题。"以自我为中心的学习"也叫成人学习,主要强调解决自己的问题、提升自己的能力。"以自我为中心的学习"主要包括三个维度,如图 1-56 所示。

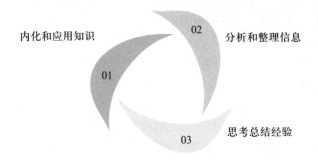

图 1-56　"以自我为中心的学习"的三个维度

装配式建筑的发展为行业带来新气象的同时,建筑行业业态或将面临洗牌和重构。装配式建筑发展至今对人才的需求特别迫切具体表现如下。

（1）装配式项目管理人才缺乏

国务院在《国务院办公厅关于大力发展装配式建筑的指导意见》中指出发展装配式建筑的重要任务是"推广工程总承包"。所以对企业来说,调整自身组织架构,建立新的管理方式,包括招投标制度、工程分包模式,健全关于装配式建筑工程质量、安全、进度、成本管理体系。增加与相应设计单位、构配件生产企业的交流与合作,强强联合,形成一个产业技术联盟,从而提高未来的业务承接能力和市场竞争力。装配式建筑项目从设计、施工到项目交付运营,都发生了很大的变化,传统的工程项目管理人员缺乏工业化的管理思维,对整个装配式建筑设计、生产、施工流程缺乏系统的认识。综上所述,目前大力发展的装配式建筑对从业管理人员提出了重要的挑战。

（2）装配式技术人才缺乏

构件化的装配式设计流程、装配式的施工过程给设计、施工也提出了新的技术挑战,BIM 技术在装配式建筑中发挥了重要的作用,利用 BIM 技术可以实现对设计、构建、施工、运营的全专业管理,并为装配式建筑行业信息化提供了数据支撑。掌握 BIM 技术,了解装配式建筑下的设计、施工工艺技术的人才存在严重不足。

（3）新型技术人才缺乏

除了 BIM 技术、新兴的技术对装配式建筑的发展将起到越来越重要的作用,3D 打印、VR技术、物联网、建筑机器人等行业的从业人员需要对这些技术在工程中的价值有一定的认识。

（4）传统工种人才变化

建筑业的行业工种,通常有木工、泥工、水电工、焊工、钢筋工、架子工、抹灰工、腻子工、幕墙工、管道工、混凝土工等岗位。做装配式建筑后,一些墙体、楼梯、阳台等部品构件在工厂中就已经制作好,工人的现场操作就仅是定位、就位、安装及必要的小量的现场填充结构等步骤,所以木工、泥工、混凝土工等岗位需求将大大减少。同时,采用装配式工法施工后,多采用吊车等大型机械代替原来的外墙脚手架,所以架子工也将无用武之地。吊车司机、装配工、灌浆工、打胶工、焊接工及一些高技能岗位愈发具有需求量。

综上所述,装配式建筑给行业的管理人员、技术人员、技能人员等带来了很大的挑战,提升学习能力、提升自己,做适合行业发展的人才必将带来巨大的发展空间。装配式建筑不仅是传统建筑业转型升级的必然结果,同时从宏观政策到微观工艺工法都产生了新的变化,知识更新迭代速度之快,要求从业者迅速适应变化,掌握法律法规、行业发展政策导向及技术标准、规范等知识体系,同时需要通过快速学习、科学研究、总结提炼形成配套的专业工艺、工法等。

2. 相关岗位技能要求

（1）构件生产制作岗位技能要求

① 能够识读图纸（构件详图、模具图）,并进行提料、配料（如钢筋、混凝土、吊件、套筒及配管、线盒、PVC管等）及模具领取,在模台上进行划线摆放及固定模具。

② 模台和模具正确涂刷脱模剂及缓凝剂,放置垫片、绑扎钢筋、安放埋件并保护。

③ 能够观察判断混凝土的最佳状态、用布料机进行布料,能用振捣台或振捣棒振捣混凝土、收面、拉毛、养护（能够监测温湿度）。

④ 能够根据同条件试块确定出库起板时间,会操作码垛机出入库,按照合理顺序拆模,对需要做水洗面的构件进行冲洗。

⑤ 能够操作立板机、桁车起板、起吊、转运,采取有力措施进行成品保护,能够根据仓储物流要求进行成品的存储和发货。

⑥ 具备质量检验能力,能够对原材、构配件、隐蔽工程、成品等进行质量检验。

（2）装配式建筑施工岗位技能要求

① 能够进行施工前安全检查、构件质量检查（灌浆套筒及埋件的通透性等）测量放线、转换层的复核检测、工作面清理等施工准备工作。

② 能够设置构件安装的定位标识、复核连接节点的位置、选择吊具、试吊检测、吊装、支设临时支撑、水平位置及构件垂直度检测等。

③ 当采用灌浆连接时,能够进行灌浆料拌制及检测,连通腔灌浆的分仓、封仓及灌浆操作,当采用其他方式连接时,能够进行构件浆锚搭接连接、螺栓连接、焊接连接。

④ 后浇连接区的钢筋绑扎、隐蔽验收、支设模板、混凝土浇筑、振捣、养护,能确定支撑、模板拆除时间,按照合理顺序拆除模板。

⑤ 质量验收,能够核验构件质量证明文件,构件外观及尺寸质量检查,核对埋件和预留孔洞等规格型号、数量、位置,检查现场临时固定措施,检查构件水平位置的偏差及垂直度的累积偏差,现场发生的第三方检测报告,能完成钢筋套筒灌浆连接、浆锚搭接连接的施工质量检查记录,核验有关检验报告等。

小结

装配式建筑在美国、欧洲、日本、新加坡等发达国家和地区已有近半个世纪的发展历史,形成了成熟的各有特色的产业和技术。国内建筑工业化始于20世纪50年代,国务院于2016年9月发布《关于大力发展装配式建筑的指导意见》,自此至今,国家与地方连续出台了一系列支持装配式建筑产业发展的政策与措施。

　　装配式建筑在政策的推动下,呈现一片欣欣向荣的发展景象,国家和地方与装配式有关的基地和工程增长较快。基地及工厂建设须按照《绿色工业建筑评价标准》(GB/T 50878—2013)要求,做到合理用能、节能降耗。按照能耗评估和审批的原则,提出明确的能耗评估结论和建议。标准化产业基地设计范围包括厂区内配置的一切单项工程的完整设计,一般厂区划分为生产区(构件厂房、构件堆场、展示区等)、附属用房区(锅炉房、配电房、水泵房等)、生活区(宿舍、食堂、活动场地、门卫室等)、办公区(研究中心办公楼、实验室等)、其他区域(厂区绿化区、人行道路、行车道路、停车位等)。

　　装配式建筑是梁柱、楼板和墙体等构件采用工厂预制化生产后再进行现场装配安装的建筑形式,采用装配率作为唯一评价标准,装配式建筑可划分为 A 级、AA 级、AAA 级三个等级。随着装配式建筑的推广,我国建筑行业工业化发展进程不断加快。

　　装配式混凝土预制构件所使用的混凝土、钢筋、连接件、预埋件以及保温等材料的质量应符合国家及行业相关标准的规定,并按规定进行复检,经检验合格后方可使用。预制构件用混凝土与现浇混凝土的区别主要体现在预应力钢筋的张拉、质量控制、养护等方面。预制构件中的预埋件应满足加工允许偏差及裸露部分热镀锌处理等要求。

　　简单介绍了我国现行的装配式建筑相关规范标准,标准化和模块化是装配式建筑能否成功推广的主要影响因素,未来装配式建筑设计应遵循通用化、模数化、标准化的要求和少规格、多组合的原则,设法在标准化基础上满足多样化的需求。

　　图纸是工程界的语言,装配式构件的生产、装配式施工、质量验收及深化设计等任务的操作完成都是以识读装配式建筑构件图纸为基础。介绍了各种常见装配式构件的构件加工图和模具加工图,确定构件编号、模具编号及尺寸数字等。预制阳台板、空调板和预制女儿墙的图纸识读内容包括构件规格及编号、构件平面布置图和模板图。正确识图的关键在于掌握各类构件的规格及编号规则,同时熟悉各类图例。装配式混凝土结构连接节点主要分为楼盖连接节点、楼梯连接节点和剪力墙连接节点,正确识图须熟悉各类预制构件的构造特点,并掌握钢筋混凝土连接节点的基本构造要求。

　　装配式混凝土建筑常见连接技术有套筒连接件技术和螺栓连接件技术,要求掌握套筒连接件和螺栓连接件的施工方法。对机电管线、给排水管线等设备要知道其与装配式建筑的关系,并且掌握建筑构件与机电管线、给排水管线的协调处理方法。

　　建筑业从业者具备良好的职业道德是确保建筑工程安全、质量和进度目标的顺利实现。但是,目前我国的建筑行业道德意识还比较薄弱,这就导致了很多工程在施工过程中,无法按照一定的安全和质量指标进行,造成了很多安全事故的发生。在工程建设的大环境中,一些错误的思想风气正在逐步萌芽,对工程人员的职业道德造成了误导,弱化了他们的职业道德素质,对我国的建筑事业产生了不利的影响。对建筑业一线从业人员、施工管理人员、工程技术人员、项目经理等不同的岗位角度规定其职业道德。具备良好的职业态度、较强的协同能力、组织管理能力是装配式建筑从业者的基本素质要求。具体表现如下:首先,职业态度的选择与确立,与个人对职业的价值认识(即职业观)与情感维系程度有关,是构成职业行为倾向的稳定的心理因素;其次,装配式建筑行业涉及很多知识领域和工作环节,所以一个完整的项目其中的流程不但专业性强而且涉及许多人共同协作;再次,装配式建筑工程组织管理对项目的顺利进行有着极其重要的意义,良好的组织管理能有效加强质量控制、保证工程质量、促进装配式建筑工程的高速发展。本着"谁建设,谁负责"的原则,实行工程质量责任终身制,对工程建设、项目法人及设计、施工、监理、质量监督、竣工验收等各方主体,分别建立责任人档案,如工程建设期间发生责任人变动,及时进行工序签证,办理责任人变更手续,让工程质量责任档案与责任人相伴终生,从源头上建立了确保建设质量的安全保障体系。

习题

简答题

1. 2017 年 11 月,住房和城乡建设部公布了哪些装配式建筑示范城市和产业基地?

2. 装配式建筑构件工厂建设须按照什么标准并且要求做到哪些方面?

3. 装配式建筑工厂的厂区划分为哪些功能区域?

4. 简述装配率的概念?

5. 根据自身理解,简述 BIM 技术与装配式建筑的关系?

6. 按用途分类,常用预埋件有哪些类别?

7. 预制构件所用混凝土的质量影响因素有哪些?

8. 预制构件用混凝土与现浇混凝土的区别?

9. 预制构件中的预埋件允许偏差的检验项目包括哪些内容?

10. 装配式结构的设计除应符合现行国家标准《混凝土结构设计规范》(GB 50010—2010)的基本要求,还应符合哪些规定?

11.《装配式混凝土建筑技术标准》(GB/T 51231—2016)中对装配式建筑设计原则是如何规定的?

12.《装配式建筑评价标准》(GB/T 51129—2017)中对装配率计算、装配式建筑等级评价的计算和评价单元是如何规定的?

13. 请解释构件代号 NQM3-3330-1022 的含义?

14. 请解释构件代号 DBS2-67-3620-31 的含义?

15. 请解释构件代号 JT-29-25 的含义?

16. 预制钢筋混凝土阳台板有哪几种类型? 编号 YTB-B-1433-04 表示什么?

17. 预制钢筋混凝土女儿墙有哪几种类型? 编号 NEQ-J1-3606 表示什么?

18. 混凝土叠合板连接接缝有什么类型? 分别用于什么情况?

19. 钢筋套筒灌浆连接技术的工作机理?

20. 套筒灌浆料的技术指标包括哪些内容?

21. 灌浆套筒灌浆段最小内径尺寸要求?

22. 全灌浆套筒和半灌浆套筒的区别是什么,分别在什么构件中应用?

23. 机电管线的电气工程设计有哪些方面?

24. 给水系统管道布置和敷设要注意哪些问题?

25. 施工作业人员职业道德规范主要有哪几项?

26. 施工管理员职业道德规范主要有哪几项?

27. 工程伦理发展的五个阶段是什么?

28. 建筑工程执行五方责任主体是指哪五方?

模块 2   装配式专项设计

装配式专项设计是依据项目建设目标、经济性要求和外部条件，按照模数协调、标准化和集成化等原则，确定装配式技术方案，完成建筑装配式结构系统、外围护系统、设备与管线系统和内装系统等设计及相关文件的编制。包括主体结构预制构件设计、围护墙和内隔墙设计、装修和设备管线设计。

项目 1   主体结构预制构件设计

📑 学习目标

本项目通过对主体结构预制构件设计这一任务的学习，学习者应达到以下目标：

任务	知识目标	能力目标
主体结构预制构件设计	1. 了解柱、支撑、承重墙、延性墙板等竖向构件的生产工艺、施工工艺和造价等要求。 2. 了解梁、板、楼梯、阳台、空调板等构件的生产工艺、施工工艺、造价等要求。 3. 熟悉装配整体式混凝土剪力墙结构中主要预制竖向构件和水平构件布置方式和要求。 4. 熟悉装配整体式混凝土剪力墙结构中主要预制竖向构件和水平构件的连接节点	1. 能进行装配整体式混凝土剪力墙结构的预制外墙板、预制内墙板等主要预制竖向构件布置。 2. 能进行装配整体式混凝土剪力墙结构的预制桁架钢筋混凝土叠合楼板、预制阳台板、预制空调板、预制楼梯等主要预制水平构件布置。 3. 能进行主要预制竖向构件和预制水平构件的连接节点设计

🔧 项目概述（重难点）

本项目为还建小区 18 层高层剪力墙住宅楼，建筑高度约 52 m，地下一层拟采用现浇钢筋浇混凝土结构形式，地上 1～2 层在结构上为底部加强部位，拟采用现浇钢筋混凝土结构。地上 3～18 层拟采用预制装配式结构，拟采用的预制构件有预制剪力墙外墙板、预制叠合板、空调板、预制楼梯,装配率 25.31%。

　　重点:预制水平构件、预制竖向构件的拆分。

　　难点:构件拆分后进行拼接,连接节点的设计。

任务 2.1　装配式建筑中预制水平构件的拆分设计

　　装配式混凝土建筑中的预制构件包括预制水平构件和预制竖向构件。预制水平构件常见的有预制桁架钢筋混凝土叠合板、阳台板、空调板、楼梯、叠合梁等。预制竖向构件常见的有预制外墙板、预制内墙板、预制女儿墙、预制柱等。本任务主要从规范、图集、生产工艺、施工工艺、造价等各方面的要求,介绍预制水平构件的拆分设计,并联系工程案例绘制预制水平构件布置图。

▷　任务陈述

　　根据规范、图集、生产工艺、施工工艺、造价等各方面的要求,进行项目的预制水平构件布置。

▷　知识准备

1. 装配式混凝土建筑的标准化设计

　　参照《装配式混凝土建筑技术标准》(GB/T 51231—2016)第 4.3 条的规定,主要从平面、立面、层高三个方面进行标准化设计。

　　装配式混凝土建筑平面设计应符合下列规定:

　　① 应采用大开间大进深、空间灵活可变的布置方式。考虑到户型在整个全生命周期的可维修可维护,考虑设计时把房屋的开间尺寸加大,在同一个户型内,尽量少布置结构墙,结构的刚度也随之下降,这与减小结构刚度,减小结构自身的地震力概念是吻合的。这是装配建筑一个重要的设计理念。

　　② 平面布置应规则,承重构件布置应上下对齐贯通,外墙洞口宜规整有序。此处同现浇剪力墙结构的设计,并且装配式建筑对上下墙肢对齐、外墙洞口对齐的要求更为严格。装配建筑从某层开始做装配建筑,一般情况是作为标准层来进行使用,功能空间不会发生大的调整或变化,而且竖向构件一般是落到基础上,不会落到转换层。

　　装配式混凝土建筑立面设计应符合下列规定:

　　① 外墙、阳台板、空调板、外窗、遮阳设施及装饰等部品部件宜进行标准化设计;

　　② 装配式混凝土建筑宜通过建筑体量、材质肌理、色彩等变化,形成丰富多样的立面效果;

　　③ 预制混凝土外墙的装饰面层宜采用清水混凝土、装饰混凝土、免抹灰涂料和反打面砖等耐久性强的建筑材料。

　　装配式混凝土建筑立面设计,需要摆脱传统的思维误区,在传统的现浇结构中,建筑的立面设计主要是通过剪力墙的突出来实现,但是在装配式建筑中不建议采用,装配式建筑的"立面造型"应该通过阳台板、空调板等出挑构件的有序布置实现;应该通过线脚、立面材质及阴影的变化实现;不应该通过主体结构的"里凸外进"实现,这样对装配式建筑预制构件的拆分是非常不利的状态。

　　装配式混凝土建筑应根据建筑功能、主体结构、设备管线及装修等要求,确定合理的层高及净高尺寸。

　　以住宅产品为例,装配式建筑项目中标准层层高一般为2.8 m、2.9 m、3.0 m,但层高为2.8 m时,若采用地暖方式采暖(地面做法至少120 mm),窗洞口的布置就会显得局促了。如图2–1中某建筑某层层高为2.8 m,窗台高900 mm,地暖方式采暖的地面至少120 mm,结构连梁的高度一般都会要求在400 mm,这会导致窗洞口高度为2 800–120–900–400=1 380 mm。这个窗洞口高度是非常小的,如为加大窗洞口高度,就需要减小连梁的高度,这样连梁的高度又不符合要求。所以2.8 m的层高,又做了地暖,窗洞口的布置显得局促,房屋品质低。

　　要追求一个合理并且能够接受的层高,并且相对合理的损耗,对商品房项目来说,2.9 m、3.0 m是比较合适的。

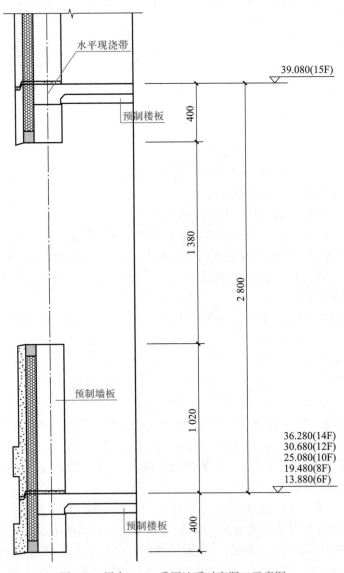

图2–1　层高2.8 m采用地暖时窗洞口示意图

构件的标准化设计还需要考虑模数协调。模数协调是"顶层设计"，从轴网、户型方面进行"前端控制"，后续的预制部品部件的加工、配套产业才有可能走上工业化之路。这不是某一项目，这关系着整个行业。

《装配式混凝土建筑技术标准》（GB/T 51231—2016）中对模数协调进行了规定。装配式混凝土建筑设计应符合现行国家标准《建筑模数协调标准》（GB/T 50002—2013）的规定，详见二维码"拓展阅读：2-1"。

文本
拓展阅读：2-1

2.《桁架钢筋混凝土叠合板（60 mm 厚底板）》（15G366-1）图集中相关规定

该图集主要介绍了五大部分内容：总说明、双向板大样图、单向板大样图、吊点位置选取、节点构造做法。对结构设计，重点看总说明和吊点位置选取；对节点构造做法，应参考《装配式混凝土结构连接节点构造》（15G310-1~2）。设计时，叠合楼板按照图集直接去选用是不现实的，都需要根据项目本身的特点单独完成设计，详见二维码"拓展阅读：2-2"。

文本
拓展阅读：2-2

3.《预制钢筋混凝土阳台板、空调板及女儿墙》（15G368-1）图集中相关规定

图集介绍了叠合板式阳台、全预制板式阳台、全预制梁式阳台 3 种类型的预制阳台板，并且列出了各种类型阳台板的选用表、施工参数选用表，各种型号阳台板的平、立、剖面及细部构造。预制空调板也提供了选用表；平、剖面图及细部构造，详见二维码"拓展阅读：2-3"。

文本
拓展阅读：2-3

4.《预制钢筋混凝土板式楼梯》（15G367-1）图集中相关规定

该图集适用性强，一般住宅项目可以直接选用，设计时可以不画楼梯详图，直接标注图集中的编号，另外，楼梯是非常容易实现标准化的构件。图集相关规定详见二维码"拓展阅读：2-4"。

文本
拓展阅读：2-4

5. 叠合板的预制板布置形式、板的拼缝位置、拼缝宽度等

以结构构件围合的房间为划分单元，当房间长宽比小于 2.0 时，按双向板对该房间进行预制构件拆分；当房间长宽比不小于 3.0 时，按单向板对该房间进行构件拆分；当房间长宽比大于 2.0 小于 3 时，宜按双向板设计；尤其对双向板，构件拆分过程不宜改变其先天受力状态。详细内容见二维码"拓展阅读：2-5"。

文本
拓展阅读：2-5

双向板板缝末端受力钢筋做成弯钩搭接，有 90° 或 135° 弯钩，90° 弯钩时直段长度为 12d，12d 易受板的厚度的限制，因此在现场经常做成 135° 弯钩，末端只需要 5d，板类构件非抗震，C30，一般 L_a=35d。

双向板拼缝处的为受力钢筋，工程中至少会采用 ϕ8 的钢筋，当采用末端弯钩（90°、135°）时，L_a=35d=280 mm（按 C30 混凝土计算），拼缝宽度 ≥ L_a+20 mm=300 mm；当采用末端直线搭接时，L_1=1.2L_a=336 mm（按 C30 混凝土计算），拼缝宽度 ≥ L_1+20 mm=356 mm，取 360 mm；实际工程中拼缝处钢筋很少采用焊接，因为现场工作量太大。综上所述，在水平构件拆分时，双向板拼缝至少预留 300 mm 较为合适，避免采用大直径钢筋，采取"细而密"的配筋准则。

双向板拼缝宽度及拼缝位置参见《装配式混凝土结构技术规程》（JGJ 1—2014）的规定，详见二维码"拓展阅读：2-6"。

6. 叠合板的跨度、预制底板及后浇层最小厚度的确定

关于叠合楼板的厚度及跨度，《装配式混凝土结构技术规程》（JGJ 1—2014）规定如下。叠合板应按《混凝土结构设计规范》（GB 50010—2010，2015年版）进行设计，并应符合下列规定：

① 叠合板的预制板厚度不宜小于60 mm，后浇混凝土叠合层厚度不应小于60 mm；

② 当叠合板的预制板采用空心板时，板端空腔应封堵；

③ 跨度大于3 m的叠合板，宜采用桁架钢筋混凝土叠合板；

④ 跨度大于6 m的叠合板，宜采用预应力混凝土预制板；

⑤ 板厚大于180 mm的叠合板，宜采用混凝土预制板。工程实际中的做法详见二维码"拓展阅读：2-7"。

7. 预制楼梯搁置长度的规定

关于预制楼梯在支撑构件上的最小搭置长度，参见《装配式混凝土结构技术规程》（JGJ 1—2014）的规定，详见二维码"拓展阅读：2-8"。

8. 水平构件的拼接

按板的类型来分，水平构件的拼接有以下4类：

① 双向板。双向板的接缝均为受力接缝，一类是板端连接，另一类是板缝连接，如图2-2所示。

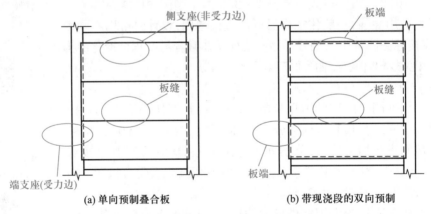

(a) 单向预制叠合板　　　　　　(b) 带现浇段的双向预制

图2-2　单向板、双向板的接缝

② 单向板。有端支座连接（受力方向）、侧支座连接（非受力方向）、板缝连接（密拼、设缝）。

③ 悬挑板与主体的连接。

④ 楼梯与主体的连接。

（1）双向板的板端连接

双向板的板端连接各个图集、规范的规定不一致，以下先列出，然后说明问题，提供推荐做法。《装配式混凝土建筑技术标准》（GB/T 51231—2016）中未提到明确做法，《装配式混凝土结构技术规程》（JGJ 1—2014）中有如下规定。

叠合板支座处的纵向钢筋应符合下列规定：板端支座处，预制板内的纵向受力钢筋宜从板端伸出并锚入支承梁或墙的后浇混凝土中，锚固长度不应小于 5d（d 为纵向受力钢筋直径），且宜伸过支座中心线（图 2-3）。

《桁架钢筋混凝土叠合板（60 mm 厚底板）》（15G366-1）、《装配式混凝土结构连接节点构造》（15G310-1～2）中规定详见二维码"拓展阅读：2-9"。

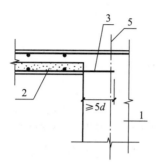

文本
拓展阅读：2-9

图 2-3　叠合板端支座构造示意

1- 支承梁或墙；2- 预制板；3- 纵向受力钢筋；

4- 附加钢筋；5- 支座中心线

推荐做法：经过实践比较，图 2-4 节点是目前项目中应用较多的，预制板板底留 10 mm，板端留 10 mm，底部受力筋伸入支座，并过中线 10 mm。

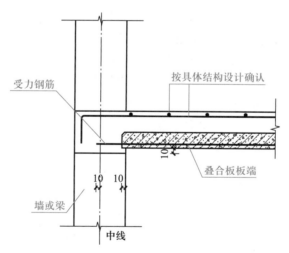

图 2-4　叠合板板端支座构造

（2）双向板的板缝连接

双向板板缝连接的原则是"保证钢筋传力"，为整体式接缝。一般来说，后浇带钢筋直线连接达到 L_1（搭接长度），带弯钩连接达到 L_a（锚固长度）。双向板的板缝连接在图集中的做法详见二维码"拓展阅读：2-10"。

文本
拓展阅读：2-10

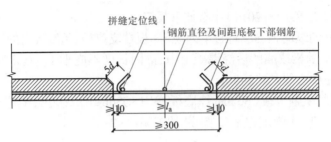

图 2-5　双向板板拼缝构造示意图

双向板拼缝之间的连接做法，各图集和规范的要求比较统一，如图 2-5 节点是工程中最常用的典型节点。

（3）单向板侧支座连接（非受力方向）

单向板的端支座连接（受力方向）同双向板板端连接，单向板的侧支座连接（非受力方向），在《装配式混凝土建筑技术标准》（GB/T 51231—2016）、《装配式混凝土结构技术规程》（JGJ 1—2014）中的规定详见二维码"拓展阅读：2-11"。

（4）单向板板缝（密拼/设缝）

关于单向板"密拼"，《装配式混凝土建筑技术标准》（GB/T 51231—2016）未提到明确做法；《装配式混凝土结构技术规程》（JGJ 1-2014）有具体规定，详见二维码"拓展阅读：2-12"。

（5）中间支座连接节点

叠合板中间支座连接节点构造，用于受力边相交和非受力边相交，详见二维码"拓展阅读：2-13"。

（6）悬挑板与主体的连接

我们可以通过 4 个典型剖面掌握其连接节点形式，详见二维码"拓展阅读：2-14"。

（7）楼梯与主体的连接

楼梯与主体的连接，详见二维码"拓展阅读：2-15"。

▶ **任务实施**

1. 分析项目中哪些楼层中的哪些水平构件预制

已知某工程的建筑平面图和结构模板图，如图 2-6、图 2-7 所示，进行预制水平构件的平面布置。

根据《装配式混凝土建筑技术标准》（GB/T 51231—2016）、《装配式混凝土结构技术规程》（JGJ 1—2014），高层建筑装配整体式混凝土结构应符合下列规定。

（1）当设置地下室时，宜采用现浇混凝土。

（2）高层装配整体式混凝土结构中，楼盖应符合下列规定。

① 结构转换层和作为上部结构嵌固部位的楼层宜采用现浇楼盖。

文本
拓展阅读：2-11

文本
拓展阅读：2-12

文本
拓展阅读：2-13

文本
拓展阅读：2-14

文本
拓展阅读：2-15

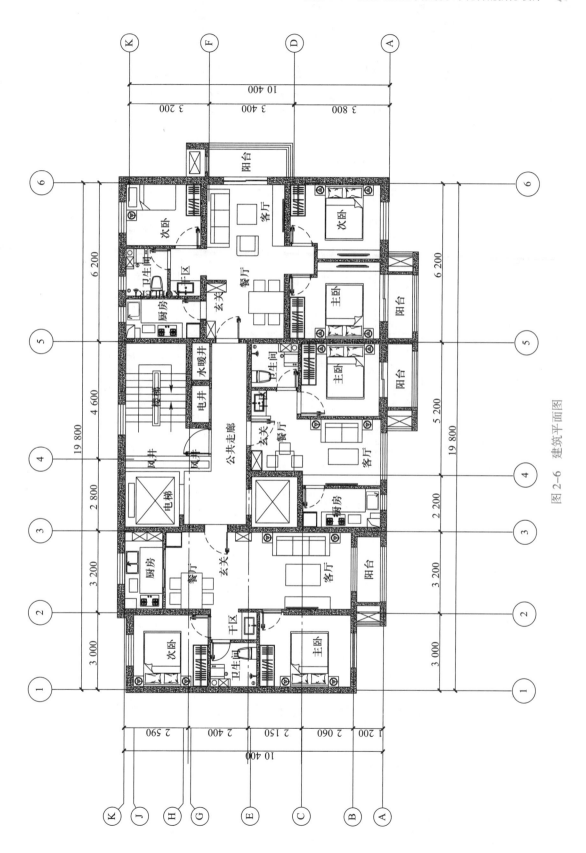

图 2-6 建筑平面图

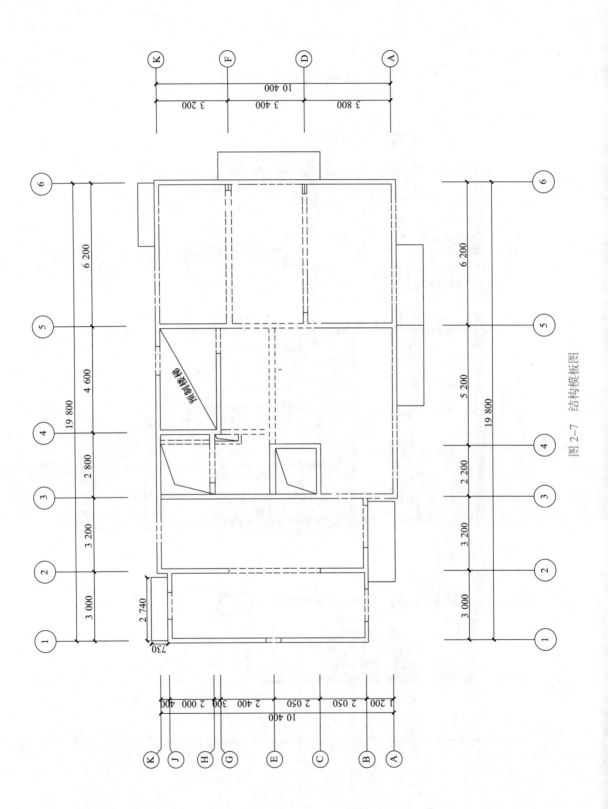

图 2-7　结构模板图

② 屋面层和平面受力复杂的楼层宜采用现浇楼盖,当采用叠合楼盖时,楼板的后浇混凝土叠合层厚度不应小于 100 mm,且后浇层内应采用双向通长配筋,钢筋直径不宜小于8 mm,间距不宜大于 200 mm。

③ 装配整体式结构的楼盖宜采用叠合楼盖。结构转换层、平面复杂或开洞较大的楼层、作为上部结构嵌固部位的地下室楼层宜采用现浇楼盖。

此处确定为标准层采用叠合楼盖,并且在标准层中,客梯和消防电梯中间的合用前室、电井、水暖井、风井采用现浇,该部位电气管线密集,多为 2 排甚至多排电气管线并行,此处做叠合楼板不便于施工,其余区域均采用叠合楼盖。

2. 考虑房间中的板是单向板还是双向板

根据各房间的尺寸,计算长宽比,如图 2-8 所示,⑤⑥轴与ⒶⒹ轴相交的区域,长 / 宽 =6 200÷3 800=1.63<2,因此按双向板考虑,如图 2-9 所示,①②轴与ⒷⒿ轴相交的区域,长 /宽 =(10 400-1 200-400)÷3 000=8 800÷3 000=2.93,非常接近于 3,考虑按单向板设计,其他区域按相同方法确定。

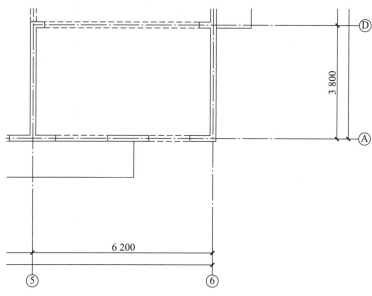

图 2-8　⑤⑥轴 / ⒶⒹ轴

3. 板块的合理划分

(1)尽量选用标准的、相同的宽度

对图 2-8 所在区域,选用标准宽度的板,图集中提供了双向板底板宽度有 1 200 mm、1 500 mm、1 800 mm、2 000 mm、2 400 mm,此处选用 1 800 mm。图 2-9 所在区域,将单向板底板宽度定为 2 000 mm 和 2 400 mm。

(2)通过调整板缝尺寸,尽量把板的宽度调成一致

① 对图 2-8 双向板区域。

⑤、⑥轴定位轴线间距为 6 200 mm,此处墙厚度为 200 mm,因此净宽度和为 6 000 mm,可以考虑将此叠合板拆分成 3 块宽度为 1 800 mm 的板。

② 对图 2-9 单向板区域。

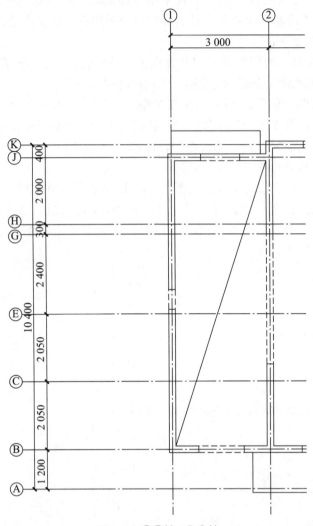

图 2-9　①②轴 / Ⓑ Ⓙ轴

　　Ⓑ、Ⓙ轴定位轴线间距为 8 800 mm，此处墙厚度为 200 mm，因此净宽度和为 8 600 mm，考虑将此叠合板拆分成 3 块宽度为 2 000 mm 的板和 1 块宽度为 2 400 mm 的板组合。

　　（3）板缝的位置、板缝宽度等的设置

　　① 对图 2-8 双向板区域。

　　3 块板之间设置 2 道接缝，由于两端的板还需要考虑放置在⑤、⑥轴的墙上不少于 10 mm，所以可以计算出 2 道接缝的尺寸为 6 000-1 800×3+20=620 mm，所以每道接缝的尺寸为 310 mm。符合图 2-10 中双向板拼缝的要求。

　　② 对图 2-9 单向板区域。

　　4 块板之间设置 3 道接缝，由于两端的板还需要考虑放置在Ⓑ、Ⓙ轴的墙上不少于 10 mm，所以可以计算出 3 道接缝的尺寸为 8 600-2 000×3-2 400+20=220 mm，所以将 3 道接缝的尺寸设为 70 mm、70 mm、80 mm，70×2+80=220 mm。符合图 2-11 中推荐的单向板拼缝的要求。

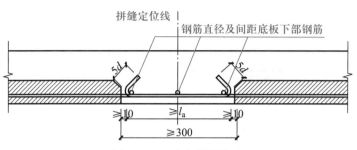

图 2-10　双向板拼缝构造

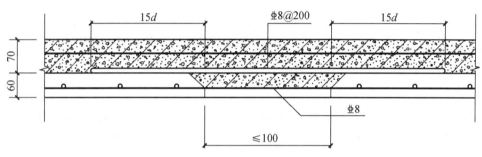

图 2-11　单向板板缝拼接节点大样图

4. 阳台板、空调板的布置

举例,如图 2-12 所示,根据建筑平面图布置阳台板,并且类型选择叠合板式阳台,自结构承重墙外悬挑长度为 1 200 mm,并伸进主体结构 10 mm,阳台板宽度为 3 500 mm,考虑了安装缝隙。

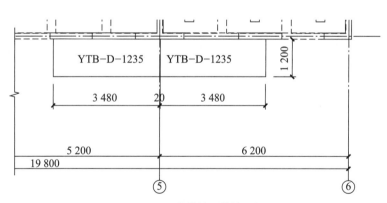

图 2-12　⑤⑥轴 / Ⓐ轴局部

举例,如图 2-13 所示,根据建筑平面图布置空调板,并且类型选择全预制空调板,自结构承重墙外悬挑长度为 730 mm,并伸进主体结构 10 mm,空调板宽度为 2 740 mm,并在端部考虑了与定位轴线间距离为 10 mm。

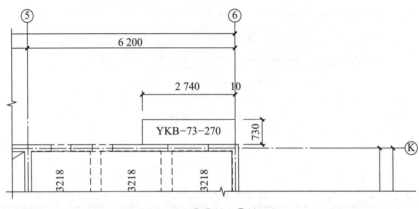

图 2-13　⑤⑥轴 / Ⓚ轴局部

5. 预制楼梯的平面布置

此预制楼梯层高 2 800 mm,楼梯间净宽为 2 500 mm,如图 2-14 所示,选择双跑楼梯,参考标准图集《预制钢筋混凝土板式楼梯》(15G367-1)中的 ST-28-25 设计。

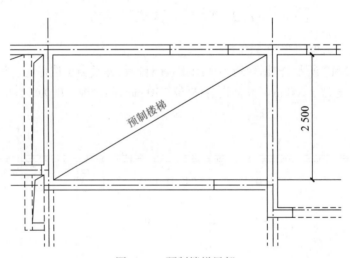

图 2-14　预制楼梯局部

6. 编号并绘制水平构件拆分图

对所有预制水平构件进行编号,绘制水平构件拆分图。

对已经拆分的板进行编号,如图 2-15、图 2-16 所示。对各水平构件进行编号后,可以绘制水平构件拆分图,如图 2-17 所示。

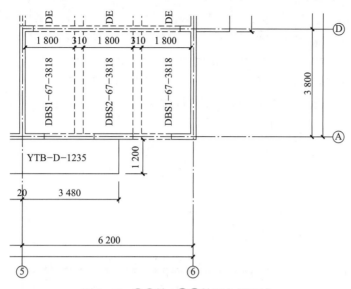

图 2-15　⑤⑥轴／ⒶⒹ轴双向板区域

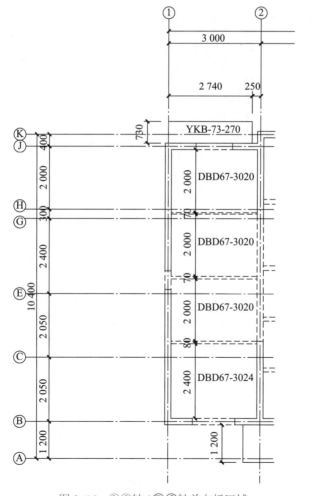

图 2-16　①②轴／ⒷⒿ轴单向板区域

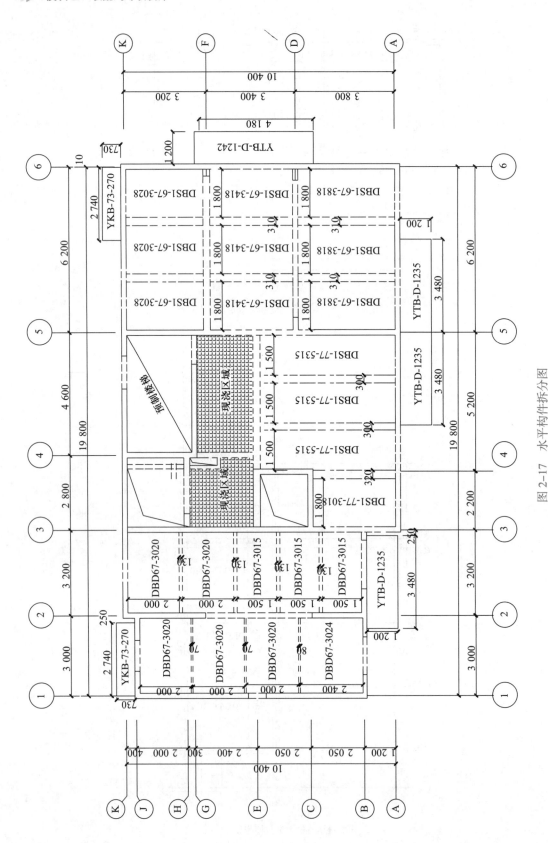

图 2-17　水平构件拆分图

> **任务拓展**

任务拓展内容详见二维码"拓展阅读：2-16"。

文本
拓展阅读：2-16

小结

本任务详细介绍了叠合楼板的类型,标准尺寸及编号原则,预制构件板底钢筋及桁架钢筋的布置要求、后浇带的预留钢筋及附加钢筋构造要求、楼板拆分要点及吊具布置位置等,并且通过工程案例,让学生进一步得到训练,达到能够进行预制水平构件拆分平面图绘制的能力目标。

习题

简答题
1. 简述单体建筑中哪些部位应尽量避免做预制。
2. 简述叠合楼板的常用拆分尺寸及编号原则。
3. 绘制预制阳台板、空调板的 4 个典型剖面。
4. 简述预制楼板板缝设置要求。

任务 2.2 装配式建筑中预制竖向构件的设计要点 ━━━

> **任务陈述**

能够根据规范、图集、生产、施工工艺等各方面的要求,进行项目的预制竖向构件的布置。
① 进行预制竖向构件标准化拆分。竖向构件的拆分与水平构件的拆分相比,更加灵活,复杂多变,标准化、模数化的程度及建筑的平面布局对最终的拆分效果起了决定性的作用。
a. 竖向构件的拆分原则、构件尺寸要求。
b. 预制墙体竖向尺寸的要求。

c. 对预制墙体厚度的要求。

② 进行预制竖向构件的拼接。

③ 绘制预制竖向构件布置图。

知识准备

文本
拓展阅读：2-17

文本
拓展阅读：2-18

1. 竖向构件的拆分原则、规范对竖向构件尺寸的相关规定

（1）预制墙体平面尺寸的要求

《装配式混凝土建筑技术标准》（GB/T 51231—2016）对预制竖向构件的尺寸没有做详细要求，仅是要求了构件连接部位的尺寸。《装配式混凝土结构技术规程》（JGJ 1—2014）有相关规定详见二维码"拓展阅读：2-17"。

（2）预制墙体竖向尺寸的要求

《装配式混凝土结构技术规程》（JGJ 1—2014）中对预制墙体竖向尺寸的要求包括墙底、墙顶/顶层、标准层，规定预制剪力墙底部接缝宜设置在楼面标高处，并应符合下列规定：① 接缝高度宜为 20 mm；② 接缝宜采用灌浆料填实；③ 接缝处后浇混凝土上表面应设置粗糙面。详细内容见二维码"拓展阅读：2-18"。

（3）预制墙体厚度的要求

《装配式混凝土结构技术规程》（JGJ 1—2014）中关于外叶板厚度的要求，具体如下：当预制外墙采用夹心墙板时，应满足下列要求：① 外叶墙板厚度不应小于 50 mm，且外叶墙板应与内叶墙板可靠连接；② 夹心外墙板的夹层厚度不宜大于 120 mm；③ 当作为承重墙时，内叶墙板应按剪力墙进行设计。

（4）《预制混凝土剪力墙外墙板》（15G365-1）图集中相关规定

图集介绍了预制混凝土夹心保温外墙板的设计条件，详见二维码"拓展阅读：2-19"；统一了预制外墙的编号原则，详见二维码"拓展阅读：2-20"；介绍了 4 种常见预制外墙板的详细做法，详见二维码"拓展阅读：2-21"；外叶板做法、预制外墙模板做法及主要连接节点做法，设计时可以参考，详见二维码"拓展阅读：2-22"。

文本　　　　文本　　　　文本　　　　文本
拓展阅读：2-19　　拓展阅读：2-20　　拓展阅读：2-21　　拓展阅读：2-22

（5）《预制混凝土剪力墙内墙板》（15G365-2）图集中相关规定

该图集主要介绍了混凝土预制内墙板的设计条件、编制及选用原则、混凝土预制内墙板的编号原则、常见种类预制内墙板的做法（详见二维码"拓展阅读：2-23"～"拓展阅读：2-25"）、预制内墙主要连接节点及预埋件做法。

（6）《预制钢筋混凝土阳台板、空调板及女儿墙》（15G368-1）图集中相关规定在模块 1 的任务 1.6 中已经介绍预制钢筋混凝土阳台板、空调板,此处只介绍对预制女儿墙的规定。详见二维码"拓展阅读:2-26"。

2. 预制竖向构件的拼接原则及节点尺寸

如何进行预制竖向构件的拼接是竖向构件设计中需要重点考虑的环节。竖向构件的接缝形式为整体式接缝,规范和图集对其尺寸及锚固均有相关要求。竖向构件的拼接位置在边缘构件(纵横墙交接处)和非边缘构件(墙体平接),如图 2-18 所示。后浇连接节点并不等于暗柱,T 形连接节点有可能包含一部分是暗柱,一部分不是,暗柱、纵筋、箍筋需要满足《建筑抗震设计规范》(GB 50011—2010)和《高层建筑混凝土结构技术规程》(JGJ 3—2010)中边缘构件的要求,没有被框住的区域为墙体的连接区域,按墙体的配筋率的要求。图 2-19 中后浇连接节点很好地区分了边缘构件和非边缘构件。

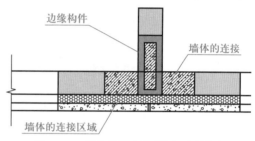

图 2-18 剪力墙平面布置图 1(局部)

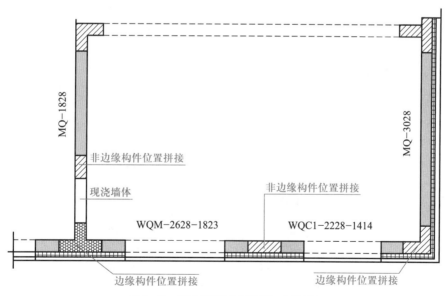

图 2-19 剪力墙平面布置图 2(局部)

《装配式混凝土建筑技术标准》(GB/T 51231—2016)对预制竖向构件的拼接原则及节点尺寸有如下规定。

楼层内相邻预制剪力墙之间应采用整体式接缝连接,且应符合下列规定。

①　当接缝位于纵横墙交接处的约束边缘构件区域时,约束边缘构件的阴影区域[图 2-20(a)]宜全部采用后浇混凝土,并应在后浇段内设置封闭箍筋。其在实际工程中很少见,一般约束边缘构件处于底部两层及其上一层,该部位一般采用的是现浇而不是装配式结构。

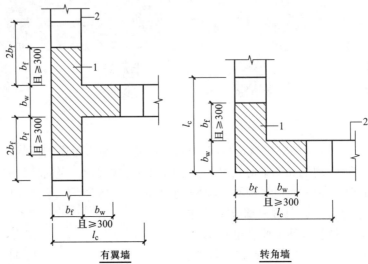

(a) 约束边缘构件阴影区域全部后浇构造示意图(阴影区域为斜线填充范围)
1-后浇段；2-预制剪力墙

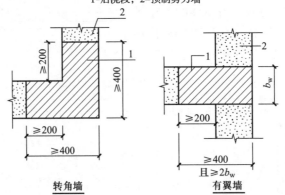

(b) 构造边缘构件全部后浇构造示意图(阴影区域为构造边缘构件范围)
1-后浇段；2-预制剪力墙

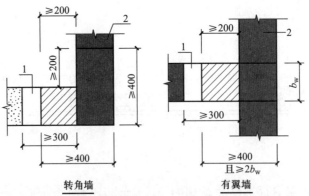

(c) 构造边缘构件部分后浇构造示意图(阴影区域为构造边缘构件范围)
1-后浇段；2-预制剪力墙

图 2-20　约束和构造边缘构件全部和部分后浇构造示意图

② 当接缝位于纵横墙交接处的构造边缘构件区域时,构造边缘构件宜全部采用后浇混凝土[图 2-20(b)],当仅在一面墙上设置后浇段时,后浇段的长度不宜小于 300 mm[图 2-20(c)]。

③ 边缘构件内的配筋及构造要求应符合《混凝土结构设计规范》(GB 50010—2010)(2015 年版)的有关规定;预制剪力墙的水平分布钢筋在后浇段内的锚固、连接应符合 GB 50010 的有关规定。从这可以看出,边缘构件的要求在"现浇"和"预制"之间没有明显区别,边缘构件的设计要重点考虑的问题是"预制墙水平筋如何锚固"。

④ 非边缘构件位置,相邻预制剪力墙之间应设置后浇段,后浇段的宽度不应小于墙厚且不宜小于 200 mm;后浇段内应设置不少于 4 根竖向钢筋,钢筋直径不应小于墙体竖向分布钢筋直径且不应小于 8 mm;两侧墙体的水平分布钢筋在后浇段内的连接应符合 GB 50010 的有关规定。此规定为预制剪力墙结构特殊之处,后浇段如图 2-21 所示。

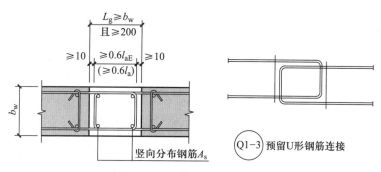

图 2-21　预制墙后浇节点构造

图 2-21 中,假设墙体预留钢筋直径为 8 mm,C30,$0.6 l_{aE}=0.6 \times 40 \times 8=192$ mm,外伸钢筋端部预留 10 mm,所以后浇段的宽度至少取 192+2×10=212 mm,取 220 mm。

设计时,边缘构件,无论是约束边缘构件还是构造边缘构件,最好全部现浇;构造边缘构件允许部分预制、部分现浇;约束边缘构件不建议部分预制、部分现浇。

《装配式混凝土结构技术规程》(JGJ 1—2014)在 8.3.1 条中也做了规定,内容与《装配式混凝土建筑技术标准》(GB/T 51231—2016)完全一致,此处不再赘述。其他类型的边缘构件与预制墙体的连接要求应参照《装配式混凝土结构连接节点构造》(15G310-1~2)进行设计。

后浇节点处有预制墙体伸出钢筋、暗柱箍筋、附加连接钢筋,附加连接钢筋是装配式建筑中特有的连接钢筋,该钢筋的作用是把墙体的水平筋连通或把墙体的水平筋延伸到暗柱边缘。

《装配式混凝土结构连接节点构造》(15G310-1~2)对"预制竖向构件"与"现浇段"之间的连接给出了明确的规定,量化了"整体式接缝",工程设计也多以此图集为依据确定节点形式、后浇段尺寸、预制构件的出筋方式等,连接形式的变化也会影响暗柱的配筋量,尤其是纵筋。应用图集前应做好以下准备工作。

(1)图集包含的后浇节点类型

图集种类繁多,包括 Q1~Q9 九大类,如表 2-1 所示,每一类又根据下列标准分成了很多子类:① 后浇段性质,边缘构件(约束、构造)、墙体;② 边缘构件组成,全后浇、部分后浇;③ 附加连接钢筋形式,封闭、开口;④ 预制墙体预留钢筋形式,封闭、开口。例如,预制墙在转角墙处的竖向接缝构造 Q5 又划分成了 Q5-1 ~ Q5-13,如表 2-2 所示。因此,项目中应先确定通用做法。

表 2-1　后浇节点类型表

连接对象	图表索引号	特点描述
预制墙之间的竖向接缝	Q1	后浇段为墙体一部分
预制墙与现浇墙的竖向接缝	Q2	做法同 Q1
预制墙与后浇边缘暗柱的竖向接缝	Q3	注意暗柱尺寸、暗柱箍筋、预制墙水平筋、附加连接筋
预制墙与后浇端柱的竖向接缝	Q4	区分约束、构造;预制墙水平筋(附加连接筋)伸到头
预制墙在转角墙处的竖向接缝	Q5	图集种类繁多,采用通用做法
预制墙在翼墙处的竖向接缝	Q6	
预制墙在十字形墙处的竖向接缝	Q7	比较少见
预制墙水平接缝连接	Q8	墙顶、墙底要求同 JGJ,注意预制现浇转换部位大样
连梁及楼(屋)面梁与预制墙连接	Q9	结合"刀把板",尽量避免

表 2-2　预制墙在转角墙处的竖向接缝构造 Q5(Q5-1 ~ Q5-13)

编号		描述
Q5-1	适用于全后浇构造边缘转角墙	附加封闭连接钢筋与对称预留 U 形钢筋连接
Q5-2		附加封闭连接钢筋与对称预留弯钩钢筋连接
Q5-3		附加封闭连接钢筋与不对称预留 U 形钢筋连接
Q5-4		附加封闭连接钢筋与预留 U 形钢筋、弯钩钢筋连接
Q5-5	适用于部分后浇构造边缘转角墙	无附加连接钢筋 预留直线钢筋搭接
Q5-6		无附加连接钢筋 预留弯钩钢筋连接
Q5-7	适用于部分后浇构造边缘转角墙	附加封闭连接钢筋与预留 U 形钢筋连接
Q5-8		附加封闭连接钢筋与预留弯钩钢筋连接
Q5-9		附加弯钩连接钢筋与预留 U 形钢筋连接
Q5-10		附加弯钩连接钢筋与预留弯钩钢筋连接
Q5-11	适用于约束边缘转角墙	附加封闭连接钢筋与对称预留 U 形钢筋连接
Q5-12		附加封闭连接钢筋与对称预留弯钩钢筋连接
Q5-13		附加封闭连接钢筋与不对称预留 U 形钢筋连接

（2）后浇节点内竖向钢筋的连接形式

纵筋连接形式决定了不同的构件安装方式,也对应了不同的纵筋直径要求。应用图集时应注意以下几点。

① 后浇连接节点内的纵筋连接形式（5 种）：Ⅰ级接头机械连接、机械连接（Ⅱ、Ⅲ级接头）、100% 搭接、50% 搭接、焊接。如图 2-22（a）～（e）所示后浇剪力墙竖向分布钢筋连接构造,适用于非边缘构件和约束边缘构件非阴影部分的后浇段竖向分布钢筋。图 2-22（f）～（i）为后浇剪力墙边缘构件纵向钢筋连接构造适用于构造边缘构件和约束边缘构件阴影部分的纵向钢筋。图 2-22（c）100% 搭接在图 2-22（f）～（i）中没有采用,即这种连接在后浇边缘构件区域不允许。另外,图 2-22（d）与图 2-22（h）都是 50% 搭接,但后浇剪力墙区域与边缘构件区域要求不同。

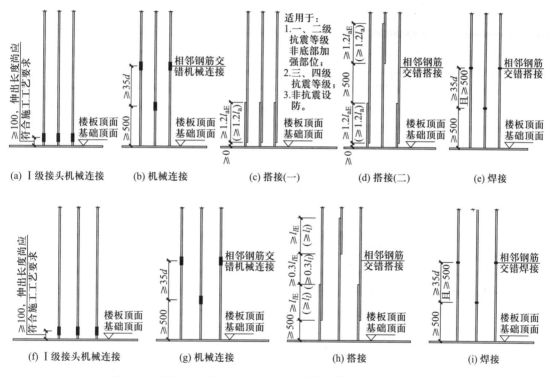

图 2-22　后浇剪力墙竖向分布钢筋和边缘构件纵向钢筋连接构造

② 边缘构件和墙体部位的纵筋"搭接连接要求不同"（搭接接头百分率、甩筋长度）;边缘构件和墙体部位的纵筋"机械连接、焊接连接要求一致"。

对比图 2-22 的（c）、（d）与（h）,纵筋都是搭接连接,共同点是必须都有"甩筋",但长度不同,边缘构件区域纵筋"甩筋"长度更大。另外,边缘构件区域纵筋搭接接头百分率不大于 50%。

后浇墙体中甩筋长度为 $1.2 L_{aE}=1.2 \times 40 \times 8=384$ mm, $L_{lE}=1.4 L_{aE}=1.4 \times 384=448$ mm,如图 2-23 所示。边缘构件中甩筋长度要求 ≥ 500 mm。

对预制墙板的安装而言,只要有甩筋,就需要考虑"甩筋"范围内的附加连接钢筋的安放问题。当有甩筋时,安装顺序为下层预留钢筋甩出→安装预制墙板→处理后浇节点内钢筋,后浇节点不适合采用图 2-24 附加封闭连接钢筋与预留 U 形钢筋连接的形式,后浇区纵筋甩筋让附加封闭连接钢筋在墙板安装后无法安装,附加连接钢筋不能采用封闭形式,只能采用开口形式。

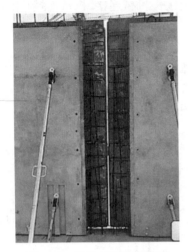

图 2-23　墙体后浇节点甩筋

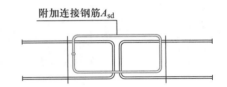

图 2-24　附加封闭连接钢筋与预留 U 形钢筋连接

③　Ⅰ级接头机械连接、Ⅱ、Ⅲ级接头机械连接的差异。《钢筋机械连接技术规程》(JGJ 107—2016)对钢筋接头有如下规定:

结构设计图纸中应列出设计选用的钢筋接头等级和应用部位。接头等级的选定应符合下列规定:混凝土结构中要求充分发挥钢筋强度或对延性要求高的部位应优先选用Ⅱ级接头,当在同一连接区段内必须实施 100% 钢筋接头的连接时,应采用Ⅰ级接头。混凝土结构中钢筋应力较高但对延性要求不高的部位可采用Ⅲ级接头。由此可看出,各级接头应用部位不同,所用之处在结构中的重要性不同。

结构构件中纵向受力钢筋的接头宜相互错开。钢筋机械连接的连接区段长度应按 $35d$ 计算。在同一连接区段内有接头的受力钢筋截面积占受力钢筋总截面面积的百分率(以下简称接头百分率),应符合下列规定:

图 2-25　后浇节点(纵筋采用
Ⅰ级接头机械连接)

接头宜设置在结构构件受拉钢筋应力较小部位,当需要在高应力部位设置接头时,在同一连接区段内Ⅲ级接头的接头百分率不应大于 25%,Ⅱ级接头的接头百分率不应大于 50%。Ⅰ级接头的接头百分率除下述情况外可不受限制:接头宜避开有抗震设防要求的框架的梁端、柱端箍筋加密区;当无法避开时,应采用Ⅱ级接头或Ⅰ级接头,且接头百分率不应大于 50%。由于Ⅰ级接头机械连接没有接头百分率的限制,因此"不甩筋",如图 2-25 所示,有条件使用封闭箍筋,可以先放入箍筋、附加连接钢筋→后立竖向钢筋,采用机械连接。

④　机械连接与绑扎搭接对后浇节点的影响。在后浇段采用绑扎搭接时,没有纵筋最小直径的要求。但对机械连接,

施工现场往往会要求钢筋直径不小于 16 mm；因为小直径钢筋的机械连接接头合格率很难保证，另外大多数厂家的钢筋连接套筒最小供货直径均为 $\phi 16$，这将造成一定的成本增量（钢筋增量、套筒增量），绑扎搭接必须"甩筋"，后浇节点内必有开口箍筋，节点尺寸必然大；机械连接的 Ⅰ 级接头连接"不甩筋"，后浇节点内不用开口箍筋，节点尺寸小。

（3）预制竖向构件的现场安装顺序（节点内钢筋顺序）

后浇节点内附加连接钢筋形式不同，导致节点内钢筋安装顺序不同。

如图 2-26 所示后浇节点，附加连接钢筋为封闭箍筋，必然要求为 Ⅰ 级接头纵筋连接，节点内钢筋安装顺序为先放箍筋，后放纵筋。

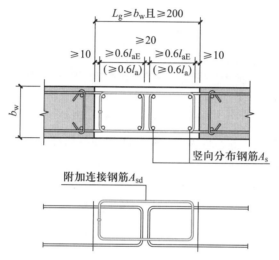

图 2-26　后浇节点（附加连接钢筋为封闭箍筋）

如图 2-27 所示后浇节点，附加连接钢筋为开口箍筋，可以采用任何形式的"甩筋"，节点内钢筋安装顺序为先立纵筋，后放箍筋。

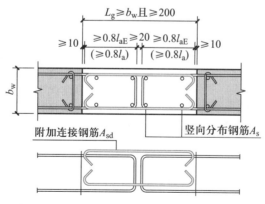

图 2-27　后浇节点（附加连接钢筋为开口箍筋）

如图 2-28 所示后浇节点，边缘构件处附加箍筋为封闭箍，墙体部位附加箍筋为开口箍，边缘构件范围必然要求 Ⅰ 级接头，墙体范围可以采用"甩筋"的形式。

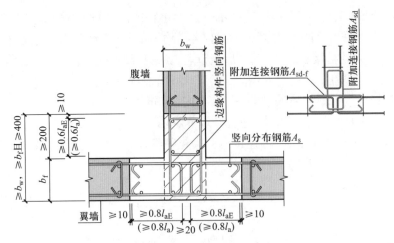

图 2-28　后浇节点（边缘构件处附加箍筋为封闭箍，墙体部位附加箍筋为开口箍）

（4）附加连接钢筋的作用

在边缘构件区域，附加连接钢筋是预制墙水平筋的延伸，在墙体区域是为保证墙体内水平钢筋封闭。如图 2-29（a）、图 2-29（b）所示两片预制墙水平筋"互锚"，墙体水平方向钢筋连续，不需要附加连接钢筋。图 2-30（a）、图 2-30（b）所示两片预制墙体水平筋"分离"，缝隙为 20 mm，墙体水平方向钢筋断开，需要附加连接钢筋。

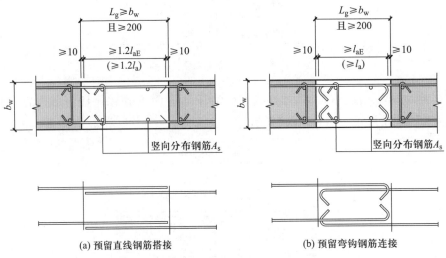

(a) 预留直线钢筋搭接　　　　　　　　　　(b) 预留弯钩钢筋连接

图 2-29　预留直线钢筋搭接和预留弯钩钢筋连接

（5）锚固长度计算

国家标准图集《装配式混凝土结构连接节点构造》（15G310-1～2）中后浇连接节点的尺寸主要以 L_a、L_{aE} 的某个倍数进行界定，水平钢筋的重合长度决定了后浇节点的尺寸大小。

图集中常见的锚固长度要求分别对应以下几种情况：封闭箍筋、开口箍筋、直线钢筋搭接，如图 2-31 所示，预留封闭箍筋＋附加封闭箍筋锚固长度为 $0.6\,L_a$、$0.6\,L_{aE}$；预留开口箍筋＋附加封闭箍筋锚固长度为 $0.8\,L_a$、$0.8\,L_{aE}$；预留开口箍筋＋附加开口箍筋锚固长度为 L_a、L_{aE}；直线钢筋搭接锚固长度为 $1.2\,L_a$、$1.2\,L_{aE}$。

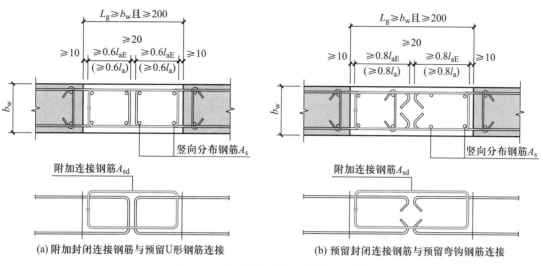

图 2-30　两片预制墙体水平筋"分离"

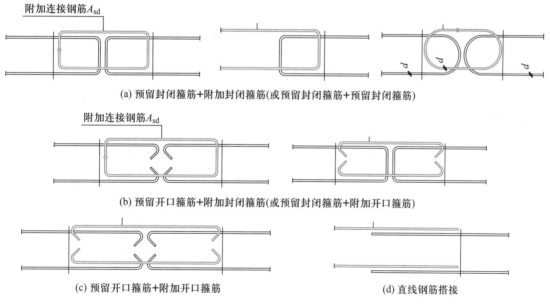

图 2-31　封闭箍筋、开口箍筋、直线钢筋搭接锚固长度

　　图集有这样的类似规定：锚固长度 $L_{aE}(l_a)$ 不应计入"锚固区保护层厚度"和"实际配筋面积大于设计计算面积"两项修正系数。因此在这样的规定时，在计算表格中 L_a，L_{aE} 值计算时，取 $\zeta_a=1.0$，L_{ab}，L_{abE} 按图集表格进行计算。强调不计"锚固区保护层"是合理的，因为装配式建筑墙体钢筋保护层偏大。如图 2-32 中，套筒高度范围内水平钢筋紧贴套筒外皮设置，水平钢筋伸出长度由节点连接形式确定，因为规范中规定套筒中心到墙边的距离不小于 50 mm，而套筒的直径最小为 34 mm，见表 2-3，各型号套筒连接钢筋直径、套筒外径、螺纹孔深度表，假设水平钢筋直径为 8 mm，此时最外侧钢筋的保护层厚度是 50-34÷2-8＝25 mm，这是目前装配式建筑普遍存在的问题：最外侧钢筋的保护层厚度偏大；非套筒高度

范围内水平钢筋紧贴受力连接钢筋设置,水平筋下料尺寸已与 1—1 剖面发生变化,注意此时水平钢筋的保护层厚度是 36 mm,偏大。

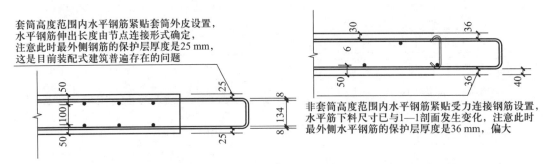

图 2-32　套筒高度范围内、非套筒高度范围内水平钢筋保护层厚度示意图

表 2-3　各型号套筒连接钢筋直径、套筒外径、螺纹孔深度表　　　　　　　　mm

套筒型号	连接钢筋直径	套筒外径 $D \times$ 长度 H	螺纹孔深度 H_1
CT12	ϕ 12	ϕ 34 × 140	17.5
CT14	ϕ 14	ϕ 40 × 156	21
CT16	ϕ 16	ϕ 42 × 174	23

3. 确定后浇节点的形式

准备工作完成后,我们需要确定后浇节点的形式。常见的后浇节点形式多为一字形、L 形、T 形三种,如图 2-33 所示,确定节点尺寸也是预制构件拆分的过程。

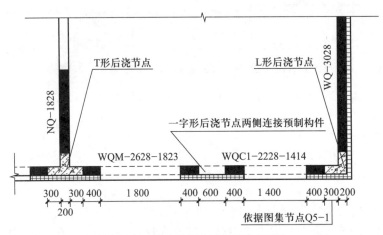

图 2-33　剪力墙平面布置图(局部)

(1)一字形后浇节点

一字形后浇节点有两侧连接预制构件和一侧连接预制构件两大类情况。

对两侧连接预制构件的一字形后浇节点包含 2 类做法:设置附加连接钢筋、不设置附加连接钢筋。

两侧连接预制构件的一字形后浇节点,详见二维码"拓展阅读:2-27"。

一字形后浇节点的第二种情况是一侧连接预制构件,详见二维码"拓展阅读:2-28"。

（2）预制墙体连接后浇端柱

预制墙体连接后浇端柱需要区分构造边缘端柱和约束边缘端柱。预制墙与后浇构造边缘端柱间的竖向接缝构造特点是预制墙体水平筋伸至端柱边缘,需要采用Ⅰ级接头机械连接,详见"拓展阅读:2-29"

（3）L形后浇节点

L形后浇节点常见于预制外墙的转角部位,该节点附加连接钢筋形式、边缘构件内箍筋量、边缘构件内纵筋连接方式等问题与"一字形后浇边缘暗柱"是一致的,此处重点讨论L形节点的尺寸问题。图2-2-68中Q5-1、Q5-2是实际工程中最常用的两种L形后浇节点连接形式。图集中L形节点种类繁多,实际项目中应该尽早确定通用节点,避免采用奇怪的节点形式,详见二维码"拓展阅读:2-30"

（4）T形后浇节点

T形后浇节点常见于内、外墙的交接部位,节点内既有边缘构件又有墙体。此节点设计的大原则是尽可能避免在普通墙体区域（翼墙范围）采用Ⅰ级机械连接。图集中根据边缘构件区域,预制墙预留钢筋形式的不同将节点 Q6-1～Q6-12 分为 3 个系列,详见二维码"拓展阅读:2-31"。

▶ 任务实施

1. 分析项目中哪些楼层中的哪些竖向构件预制

剪力墙的底部加强部位及相邻上一层做现浇,例如底部加强部位为 1、2 层,则 1～3 层的剪力墙采用现浇,从第 4 层起采用预制竖向构件。电梯井、楼梯间、公共管道井、通风排风竖井部位剪力墙做现浇,如图 2-34 所示。

2. 进行墙体的拆分

在进行装配式剪力墙住宅预制墙板拆分前,建筑设计要根据装配式建筑的特点,合理优化建筑设计方案,让建筑的平面和立面布置规整简洁,减少不规则立面元素的应用,以便后期结构专业布置和拆分预制墙板。建筑方案设计时,在满足房地产开发和居住要求的前提下,一方面建筑设计要优选经典户型,尽可能减少户型种类;另一方面尽可能采用标准墙板通过不同组合来达到户型设计和立面风格处理需要。结构专业拆分时注意以下事项。

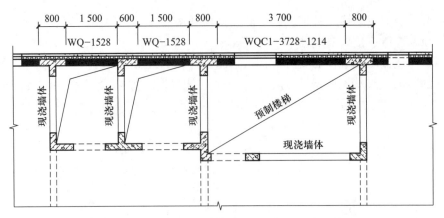

图 2-34　某工程电梯井、楼梯间部位剪力墙布置情况

① 尽可能地减少墙板的拆分种类,墙板拆分种类的减少,带来的优势就是模具数量减少,从而达到提高模具的周转利用率和摊销率的目的,并且减少了模具的加工制作时间,缩短生产工期;同时,尽可能减少墙板的拆分数量,以减少建筑立面的拼缝数量,提高建筑的立面的平整度,降低外墙渗水风险。

墙板拆分必须结合建筑平面和立面风格的布置,协同考虑,避免分缝位置过多或不恰当,以免影响建筑立面效果。另外,预制墙板拆分的总体数量越少,工厂生产流水就会越快,吊装、存放次数也越少,施工现场塔吊起吊次数也相应减少。这样带来的结果就是整个实施过程中,生产、运输、吊装、施工各环节都可以提高效率,从而达到节约造价,缩短工期的目的。

② 合理留设现浇接头位置和控制拆分墙板形状。在进行装配式剪力墙住宅预制墙板拆分时,要同时考虑预制墙板在现浇位现浇位置的接头留设。现浇位置的留设要结合国家标准规范规程中对剪力墙结构的约束边缘构件和构造边缘构件的设计要求,保证现浇位置满足边缘构件的具体设计要求。同时,现浇位置的留设还需要考虑预制墙板外伸钢筋的碰撞和施工的操作空间要求,保证墙板在现浇位置可以顺利拼装。墙板拆分后形状宜采用一字形的预制墙板,不宜采用 L 形、T 形。由于墙板生产一般在车间模台上平模生产,一字形的预制墙板具有模具加工方便、模具安装简单和便于起模等优点,适合流水生产,节约生产成本。相反,L 形、T 形的预制墙板由于形状不规则,模具制作相对要复杂,模具安装和起模相对烦琐,不利于流水和机械化作业,自动化程度低,生产效率不高,不适合批量生产。因此,预制墙板拆分时造型不宜过于复杂。

③ 合理控制墙板尺寸和重量。预制墙板在工厂车间流水线上生产,流水线的模台和养护窑都有一定的宽度限制,因此,预制墙板拆分时宽度尽量满足流水线生产的条件,没有特殊情况,尺寸不要超过流水线的限制要求。预制墙板生产完成后,或存放在车间,或采用运输工具运送到工地现场,因此,产品的尺寸需要满足存放空间要求,还要满足运输工具的运载空间、道路限宽限高的相关限制要求。预制墙板运输到现场后通过塔吊吊装就位,由于塔吊的起吊重量有限制,因此,预制墙板的重量必须控制在塔吊能承受的起重范围内方可施工,否则就存在安全隐患,容易发生安全事故。预制墙板重量的控制要结合塔吊在建筑平面上现场布置位置及距离塔吊的距离确定。当然,在满足运输吊装施工的前提下,预制墙板的尺寸可以尽量做大,以减少拆分数量,以免将墙板拆分得过于散碎。

（1）预制外墙的拆分

图 2-35 中,对预制外墙,建筑提供了户型轴网、层高,所以外墙的平面尺寸基本上就确

定了,可以调整的灵活度小,结构设计只需要根据图集、规范等相关规定确定后浇节点的形状与尺寸、预留水平钢筋的做法、竖向纵筋的连接方式及甩筋长度等,尽量采用一字形后浇节点,房屋的阳角部位可以采用预制外墙模板 PCF 板。

（2）预制内墙的拆分

对预制内墙,是为达到装配率而采用预制构件,因此可以调整内墙两侧的后浇段长度,使预制构件实现能够直接选用标准墙板。

3. 对所有预制竖向构件及后浇节点进行编号

根据被拆的预制竖向构件及后浇段的特点进行编号并且绘制预制竖向构件拆分图。

> **任务拓展**

引入工程案例,如图 2-36 所示,进行预制竖向构件的拆分练习（图 2-37）。

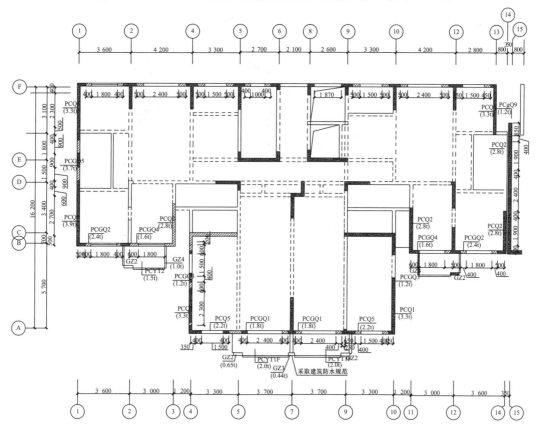

说明:
1.预制竖向构件范围为3~18层,预制水平构件范围为4~18层。
2.预制构件自重为估算,最终重量由厂家核定,并提资给设计方复核上部结构。
3.预制非结构墙构件自重均未考虑泡沫板减重。
4预制构件深化过程中如需修改需会同设计修改。

图例说明(一个单元):

▨	预制外墙(非结构墙)PCGQ
▩	预制剪力墙PCQ
	预制阳台PCYT
□	预制剪力墙暗柱
□	现浇剪力墙

(a) 预制构件平面布置图

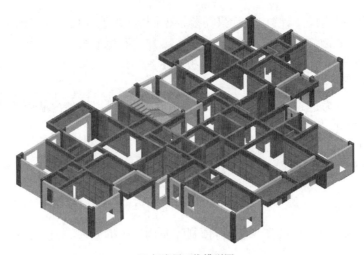

(b) 标准层三维模型图

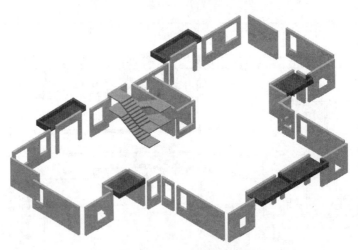

(c) 预制外墙拆分模型图

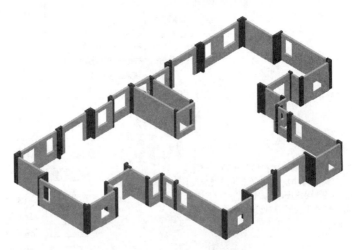

(d) 预制外墙后浇带连接模型图

图 2-35　预制墙板拆分

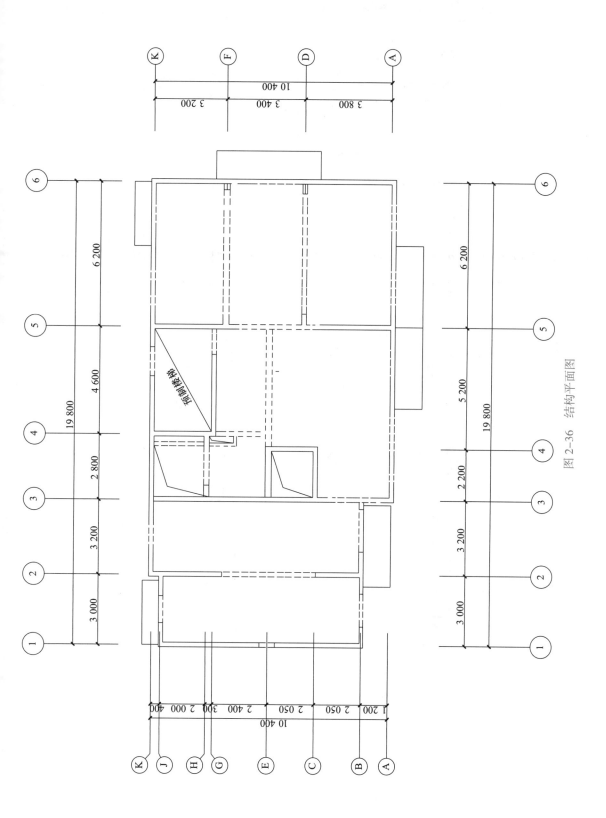

图 2-36　结构平面图

109

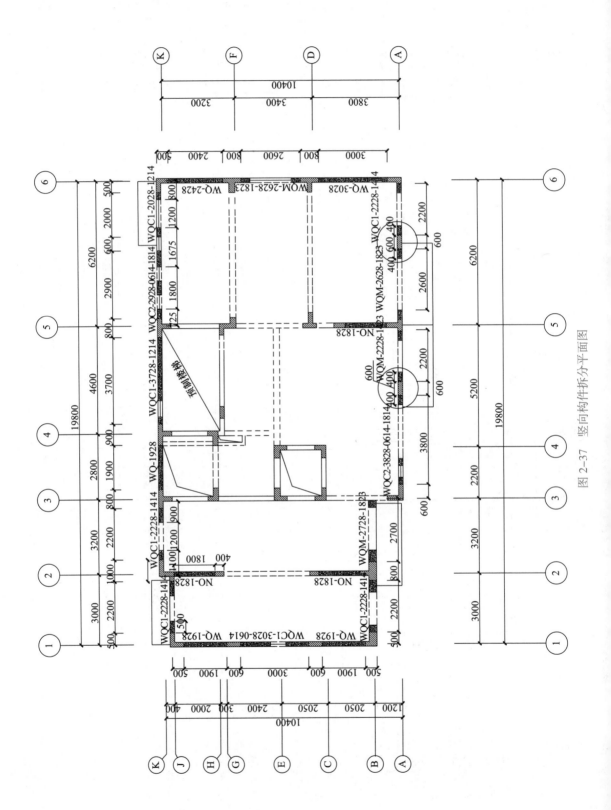

图 2-37　竖向构件拆分平面图

小结

本任务详细介绍了预制外墙板、预制内墙板、预制女儿墙的类型,标准尺寸及编号原则,平面尺寸、高度、厚度如何根据规范和图集确定,并对预制构件后浇节点的连接形式,预制构件预留钢筋及附加钢筋构造要求、后浇节点纵筋的接头形式及各种构造的特点进行了归纳总结,并且通过工程案例,让学生进一步得到训练,达到能够进行预制竖向构件拆分平面图绘制的能力目标。

习题

简答题

1. 从规范层面简述预制竖向构件的平面尺寸要求、竖向尺寸要求、厚度要求。

2. 简述典型外墙板有哪几类? 其设计要点是什么?

3. 简述后浇段纵筋采用Ⅰ级、Ⅱ级、Ⅲ级接头机械连接的差异。

4. 图集中预制墙后浇节点有九大类,哪些是工程实际中常见的后浇节点类型?

项目 2　围护墙和内墙设计

🏅 学习目标

本项目通过对围护墙和内墙设计这一任务的学习,学习者应达到以下目标:

任务	知识目标	能力目标
围护墙和内墙设计	1. 了解围护墙中非砌筑墙体设计布置的相关知识。 2. 了解围护墙中保温、隔热、装饰一体化墙体设计布置的相关知识。	1. 能设计围护墙中非砌筑墙体的布置。 2. 能设计围护墙中保温、隔热、装饰一体化墙体的布置。 3. 能设计内隔墙中非砌筑墙体的设计布置。 4. 能设计内隔墙中管线、装修一体化墙体的设计布置

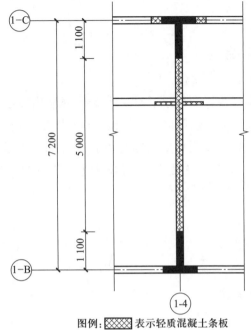

图例: ▨▨▨ 表示轻质混凝土条板

图 2-38 预制隔墙平面布置

📌 项目概述（重难点）

某项目为剪力墙结构装配式住宅小区,标准层层高 2.9 m,其围护墙和内隔墙采用轻质条板,现在该建筑的条板平面布置已完成,局部布置如图 2-38 所示。

重点:围护墙及内隔墙加工图的设计。

难点:围护墙及内隔墙板连接节点的深化处理。

任务 2.3　围护墙和内隔墙深化设计

▶ **任务陈述**

现该项目深化设计人员王某需要将④轴 200 厚隔墙进行深化设计并制作加工图。

▶ **知识准备**

1. 轻质条板概念、特点及分类

（1）概念及特点

轻质条板是指面密度不大于 110 kg/m²,长宽比不小于 2.5,采用轻质材料或大孔洞轻质构造制作成的,是一种外形像空心楼板的新型节能墙材料,两边有公母隼槽,安装时只需将板材立起,公、母隼涂上少量嵌缝砂浆后对拼装起来即可。主要用于非承重外墙和内隔墙的预制条板,如图 2-39 所示。

轻质条板是墙体材料工业的一种产品,其主要特点如下:

① 规格尺寸工整,易于成型,生产效率高,便于机械化式生产;

② 板材尺寸大,块状类型大,整体性能好,可以装配式安装,施工效率高,最能做到板材的生产工业化,产品标准化,规格尺寸模数化,施工装配化;

③ 节约原材料,减少墙体厚度,扩大墙体使用面积,减轻墙体自重,降低基础造价,有效地提高建筑的综合经济效益,特别适合住宅产业化及以轻钢为主体结构的现代化建筑;

④ 质量轻、强度高、多重环保、保温隔热、隔音、呼吸调湿、防火;

⑤ 墙板经流水线浇注、整平、科学养护而成,生产自动化程度高,规格品种多。

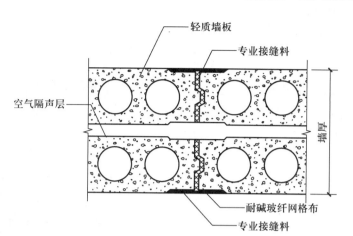

图 2-39　轻质条板间的连接

（2）分类

按照结构形式分类，主要有如下 2 类。

① 空心条板。沿板材长度方向布置有若干贯通孔洞的轻质条板，见图 2-40。

② 实心条板。用同类材料制作的无孔洞轻质条板，见图 2-41。

图 2-40　空心条板

图 2-41　实心条板

按照使用材料分，主要有如下 4 类。

① 蒸压轻质混凝土板（ALC 板）。

蒸压加气混凝土板是以水泥、石灰、硅砂等为主要原料，再根据结构要求配置，添加不同数量、经防腐处理的钢筋网片的一种轻质多孔的新型绿色环保建筑材料。经高温高压、蒸汽养护，反应生产具有多孔状结晶的蒸压加气混凝土板，其密度较一般水泥质材料小，且具有良好的耐火、防火、隔音、隔热、保温等优良性能，可用于外墙和内墙，如图 2-40、图 2-41 所示。

② 玻璃纤维混凝土板（GRC 板）。

玻璃纤维增强混凝土（glass fiber reinforced concrete，GRC），是在混凝土基体中均匀分布一定比例的特定玻璃纤维，使混凝土的韧性得到改善，抗弯性得到提高的一种特种混凝土。GRC 是一种通过造型、纹理、质感与色彩表达设计师想象力的材料，如图 2-42、图 2-43 所示。

③ 聚苯颗粒夹芯复合板。

以聚苯颗粒砂浆为芯材，以硅酸钙板为面层材料，适当掺加粉煤灰、矿渣和外加剂，复合而成的新型高档轻质墙板材料。该新型复合夹芯板的两个面层，由高强度耐水硅酸钙板组成,防水性能好;芯材是聚苯颗粒黏结砂浆保温隔热性能好;该产品集保温隔热、结构功能和防水性能于一体,主要用于建筑物的外墙或墙体隔断,如图 2-44 所示。

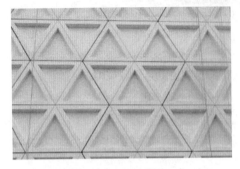

图 2-42　GRC 板(一)

图 2-43　GRC 板(二)

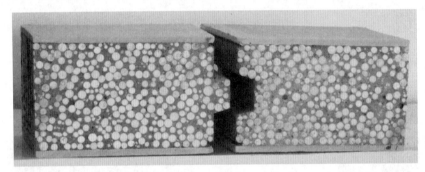

图 2-44　聚苯颗粒夹芯复合板

④ 陶粒混凝土板。

以水泥、硅砂粉、陶粒砂、外加剂和水等为原料配制成的轻集料混凝土为基料,内置冷拔钢筋(丝)网架,经成组立模浇注成型、蒸压养护等工序,而制成的长宽比不小于 2.5 的空心或实心陶粒混凝土预制条形墙板,墙板密度不大于 1 350 kg/m³,主要用于建筑隔墙。

蒸压陶粒轻质混凝土墙板是绿色节能建筑新型材料,具有高强度、表面平滑、整体性好、耐腐蚀、收缩小、抗大气老化、防火、防水、隔音、隔热、保温及安装走线方便、可凿、可切割、可钉挂等优势,如图 2-45 所示。

图 2-45　陶粒混凝土板

2. 条板与主体结构连接方式

（1）蒸压加气混凝土条板与主体结构的连接

蒸压加气混凝土条板可做外挂式也可做嵌挂结合式,一般连接方式有三种,如图 2-46～图 2-48 所示。

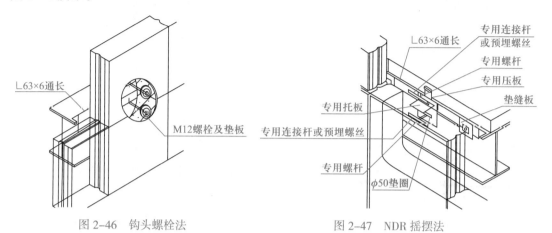

图 2-46　钩头螺栓法　　　　　图 2-47　NDR 摇摆法

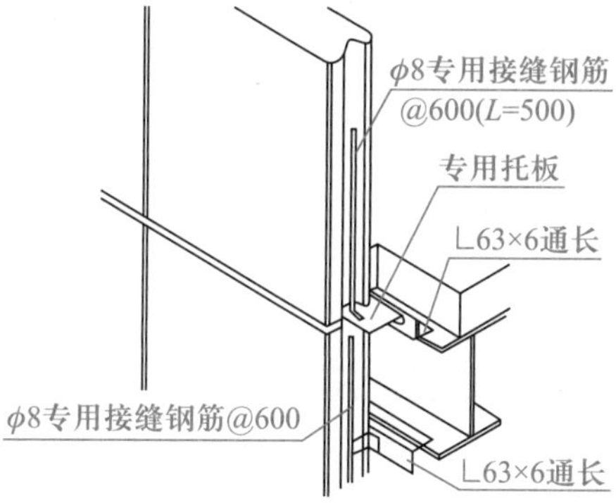

图 2-48　插入钢筋法

（2）水泥夹芯复合板与主体结构的连接

水泥夹芯复合板与主体结构的连接采用化学植筋的方式,保证连接的牢固性,如图 2-49 所示。

3. 加工图纸的组成

加工图纸一般由构件生产厂家提供,包括设计说明、平面布板图、立面图、连接节点详图,若墙板内安装线盒或开洞,应有相应的线盒安装大样图和开洞大样图。

（1）设计说明

设计说明一般应对设计依据、参考标准、设计对象、材料性能指标、施工方法及工艺要求、湿区墙体处理要求、水电安装要求、安全施工要求、安全质量要求及材料进场及验收方面做出说明与规定。

（2）平面布板图

平面布板图是根据建筑设计图要求,在平面图纸上表示条板的具体排布情况,如图 2-50 所示。

115

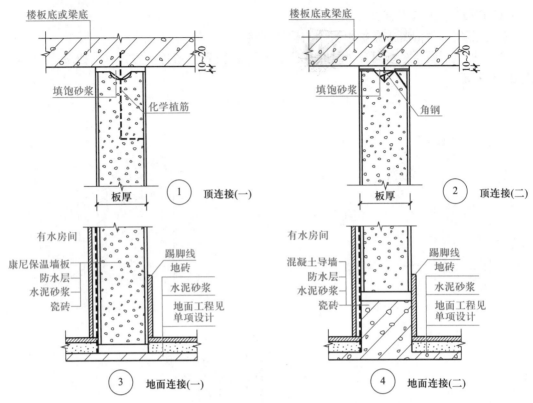

图 2-49　水泥夹芯复合板与主体结构连接

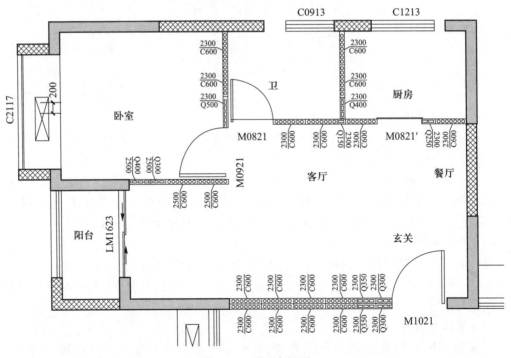

图 2-50　平面布板图

平面布板图主要表达内容为平面位置和条板尺寸,布置时注意以下要点。

1)模数化设计。

① 轻质条板的长度标志尺寸(L)应为楼层高减去梁高或楼板厚度及安装预留空间,并宜为 2 200 ~ 3 500 mm。

② 轻质条板的宽度标志尺寸(B)宜按 100 mm 递增。

③ 轻质条板的厚度标志尺寸(T)宜按 10 mm 递增,也可按 25 mm 递增。

2)轻质条板隔墙设计。

① 条板隔墙设计时,应根据其使用功能和使用部位,选择单层条板隔墙或双层条板隔墙。60 mm 及以下厚度的条板不得用于单层隔墙。

② 条板隔墙厚度应满足建筑物抗震、防火、隔声、保温等功能要求。单层条板隔墙用作分户墙时,其厚度不应小于 120 mm;用作户内分室隔墙时,其厚度不宜小于 90 mm。

③ 双层条板隔墙的条板厚度不宜小于 60 mm,两板间距宜为 10 ~ 50 mm,可作为空气层或填入吸声、保温等功能材料。

④ 对双层条板隔墙,两侧墙面的竖向接缝错开距离不应小于 200 mm,两板间应采取连接、加强固定措施。

⑤ 对有保温要求的分户隔墙、走廊隔墙和楼梯间隔墙,应采取相应的保温措施,并可选用复合夹芯条板隔墙或双层条板隔墙。居住建筑分户墙的传热系数应符合现行行业标准《严寒和寒冷地区居住建筑节能设计标准》《夏热冬冷地区居住建筑节能设计标准》等的有关规定。

3)轻质条板构造措施设计。

① 条板应竖向排列,排板应采用标准板。当隔墙端部尺寸不足一块标准板宽时,可采用补板,且补板宽度不应小于 200 mm。

② 当抗震设防地区的条板隔墙安装长度超过 6 m 时,应设置构造柱,并应采取加固措施。当非抗震设防地区的条板隔墙安装长度超过 6 m 时,应根据其材质、构造、部位,采用下列加强防裂措施:

a. 沿隔墙长度方向,可在板与板之间间断设置伸缩缝,且接缝处应使用柔性黏结材料处理;

b. 可采用加设拉结筋加固措施;

c. 可采用全墙面粘贴纤维网格布、无纺布或挂钢丝网抹灰处理。

③ 当在条板隔墙上横向开槽、开洞敷设电气暗线、暗管、开关盒时,隔墙的厚度不宜小于 90 mm,开槽长度不应大于条板宽度的 1/2。不得在隔墙两侧同一部位开槽、开洞,其间距应至少错开 150 mm。板面开槽、开洞应在隔墙安装 7 d 后进行。

④ 单层条板隔墙内不宜横向暗埋水管,当需要敷设水管时,宜局部设置附墙或采用双层条板隔墙,也可采用明装的方式。当需在单层条板内局部暗埋水管时,隔墙厚度不应小于 120 mm,且开槽长度不应大于条板宽度的 1/2,并应采取防渗漏和防裂措施。当低温环境下水管可能产生冰冻或结露时,应进行防冻或防结露设计。

(3)立面图

立面图如图 2-51 所示,主要表达条板的外形尺寸、位置关系与埋件要求,接缝大样索引。

立面图设计时注意以下要点。

1)轻质条板隔墙设计

接板安装的单层条板隔墙,条板对接部位应有连接措施,其安装高度应符合下列规定:

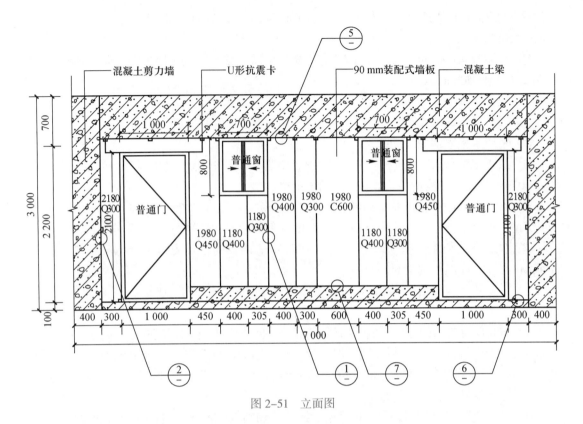

图 2-51　立面图

① 90 mm、100 mm 厚条板隔墙的接板安装高度不应大于 3.6 m；

② 120 mm、125 mm 厚条板隔墙的接板安装高度不应大于 4.5 m；

③ 150 mm 厚条板隔墙的接板安装高度不应大于 4.8 m；

④ 180 mm 厚条板隔墙的接板安装高度不应大于 5.4 m。

注：其他厚度的条板隔墙的接板安装高度，施工单位可与设计单位协商，另行设计，并应提交抗冲击性能检测报告。

2）轻质条板构造措施设计

① 当单层条板采取接板安装且在限高以内时，竖向接板不宜超过一次，且相邻条板接头位置应至少错开 300 mm。条板对接部位应设置连接件或定位钢卡，做好定位、加固和防裂处理。双层条板隔墙宜按单层条板隔墙的施工工法进行设计。

② 条板隔墙下端与楼地面结合处宜预留安装空隙，且预留空隙在 40 mm 及以下的宜填入 1∶3 水泥砂浆，40 mm 以上的宜填入干硬性细石混凝土，撤除木楔后的遗留空隙应采用相同强度等级的砂浆或细石混凝土填塞、捣实。

③ 当门、窗框板上部墙体高度大于 600 mm 或门窗洞口宽度超过 1.5 m 时，应采用配有钢筋的过梁板或采取其他加固措施，过梁板两端搭接处不应小于 100 mm。门框板、窗框板与门、窗框的接缝处应采取密封、隔声、防裂等措施。

（4）连接节点详图

连接节点详图主要表示条板与其周围构件的连接及接缝处理，如图 2-52 所示。

连接节点详图设计时注意以下要点。

118

　　1）轻质条板隔墙设计

　　① 当条板隔墙用于厨房、卫生间及有防潮、防水要求的环境时，应采取防潮、防水处理构造措施。对附设水池、水箱、洗手盆等设施的条板隔墙，墙面应做防水处理，且防水高度不宜低于 1.8 m。

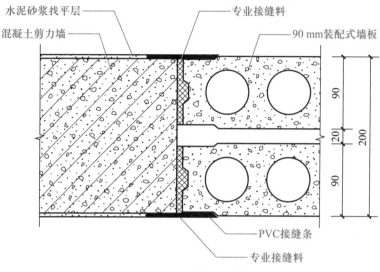

图 2–52　连接节点详图

　　② 当条板隔墙需吊挂重物和设备时，不得单点固定，并应采取加固措施，固定点间距应大于 300 mm。用作固定和加固的预埋件和锚固件，均应做防腐或防锈处理。

　　2）轻质条板构造措施设计

　　① 条板隔墙的板与板之间可采用榫接、平接、双凹槽对接方式，并应根据不同材质、不同构造、不同部位的隔墙采取下列防裂措施：

　　a. 应在板与板之间对接缝隙内填满、灌实黏结材料，企口接缝处应采取抗裂措施；

　　b. 条板隔墙阴阳角处以及条板与建筑主体结构结合处应做专门防裂处理。

　　② 确定条板隔墙上预留门、窗洞口位置时，应选用与隔墙厚度相适应的门、窗框。当采用空心条板做门、窗框板时，距板边 120～150 mm 范围内不得有空心孔洞，可将空心条板的第一孔用细石混凝土灌实。

　　③ 工厂预制的门、窗框板靠门、窗框一侧应设置固定门窗的预埋件。施工现场切割制作的门、窗框板可采用胀管螺钉或其他加固件与门、窗框固定，并应根据门窗洞口大小确定固定位置和数量，且每侧的固定点不应少于 3 处。

> **任务实施**

　　隔墙布置是装配式建筑构件制作与安装职业技能等级考核的重要模块之一，其主要设计步骤为条板选择与布置、立面布置、连接节点设计，并绘制相应加工图。具体步骤如下。

　　（1）条板选择与布置

　　该墙为 200 mm 厚，可采用双层条板，相对于单层条板，既减轻墙体重量，隔声效果也更好。根据条板厚度不宜小于 60 mm，两板间距宜为 10～50 mm 的要求，可选择规格为厚度 90 mm 的条板,间距 20 mm;层高 2 900 mm,梁高 500 mm,安装预留空间可留 20 mm,故条板高度为 2.38 m,满足规范不大于 3.6 m 的要求;目前市面上条板宽度一般为 600 mm,该墙体总长 5 m,可选用 8 块标准条板,外加一块 200 mm 宽埋标准条板,满足规范要求。故该墙体的条板布置如图 2-53 所示。

（2）立面布置

根据平面布板图,绘制出相应的立面图,并在立面图上注明构配件位置及节点详图索引,如图 2-54 所示。

（3）连接节点设计

根据条板与周围构件的关系,绘制节点详图,并撰写安装要求（略）,如图 2-55 所示。

> 任务拓展

1. 保温、隔热、装饰一体化墙体及其优势

保温、隔热、装饰一体化墙体,俗称三明治外墙板,包含饰面层、保温层、结构层三层,通过连接件将饰面层、保温层、结构层拉结成一个整体,在生产时一次成型。

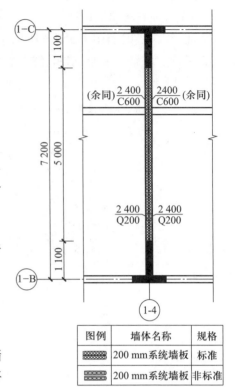

图例	墙体名称	规格
	200 mm 系统墙板	标准
	200 mm 系统墙板	非标准

图 2-53　条板平面布置图

采用三明治外墙板的优势:

由于饰面层、保温层、结构层在生产时一次成型,现场施工时无须再做保温层和饰面层,极大地缩短工期、提高施工速度、降低人工成本,这样就充分体现了工业化建筑的优势。

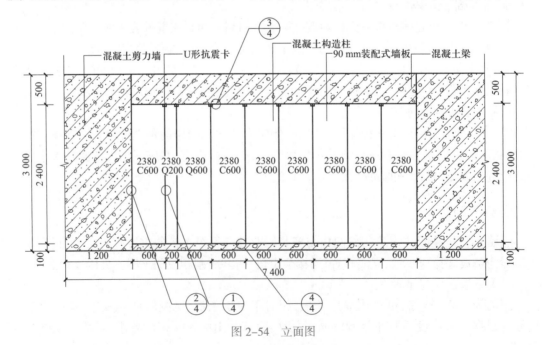

图 2-54　立面图

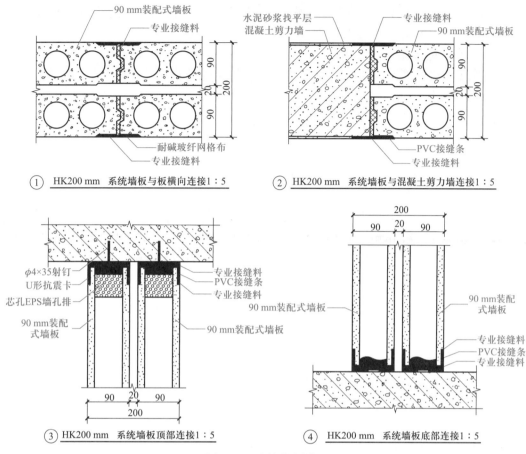

① HK200 mm　系统墙板与板横向连接1∶5　　② HK200 mm　系统墙板与混凝土剪力墙连接1∶5

③ HK200 mm　系统墙板顶部连接1∶5　　④ HK200 mm　系统墙板底部连接1∶5

图 2-55　连接节点详图

采用三明治外墙板,可以实现无外架施工,这样就极大地降低了施工成本。

三明治外墙板需采用抗腐蚀性和强度高,并拥有良好的低导热率的连接件。

2. 管线、装修一体化墙体及优势

内隔墙与管道装修一体化是装配式建筑的重要构成部分,是推动建筑行业改革升级的重要举措,是建立建筑业高质量发展、可持续发展的重要模式。现在装配式内装修的建设限于方式、成本等方面的掣肘因素,仍在起步时期,但国家制度的大幅强化、部品产业的大幅建设、示范工程的落地与验证,装配式内装修一定能获得长足发展。

其优势如下。

（1）施工作业快

产品工业化定制和套装成品预制构件的制造,让传统装修 80% 以上的工作量在工厂内完成,现场只需要简单的装配,即可快速实现装修效果,缩短工期。

（2）综合成本低

相比传统装修,装配式内隔墙 + 管线 + 装修一体化墙体可节约 20% 材料,节省 70% 工时。在综合成本上,装配式一体化装修墙体远远低于传统装修。另外,装配式一体化墙体的单模块可拆卸更换以及回收,方便维修与升级,降低二次改造成本。

（3）品质统一有保证

坚持模具与工艺的控制,确保标准统一,让所有同款产品的应用效果和质量标准一致,完美解决质量与形象标准执行难题,实现高品质装修。

（4）绿色节能环保

装配式内隔墙 + 管线 + 装修一体化墙体现场作业过程中采用全干法施工,不使用任何涂料、溶剂、胶粘剂,从而形成无毒家装全材料解决方案,从源头上杜绝装修材料中甲醛、苯、DMF 等有害化学物质的危害。

小结

本节主要阐述了轻质条板的概念、特点,从结构形式、使用材料两方面对条板进行了分类;总结了条板与主体结构的连接方式及加工图纸的组成。以一内隔墙为例,说明了内隔墙深化设计过程;总结了三明治外墙板及管线、装修一体化内墙的优势。

习题

一、单项选择题

1. 以下哪一类拆分图不是预制构件必须独立绘制的（　　）。

A. 构件模板图　　B. 配筋图　　　　C. 预留预埋件图　　　　D. 三维视图

2. 以下对轻质条板的表述不正确的是（　　）。

A. 可用于非承重墙和内隔墙的预制条板

B. 密度不大于 $130 \, \text{kg/m}^2$

C. ALC 板具有良好的耐火性

D. GRC 板具良好的抗弯忙

3. 对预制夹心保温外墙板中的保温拉结件表述不正确的是（　　）。

A. 拉结件与预制墙板的边缘距离应小于 100 mm

B. 拉结件按照尺寸不同可分为 MC 型尺寸和 MS 型尺寸

C. 拉结件按照材料类型可分为金属材质和非金属材质

D. 拉结件均应具有规定的承载力、变形和耐久性能

二、多项选择题

1. 后浇连接点内的纵筋连接形式有哪些（　　）。

A. 机械连接　　　B. 100% 搭接　　C. 50% 搭接　　　　　D. 绑扎连接

2. 目前围护墙和隔墙常用的材料有（　　）。

A. 蒸压轻质混凝土板（ALC 板）　　B. 玻璃纤维混凝土板（GRC 板）

C. 聚苯颗粒夹芯复合板　　　　　D. 陶粒混凝土板

三、识图题

本题详见二维码"拓展阅读:2-32"。

文本
拓展阅读:2-32

项目 3　装配式建筑管线

学习目标

任务	知识目标	能力目标
装配式建筑管线	1. 掌握装配式混凝土建筑的设备与管线合理选型、准确定位； 2. 掌握对预设在建筑预制墙及现浇墙内的电气预埋箱、盒、孔洞、沟槽及管线的设置； 3. 掌握装配式混凝土建筑管线预留、管线衔接的做法	1. 能够通过装配率计算进行等级评价； 2. 能够根据电气线管预埋敷设施工工艺流程进行操作

项目概述（重难点）

某装配整体式剪力墙结构住宅，处于地震基本烈度 7 度区，抗震等级三级，场地类别为 Ⅳ 类，地下 1 层，地上 12 层，标准层层高 3.3 m。地下一层和地上一、二层为底部加强区，此 3 层结构构件均采用现浇混凝土；顶层楼盖采用现浇混凝土楼盖。

重点：装配式混凝土建筑的设备与管线合理选型、准确定位，预设在建筑预制墙及现浇墙内的电气预埋箱、盒、孔洞、沟槽及管线的设置。

难点：装配式混凝土建筑管线预留、管线衔接的做法及操作要求。

任务 2.4　装配式建筑管线优化及预埋配管

▶ 任务陈述

某住宅项目为装配式剪力墙结构，如图 2-56 所示，根据项目生产要求，将预制构件的生产任务承包给某预制构件厂进行生产，构件生产单位深化设计组员需要根据施工图纸，完成优化电气管线及预埋配管。

图 2-56　装配式剪力墙

▶ **知识准备**

1. 电气配管进行标准化、模块化的设计

（1）设备与管线系统设计规定

① 装配式混凝土建筑的设备与管线宜与主体结构相分离，应方便维修更换且不应影响主体结构安全。

② 装配式混凝土建筑的设备与管线宜采用集成化技术，标准化设计，当采用集成化新技术、新产品时应有可靠依据。

③ 装配式混凝土建筑的设备与管线应合理选型，准确定位。

④ 装配式混凝土建筑的设备和管线设计应与建筑设计同步进行，预留预埋应满足结构专业相关要求，不得在安装完成后的预制构件上剔凿沟槽、打孔开洞等。穿越楼管线较多且集中的区域可采用现浇楼板。

⑤ 装配式混凝土建筑的设备与管线设计宜采用建筑信息模型（BIM）技术，当进行碰撞检查时，应明确被检测模型的精细度、碰撞检测范围及规则。

⑥ 装配式混凝土建筑的部品与配管连接、配管与主管道连接及部品间连接应采用标准化接口，且应方便安装使用维护。

⑦ 装配式混凝土建筑的设备与管线宜在架空层或吊顶内设置。

⑧ 公共管线、阀门、检修口、计量仪表、电表箱、配电箱、智能化配线箱等应统一集中设置在公共区域。

⑨ 装配式混凝土建筑的设备与管线穿越楼板和墙体时，应采取防水、防火、隔热、密封等措施，防火封堵应符合现行国家标准《建筑设计防火规范》GB 50016 的有关规定。

⑩ 装配式混凝土建筑的设备与管线的抗震设计应符合现行国家标准《建筑机电工程抗震设计规范》（GB 50981）的有关规定。

（2）装配率计算公式

$$P = \frac{Q_1 + Q_2 + Q_3}{100 - Q_4} \times 100\% \qquad\qquad (2-1)$$

式中：Q_1——主体结构指标实际得分值；

　　　Q_2——维护结构和内隔墙指标实际得分值；

　　　Q_3——装修与设备管线指标实际得分值与机电专业有关，如全装修、集成卫生间、集成厨房、管线分离；

　　　Q_4——评价项目中缺少的评价项分值总和。

2. 电装配式建筑应同时满足下列条件

① 主体结构部分评价分值不低于 20 分；

② 围护墙和内隔墙部分评价分值不低于 10 分；

③ 采用全装修；

④ 装配率不小于 50%。

满足以上条件的装配式建筑，可进行等级评价：

a. 装配率 60% ~ 75%，评为 A 级。

b. 装配率 76% ~ 90%，评为 AA 级。

c. 装配率 91% 及以上评为 AAA 级。

管线与结构分离的比例为 50%～70% 时,可以得 4～6 分,有助于提高装配率。

《装配式建筑评价标准》(GB/T 51129—2017)中规定:装配率——单体建筑室外地坪以上的主体结构、围护墙和内隔墙、装修与设备管线等采用预制部品部件的综合比例。

▶ 任务实施

管线与建筑体系的分离有两种方法:第一种是通过建筑结构楼板空腔(如预制密肋板等)、建筑隔墙空腔、建筑管道井等途径实现管线与建筑结构体系的分离;该方法需依赖于结构系统、外维护系统及内装系统的部品部件形式方能实现,如图 2-57 所示。

第二种是通过装配式装修与建筑结构体系的天、地、墙之间产生的空腔层,从而实现机电设备管线与建筑体系的分离,这种方式更为灵活,且便于维修和保养,如图 2-58 所示。

图 2-57　第一种

图 2-58　第二种

在毛坯房中电气设备管线安装到位的形式下,电气系统设计及管线敷设基本沿用了现行的常规做法,电气管线浇注于结构体内。

装配式住宅电气的关键技术就是做好预制结构体内管线的预留预埋,因此,需在设计阶段精确定位设备管线并与土建构件一起生成 BIM 模型提供给预制构件厂,预制人员按照图纸,根据统一的标准对各预制板、墙中的线、盒、箱等进行精确定位的预留预埋(图 2-59)。电气线管预埋敷设施工工艺流程如下。

(1)电气管线预留预埋

电线管的预留预埋在机电中占非常大的比重。对毛坯交房的住宅,电线管基本上是浇注在结构体内的:预制墙体内的电线管及线盒,是随结构体在工厂内一次性浇注成型的;当采用叠合楼板时,水平电线管是敷设在楼板的现浇叠合层内,仍需要在现场湿作业完成。叠合板现浇层厚度的确定除考虑结构安全外,还要考虑走线的要求,若管线敷设出现交叉的情况,现浇层的厚度至少需要 80 mm。

进行管线优化布置,减少管线交叉是电气设计的关键,合理的设计可减小结构层厚度。

(2)点位预留

为方便和规范构件制作,在预制件中预留的箱体、接线盒应遵照预制件的模数,在预制构件上准确和标准化定位。在预制墙体上设置的插座、开关、弱电设备、消防设备等需要在设计阶段提前预留接线盒,采用标准的 86 型接线盒。叠合楼板内的照明灯具、消防探测器等设备需要预留深型接线盒,以便不叠合楼板现浇层内的管线相连接(图2-60),接线盒的具体位置应先由电气人员做初步定位,再由结构人员做精确定位。

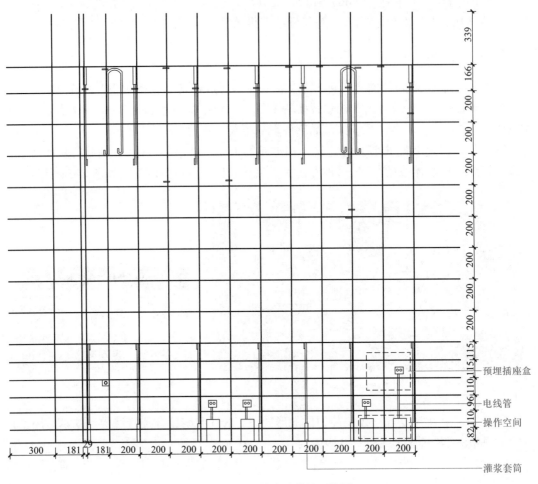

图 2-59 预制剪力墙结构配筋图

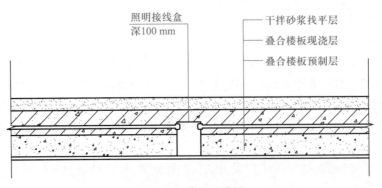

图 2-60 线盒埋设图

（3）点位综合

电气专业系统众多,每个系统都有单独的一套图纸,为确保预制件中的设备点位齐全,

126

避免在施工现场进行剔凿、切割时伤及预制构件,应将各系统所需的预留孔洞、预埋件综合在一张图纸上,方便查漏补缺的同时,也便于检查各个系统间的设备点位是否存在冲突、管线路径是否重合,在设计阶段能够及时发现问题并将其解决。

（4）管线预留

设备管线应进行综合设计,减少平面交叉,由于装配式建筑的特殊形式,其内部的管道综合尤为重要。当水平管线必须暗敷时,应敷设于叠合楼板的现浇层内,采用包含 BIM 技术在内的多种手段开展三维管线综合设计,避免在同一地点出现多根电气管线交叉敷设的现象。

混凝土结构装配式建筑中,电气竖向管线宜集中敷设,满足维修更换的需要;钢结构装配式建筑中无须穿钢梁的竖向管线宜集中敷设,必须穿钢梁的竖向管线宜分散敷设,以确保结构的安全性。

钢结构装配式建筑应尽量避免竖向管线穿越钢梁及在有梁处布置需要由顶板敷设至墙面的管线。公共区域应尽量选用灯头自带声光控开关的灯具,声光警报器、应急广播尽量选用吸顶安装的方式,另外可通过电井内明敷的方式减少穿钢梁的暗埋管线。

（5）管线衔接

管线间的衔接十分关键,主要分为预制构件之间的管线及预制构件不现浇层中管线之间的衔接,若连接不好,轻则影响建的美观,重则会破坏结构的墙体及梁板。

预制墙内的管线不现浇层内管线连接一般有向上接及向下接两种方式（图 2-61）。依据管线最短原则,距地面近的插座等可采用向下与现浇层内管线连接;距楼面近的开关等可采用向上不现浇层内管线连接的方法。需要特别注意的是,预制墙内预埋线路不现浇相应线路连接时,墙面预埋盒上（下）应预留接线空间,一般为 150 mm（宽）× 150 mm（高）× 80 mm（深）,连接后用混凝土浇筑。

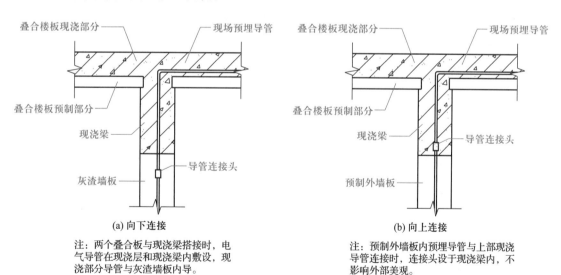

(a) 向下连接

注:两个叠合板与现浇梁搭接时,电气导管在现浇层和现浇梁内敷设,现浇部分导管与灰渣墙板内导。

(b) 向上连接

注:预制外墙板内预埋导管与上部现浇导管连接时,连接头设于现浇梁内,不影响外部美观。

图 2-61　预制墙内的管线连接方式

对插座、户内配电（线）箱等,由于管线是由设备向下敷设至本层楼板内的现浇层,与现浇层内的水平管线连接,为确保管线之间能够顺利连接,通常在预制墙体下方的连接处留有管线连接孔洞,如图 2-62 所示。

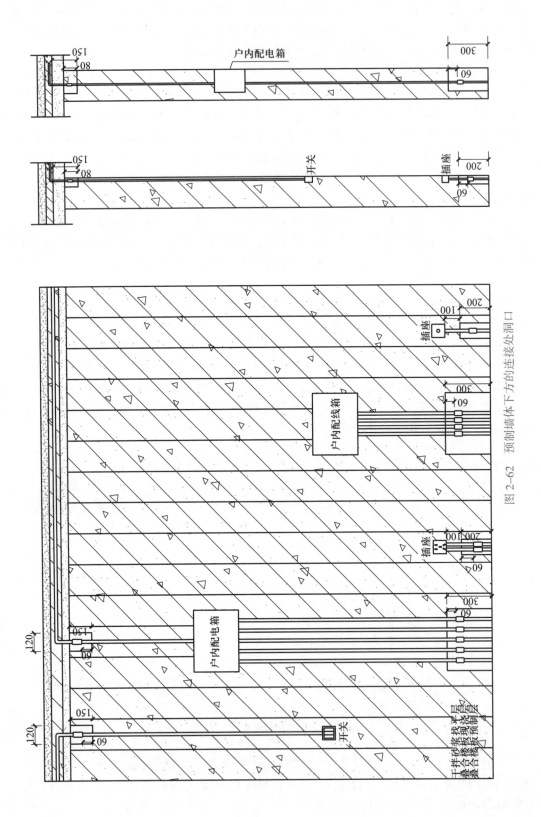

图 2-62　预制墙体下方的连接处处洞口

　　由于户内的照明开关、公共区域的手动报警按钮和消火栓按钮、安全出口指示灯具等设备管线需要与上一层叠合板现浇层内的水平管线连接,通常在预制墙体上方的连接处留有管线连接孔洞。

　　由于向上敷设管线可能需要穿结构梁,因此预制混凝土结构梁应提前在叠合梁中预留管线;钢结构梁需提前预留孔洞(预留位置不应影响结构安全),以便与预制墙体中的竖向管线连接。

小结

　　1. 电气管线分离技术应满足装配式混凝土建筑不同结构类型的要求

　　电气设计须根据不同结构类型中预制构件的拆分和安装情况,有针对性地提供实施方案。尽可能减少甚至消除由于管线维修和更换对建筑各系统及部品的影响。在居住建筑中管线分离做法需要结合地域气候特点。

　　2. 标准化设计

　　电气设备、管线的设计应充分考虑预制构件的标准化设计,尽可能减少预制构件的种类,以适应工厂化生产和施工现场装配安装的要求,提高生产效率。

　　3. 维修管理

　　设计中除按照相应规范,将公共功能的电气设备设置于便于维修的公共部位,对电气干线、智能化系统干线采用集中布置敷设外,尚应对电气管线的敷设方式做统一的规划,以方便维修更换。

　　4. 预制构件上嵌入安装的设备、管线应准确定位

　　预制构件上嵌入安装的电气设备、接线盒、穿线管孔、操作空间等应准确定位,并与相关电气导管一起进行预留、预埋在叠合楼板底部设置电气设备(如应急照明灯具、探测器等)时,应在预制叠合楼板上预埋深型接线盒,接线盒深度应满足叠合楼板现浇层内管线进出要求。

习题

简答题
1. 简述电气线管预埋敷设施工工艺流程。
2. 简述装配式建筑的两种管线分离技术。

项目4 装配率计算与装配式建筑评价

学习目标

本项目通过对装配式建筑的装配率计算与装配式建筑评价这一任务的学习,学习者应达到以下目标:

任务	知识目标	能力目标
装配率计算与装配式建筑评价	1. 熟悉装配率的要求以及装配式建筑评价的相关知识。 2. 熟悉装配式建筑部品部件配置要求	1. 能够进行装配率计算。 2. 能够根据装配率的要求,对装配式建筑进行评价。 3. 为满足规定装配率及评价标准的要求,能够优化装配式建筑部品、部件配置

项目概述(重难点)

某装配整体式剪力墙结构住宅,处于地震基本烈度7度区,抗震等级三级,场地类别为IV类,地下1层,地上12层,标准层层高3.3 m。地下一层、地上一、二层为底部加强区,此3层结构构件均采用现浇混凝土;顶层楼盖采用现浇混凝土楼盖。经过施工图设计之后,设计人员完成了装配式构件的拆分布置,其中选取标准层如图2-63所示。

重点:根据通过装配式建筑部品、部件测算结果,进行装配率的计算;

根据装配率的计算结果及要求,完成对装配式建筑的评价。

难点:为满足规定装配率及评价标准的要求,优化装配式建筑部品、部件配置。

任务 2.5 计算装配式建筑的装配率并进行评价

任务陈述

装配项目通过测算主体结构、围护墙和内隔墙、装修和设备管线等各预制部品、部件占比,计算装配率。

注意:部品是由工厂生产、构成外围护系统、设备与管线系统、内装系统的建筑单一产品或复合产品组装而成的功能单元的统称。部件是在工厂或现场预先生产制作完成,构成建筑结构系统的结构构件及其他构件的统称。

1. 针对示例项目进行装配率计算

单体建筑装配率(P)分别由主体结构指标实际得分(Q_1)、围护墙和内隔墙实际得分(Q_2)、装修和设备管线实际得分(Q_3)等计算得出。而上述各指标实际得分,通过其门类下

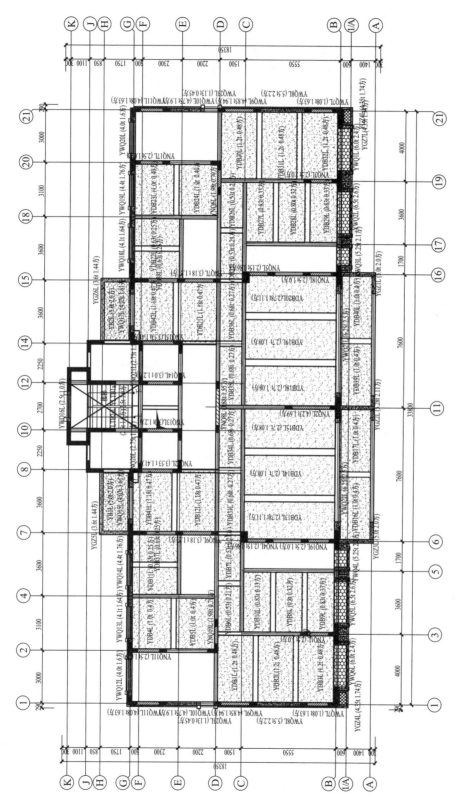

图 2-63 某装配整体式剪力墙结构住宅选取标准层

的部品部件应用比例结合表格通过内插法计算得出。

① 示例项目中预制部品部件的应用比例计算。

② 由应用比例进行预制部品部件的评价分值计算。

③ 由各预制部品部件的评价分值计算建筑装配率。

2. 针对示例项目进行装配式建筑评价

装配式建筑需满足各类前提条件的基础上,方可进行装配式建筑等级评价,符合等级要求的,我们方可认定为装配式建筑。

① 判定是否满足装配式建筑评价前提条件。

② 装配式建筑等级划分。

▶ **知识准备**

目前,关于装配率各地均相继出台了相关计算评价文件,计算方式各有差异。本项目以国家标准《装配式建筑评价标准》(GB/T 51129—2017)(以下简称国标)为依据展开介绍。在进行实际项目的装配率计算与装配式建筑评价时,仍需对照项目所在地结合国标要求进行计算、评价。

1. 基本规定

（1）预制率与装配率的定义及国标中装配式程度的评价选择

建筑单体预制率是指混凝土结构、钢结构、竹木结构、混合结构等结构类型的装配式建筑单体 ±0.000 以上主体结构、外围护结构中预制构件部分的材料用量占对应结构材料总用量的比率。

建筑单体装配率是指建筑单体 ±0.000 以上主体结构、外围护、内部部品（技术）中采用预制部品部分的综合比例。

国标中采用装配率评价建筑的装配化程度。

采用装配率进行评价,相较预制率而言,评价面更为综合、广泛,也更加简洁明确、易于操作。在国标明确了装配率是对单体建筑装配化程度的综合评价结果。

（2）装配率计算与装配式建筑评价的单元

装配率计算和装配式建筑等级评价应以单体建筑作为计算和评价单元,并应符合下列规定:

① 单体建筑应按项目规划批准文件的建筑编号确认;

② 建筑由主楼和裙房组成时,主楼和裙房可按不同的单体建筑进行计算和评价;

③ 单体建筑的层数不大于 3 层,且地上建筑面积不超过 500 m² 时,可由多个单体建筑组成建筑组团作为计算和评价单元。

裙房指在高层建筑主体投影范围外,与高层建筑相连的建筑高度不超过 24 m 的附属建筑。主楼和裙房可视情况决定是否分开进行评价,一般分开评价原则是"便于评价、准确评价",如裙楼与主楼之间结构形式差异较大;裙楼与主楼建筑使用功能不同。

以单体建筑作为装配率计算和装配式建筑等级评价的单元,主要基于单体建筑可构成整个建筑活动的工作单元和产品,并能全面、系统地反映装配式建筑的特点,具有较好的可操作性。

（3）关于装配式建筑评价的相关规定

① 装配式建筑应同时满足下列要求:

a. 主体结构部分的评价分值不低于 20 分；

b. 围护墙和内隔墙部分的评价分值不低于 10 分；

c. 采用全装修；

d. 装配率不低于 50%。

评价项目可以作为装配式建筑的基本条件之一。符合本条要求的评价项目，才可以认定为装配式建筑，但是否可以评价为 A 级、AA 级、AAA 级装配式建筑，还需同时满足其他相应条件。

通过这些要求，可发现主体结构中的竖向结构构件占比较大，不采用预制构件，将很难满足装配式建筑要求。

② 装配式建筑宜采用装配化装修。

装饰装修与主体结构的一体化发展，推广全装修，鼓励装配化装修方式是现阶段装配式建筑的重点推进方向之一。装配化装修是将工厂生产的部品部件在现场进行组合安装的装修方式，主要包括干式工法楼（地）面、集成厨房、集成卫生间、管线分离等方面的内容。

集成厨房多指居住建筑中的厨房，本条强调了厨房的"集成性"和"功能性"。集成厨房是装配式建筑装饰装修的重要组成部分，其设计应按照标准化、系列化原则，并符合干式工法施工的要求，在制作和加工阶段实现装配化。当评价项目各楼层厨房中的橱柜、厨房设备等全部安装到位，且墙面、顶面和地面采用干式工法的应用比例大于 70% 时，应认定为采用了集成厨房；当比例大于 90% 时，可认定为集成式厨房。

集成卫生间充分考虑了卫生间空间的多样组合或分隔，包括多器具的集成卫生间产品和仅有洗面、洗浴或便溺等单一功能模块的集成卫生间产品。集成卫生间是装配式建筑装饰装修的重要组成部分，其设计应按照标准化、系列化原则，并符合干式工法施工的要求，在制作和加工阶段实现装配化。当评价项目各楼层卫生间中的洁具设备等全部安装到位，且墙面、顶面和地面采用干式工法的应用比例大于 70% 时，应认定为采用了集成卫生间；当比例大于 90% 时，可认定为集成式卫生间。

③ 关于何时进行装配式建筑评价，一般按如下时间节点进行：

a. 设计阶段宜进行预评价，并应按设计文件计算装配率；

b. 项目评价应在项目竣工验收后进行，并应按竣工验收资料计算装配率和确定评价等级。

为保证装配式建筑评价质量和效果，切实发挥评价工作的指导作用，装配式建筑评价宜分为预评价和项目评价两个阶段进行。

为使项目能满足预定的装配率要求，项目宜在设计阶段进行预评价。预评价并非必须程序，其主要作用在于如果预评价结果不满足装配式建筑评价的相关要求，项目可结合预评价过程中发现的不足，通过调整或优化设计方案使其满足要求。

项目评价应在竣工验收后，按照竣工资料和相关证明文件进行项目评价。项目评价是装配式建筑评价的最终结果，评价内容包括计算评价项目的装配率和确定评价等级。

2. 装配率计算方法

（1）装配率计算公式及表格

装配率应根据表 2-4 中评价项分值按式（2-1）计算。

$$P = \frac{Q_1 + Q_2 + Q_3}{100 - Q_4} \times 100\% \qquad (2\text{-}1)$$

式中：P——装配率；

    Q_1——主体结构指标实际得分值；

    Q_2——围护墙和内隔墙指标实际得分值；

    Q_3——装修和设备管线指标实际得分值；

    Q_4——评价项目中缺少的评价项分值总和。

表 2-4 装配式建筑评分表

评价项		评价要求	评价分值	最低分值
主体结构（50分）	柱、支撑、承重墙、延性墙板等主体结构竖向构件	35% ≤ 比例 ≤ 80%	20 ~ 30*	20
	梁、板、楼梯、阳台、空调板等构件	70% ≤ 比例 ≤ 80%	10 ~ 30*	
围护墙和内隔墙（20分）	非承重围护墙中非砌筑墙体	比例 ≥ 80%	5	10
	围护墙采用墙体、保温、隔热、装饰一体化	50% ≤ 比例 ≤ 80%	2 ~ 5*	
	内隔墙中非砌筑墙体	比例 ≥ 50%	5	
	内隔墙采用墙体、管线、装修一体化	50% ≤ 比例 ≤ 80%	2 ~ 5*	
装修和设备管线（30分）	全装修	—	6	6
	干式工法楼面、地面	比例 ≥ 70%	6	—
	集成厨房	70% ≤ 比例 ≤ 90%	3 ~ 6*	
	集成卫生间	70% ≤ 比例 ≤ 90%	3 ~ 6*	
	管线分离	50% ≤ 比例 ≤ 70%	4 ~ 6*	

注：表中带"*"项的分值采用"内插法"计算，计算结果取小数点后 1 位。

    评价项目的装配率应按照上述的规定进行计算，计算结果应按照四舍五入法取整数。若计算过程中，评价项目缺少表 2-4 中对应的某建筑功能评价项（例如，公共建筑中没有设置厨房），则该评价项分值记入装配率计算公式的 Q_4 中。

    表 2-4 中部分评价项目在评价要求部分只列出了比例范围的区间。在工程评价过程中，如果实际计算的评价比例小于比例范围中的最小值，则评价分值取 0 分；如果实际计算的评价比例大于比例范围中的最大值，则评价分值取比例范围中最大值对应的评价分值。例如：当楼（屋）盖构件中预制部品部件的应用比例小于 70% 时，该项评价分值为 0 分；当应用比例大于 80% 时，该项评价分值为 20 分。

    按照上述的规定，装配式钢结构建筑、装配式木结构建筑主体结构竖向构件评价项得分可为 30 分。

    （2）各项应用比例计算

    ① 柱、支撑、承重墙、延性墙板等主体结构竖向构件。

主要采用混凝土材料时,预制部品部件的应用比例应按下式计算:

$$q_{1a} = \frac{V_{1a}}{V} \times 100\% \qquad (2\text{-}2)$$

式中:q_{1a}——柱、支撑、承重墙、延性墙板等主体结构竖向构件中预制部品部件的应用比例;

V_{1a}——柱、支撑、承重墙、延性墙板等主体结构竖向构件中预制混凝土体积之和,符合下面说明①预制构件间连接部分的后浇混凝土也可计入计算;

V——柱、支撑、承重墙、延性墙板等主体结构竖向构件混凝土总体积。

说明①:

当符合下列规定时,主体结构竖向构件间连接部分的后浇混凝土可计入预制混凝土体积计算:

a. 预制剪力墙板之间宽度不大于 600 mm 的竖向现浇段和高度不大于 300 mm 的水平后浇带、圈梁的后浇混凝土体积;

b. 预制框架柱和框架梁之间柱梁节点区的后浇混凝土体积;

c. 预制柱间高度不大于柱截面较小尺寸的连接区后浇混凝土体积。

由此可见,连接部分的后浇混凝土计入预制构件计算的基本要求体现在连接部件的尺寸、配筋构造、做法等采用标准做法;现场的施工操作、模板等实现标准化。

② 梁、板、楼梯、阳台、空调板等构件。

预制部品部件的应用比例应按下式计算:

$$q_{1b} = \frac{A_{1b}}{A} \times 100\% \qquad (2\text{-}3)$$

式中:q_{1b}——梁、板、楼梯、阳台、空调板等构件中预制部品部件的应用比例;

A_{1b}——各楼层中预制装配梁、板、楼梯、阳台、空调板等构件的水平投影面积之和;

A——各楼层建筑平面总面积。

说明②:

预制装配式楼板、屋面板的水平投影面积可包括:

a. 预制装配式叠合楼板、屋面板的水平投影面积;

b. 预制构件间宽度不大于 300 mm 的后浇混凝土带水平投影面积;

c. 金属楼承板和屋面板、木楼盖和屋盖及其他在施工现场免支模的楼盖和屋盖的水平投影面积。

其中第 a. b. 款的规定主要是便于简化计算。第 c. 款中金属楼承板包括压型钢板、钢筋桁架楼承板等在施工现场免支模的楼(屋)盖体系,是钢结构建筑中最常用的楼板类型。

③ 非承重围护墙中非砌筑墙体。

应用比例应按下式计算:

$$q_{2a} = \frac{A_{2a}}{A_{w1}} \times 100\% \qquad (2\text{-}4)$$

式中:q_{2a}——非承重围护墙中非砌筑墙体的应用比例;

A_{2a}——各楼层非承重围护墙中非砌筑墙体的外表面积之和,计算时可不扣除门、窗及预留洞口等的面积;

A_{w1}——各楼层非承重围护墙外表面总面积,计算时可不扣除门、窗及预留洞口等的面积。

新型建筑围护墙体的应用对提高建筑质量和品质、建造模式的改变等都具有重要意义，积极引导和逐步推广新型建筑围护墙体也是装配式建筑的重点工作。非砌筑是新型建筑围护墙体的共同特征之一，非砌筑类型墙体包括各种中大型板材、幕墙、木骨架或轻钢骨架复合墙体等，应满足工厂生产、现场安装、以"干法"施工为主的要求。

④ 围护墙采用墙体、保温、隔热、装饰一体化。

应用比例应按下式计算：

$$q_{2b} = \frac{A_{2b}}{A_{w2}} \times 100\% \qquad (2-5)$$

式中：q_{2b}——围护墙采用墙体、保温、隔热、装饰一体化的应用比例；

A_{2b}——各楼层围护墙采用墙体、保温、隔热、装饰一体化的墙面外表面积之和，计算时可不扣除门、窗及预留洞口等的面积；

A_{w2}——各楼层围护墙外表面总面积，计算时可不扣除门、窗及预留洞口等的面积。

围护墙采用墙体、保温、隔热、装饰一体化强调的是"集成性"，通过集成，满足结构、保温、隔热、装饰要求。同时还强调了从设计阶段需进行一体化集成设计，实现多功能一体的"围护墙系统"。

⑤ 内隔墙中非砌筑墙体。

应用比例应按下式计算：

$$q_{2c} = \frac{A_{2c}}{A_{w3}} \times 100\% \qquad (2-6)$$

式中：q_{2c}——内隔墙中非砌筑墙体的应用比例；

A_{2c}——各楼层内隔墙中非砌筑墙体的墙面面积之和，计算时可不扣除门、窗及预留洞口等的面积；

A_{w3}——各楼层内隔墙墙面总面积，计算时可不扣除门、窗及预留洞口等面积。

⑥ 内隔墙采用墙体、管线、装修一体化。

应用比例应按下式计算：

$$q_{2d} = \frac{A_{2d}}{A_{w3}} \times 100\% \qquad (2-7)$$

式中：q_{2d}——内隔墙采用墙体、管线、装修一体化的应用比例；

A_{2d}——各楼层内隔墙采用墙体、管线、装修一体化的墙面面积之和，计算时可不扣除门、窗及预留洞口等的面积。

A_{w3}——各楼层内隔墙墙面总面积，计算时可不扣除门、窗及预留洞口等面积。

内隔墙采用墙体、管线、装修一体化强调的是"集成性"。内隔墙从设计阶段就需进行一体化集成设计，在管线综合设计的基础上，实现墙体与管线的集成以及土建与装修的一体化，从而形成"内隔墙系统"。

⑦ 干式工法楼面、地面。

应用比例应按下式计算：

$$q_{3a} = \frac{A_{3a}}{A} \times 100\% \qquad (2-8)$$

式中：q_{3a}——干式工法楼面、地面的应用比例；

A_{3a}——各楼层采用干式工法楼面、地面的水平投影面积之和。

A——各楼层建筑平面总面积。

⑧ 集成厨房。

集成厨房橱柜和厨房设备等应全部安装到位,墙面、顶面和地面中干式工法的应用比例应按下式计算:

$$q_{3b}=\frac{A_{3b}}{A_k} \times 100\% \qquad (2-9)$$

式中:q_{3b}——集成厨房干式工法的应用比例;

A_{3b}——各楼层厨房墙面、顶面和地面采用干式工法的面积之和;

A_k——各楼层厨房的墙面、顶面和地面的总面积。

⑨ 集成卫生间。

集成卫生间的洁具设备等应全部安装到位,墙面、顶面和地面中干式工法的应用比例应按下式计算:

$$q_{3c}=\frac{A_{3c}}{A_b} \times 100\% \qquad (2-10)$$

式中:q_{3c}——集成卫生间干式工法的应用比例;

A_{3c}——各楼层卫生间墙面、顶面和地面采用干式工法的面积之和;

A_b——各楼层卫生间墙面、顶面和地面的总面积。

⑩ 管线分离。

应用比例应按下式计算:

$$q_{3d}=\frac{L_{3d}}{L} \times 100\% \qquad (2-11)$$

式中:q_{3d}——管线分离比例;

L_{3d}——各楼层管线分离的长度,包括裸露于室内空间以及敷设在地面架空层、非承重墙体空腔和吊顶内的电气、给水排水和采暖管线长度之和;

L——各楼层电气、给水排水和采暖管线的总长度。

对裸露于室内空间以及敷设在地面架空层、非承重墙体空腔和吊顶内的管线应认定为管线分离;而对埋置在结构构件内部(不含横穿)或敷设在湿作业地面垫层内的管线应认定为管线未分离。

> **任务实施**

某装配整体式剪力墙结构住宅,地下 1 层,地上 12 层,其中地下一层、地上一、二层构件以及顶层楼盖采用现浇混凝土,在施工图设计完成之后,通过测算主体结构、围护墙和内隔墙、装修和设备管线等各预制部品、部件,非承重围护墙中非砌筑墙体均采用墙体、保温、隔热、装饰一体化,内隔墙中非砌筑墙体也均采用墙体、管线、装修一体化,水平构件采用预制装配式的均为干式工法,本楼符合全装修评价标准,其余数值测得如下:

主体结构竖向构件预制混凝土体积之和 V_{1a}=248.49 m³

主体结构竖向构件混凝土总体积 V=697.752 m³

各楼层中预制装配梁、板、楼梯、阳台、空调板等构件的水平投影面积之和

$$A_{1b}=2\ 862\ m^2$$

各楼层建筑平面总面积 $A=5\ 230\ m^2$

各楼层非承重围护墙中非砌筑墙体的外表面积之和 $A_{2a}=1\ 831.5\ m^2$

各楼层非承重围护墙外表面总面积 $A_{w1}=2\ 455.2\ m^2$

各楼层围护墙采用墙体、保温、隔热、装饰一体化的墙面外表面积之和 $A_{2b}=1\ 831.5\ m^2$

各楼层围护墙采用墙体、保温、隔热、装饰一体化的墙外表面积之和 $A_{w2}=2\ 455.2\ m^2$

各楼层内隔墙中非砌筑墙体的墙面面积之和 $A_{2c}=602\ m^2$

各楼层内隔墙墙面总面积 $A_{w3}=1\ 091\ m^2$

各楼层厨房墙面、顶面和地面采用干式工法的面积之和 $A_{3b}=554.4\ m^2$

各楼层厨房的墙面、顶面和地面的总面积 $A_k=1\ 008\ m^2$

各楼层卫生间墙面、顶面和地面采用干式工法的面积之和 $A_{3c}=975.2\ m^2$

各楼层卫生间的墙面、顶面和地面的总面积 $A_b=1\ 071.6\ m^2$

各楼层电气、给水排水和采暖管线的总长度 $L=4\ 992\ m$

各楼层管线分离的长度 $L_{3d}=3\ 244.8\ m$

1. 装配率计算

（1）主体结构应用比例、评价分值计算

由已知及式（2-2），得 $q_{1a}=248.49\div697.75=35.61\%$

查阅表2-4内插得，评价分值 =20

由已知及式（2-3），得 $q_{1b}=2\ 862\div5\ 230=54.7\%$

查阅表2-4，因比例 <70%，故评价分值 =0

（2）围护墙和内隔墙应用比例、评价分值计算

由已知及式（2-4），得 $q_{2a}=1\ 831.5\div2\ 455.2=74.6\%$

查阅表2-4，因比例 <80%，故评价分值 =0

由已知及式（2-5），得 $q_{2b}=1\ 831.5\div2\ 455.2=74.6\%$

查阅表2-4内插得，评价分值 =4.5

由已知及式（2-6），得 $q_{2c}=602\div1\ 091=55.2\%$

查阅表2-4，因比例 >50%，故评价分值 =5

由已知及式（2-7），得 $q_{2d}=602\div1\ 091=55.2\%$

查阅表2-4，因比例 >50%，故得，评价分值 =2.5

（3）装修和设备管线应用比例、评价分值计算

查阅表2-4，因满足全装修评价标注，故得，评价分值 =6

由已知及式（2-8），得 $q_{3a}=2\ 862\div5\ 230=54.7\%$

查阅表2-4，因比例 <70%，故得，评价分值 =0

由已知及式（2-9），得 $q_{3b}=554.4\div1\ 008=55\%$

查阅表2-4，因比例 <70%，故得，评价分值 =0

由已知及式（2-10），得 $q_{3c}=975.2\div1\ 071.6=91\%$

查阅表2-4，因比例 >90%，故得，评价分值 =6

由已知及式（2-11），得 q_{3d}=3 244.8÷4 992=65%

查阅表 2-4，插值计算得，评价分值 =5.5

（4）示例项目装配率计算

根据上述计算结果，代入式（2-1）可知：

Q_1（主体结构指标实际得分值）=20+0=20；

Q_2（围护墙和内隔墙指标实际得分值）=0+4.5+5+2.5=12

Q_3（装修和设备管线指标实际得分值）=6+0+0+6+5.5=17.5

Q_4（评价项目中缺少的评价项分值总和）=0

$$P=\frac{20+12+17.5}{100-0}\times 100\%=49.5\%$$

2. 装配式建筑评价

（1）装配式建筑评价前提条件的判定

在进行装配式建筑等级评价前，需同时满足 2 个前提条件，如图 2-64 所示。

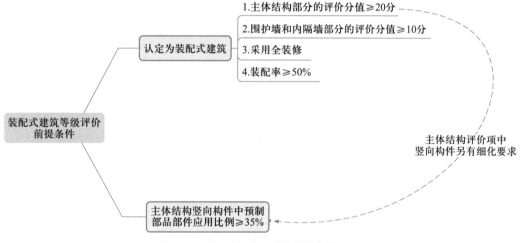

图 2-64　装配式建筑评价前提条件导图

① 需满足关于装配式建筑评价的相关规定中的 4 条要求，满足该 4 条要求意味着可以认定为装配式建筑。

② 主体结构竖向构件中预制部品部件的应用比例不低于 35%。

（2）装配式建筑等级评价

满足图 2-64 中 2 个前提条件后，可进行装配式建筑等级评价：

① 装配率为 60% ~ 75% 时，评价为 A 级装配式建筑。

② 装配率为 76% ~ 90% 时，评价为 AA 级装配式建筑。

③ 装配率为 91% 及以上时，评价为 AAA 级装配式建筑。

> **任务拓展**

1. 优化示例项目装配式建筑部品、部件配置

为满足装配式建筑的认定，或为提高装配式建筑评价等级，在单体装配率或其中某评价

项不满足相应要求的情况下,需对部品部件的装配率进行一定的优化,以提高评价项的评价分值,进而提高单体装配率。装配式建筑预制部品、部件的优化,需结合经济性、施工便利性、各部品部件拆分要求等综合考虑。

（1）主体结构优化

在上述装配率计算中,可知柱、支撑、承重墙、延性墙板等主体结构竖向构件应用比例 q_{1a}=35.61%,满足了装配率式建筑等级评价中不低于 35% 的要求,内插得到了 20 分评价分值。

而梁、板、楼梯、阳台、空调板等构件应用比例 q_{1b}=54.7%,小于 70%,评价分值在此项仅得 0 分。通过表 2-4 装配式建筑评分表可知,该项应用比例若达到 70%,可得 10 分评价分值。故主体结构优化中,可根据梁、板、楼梯、阳台、空调板等构件的装配式拆分要求,将该类部品部件的应用比例由 54.7% 提高到 70%,以此增加 10 分。

需提高的该类部品部件水平投影面积:

$$\Delta S = 各楼层建筑平面总面积 \times (70\%-q_{1b})$$
$$=5\,230 \times (70\%-q_{1b}) =5\,230 \times (70\%-54.7\%)$$
$$=800.19(m^2)$$

（2）围护墙和内隔墙优化

在上述装配率计算中,可知在围护墙和内隔墙部分,围护墙与保温隔热装饰一体化、内隔墙非砌筑、内隔墙与管线装修一体化 3 项均取得了相应评价分值。

在非承重围护墙非砌筑这一评价项上,非承重围护墙非砌筑比例 q_{2a}=74.6%,小于 80%,评价分值在此项仅得 0 分。通过表 2-4 装配式建筑评分表可知,该项应用比例若达到 80%,可得 5 分评价分值。故围护墙和内隔墙优化中,可根据非承重围护墙的装配式拆分要求,将该类部品部件的应用比例由 74.6% 提高到 80%,以此增加 5 分。

需提高的非承重围护墙中非砌筑墙体的外表面积:

$$\Delta S = 各楼层非承重围护墙外表总面积 \times (80\%-q_{2a})$$
$$=2\,455.2 \times (80\%-q_{1b}) =2\,455.2 \times (80\%-74.6\%)$$
$$=132.59(m^2)$$

同时,因该项目中非承重围护墙中非砌筑墙体均采用墙体、保温、隔热、装饰一体化,内隔墙中非砌筑墙体也均采用墙体、管线、装修一体化,因此增加非承重围护墙中非砌筑墙体比例至 80% 后,评价项中的围护墙与保温隔热装饰一体化达到 80% 的比例,故该评价项的评价分值从表 2-4 中可知从原有 4.5 分,相应提高到了 15 分。

（3）装修和设备管线优化

在上述装配率计算中,评价项中的原干式工法楼面地面应用比例 q_{3a}=2\,862÷5\,230=54.7%,因小于 70%,故评价分值为 0 分。

在上述主体结构优化中,因梁、板、楼梯、阳台、空调板等构件应用比例由 54.7% 提高到了 70%,在本项目中,因水平构件采用预制装配式的均为干式工法,故可知干式工法楼面、地面也随之由 54.7% 提高到了 70%,故干式工法楼面地面的评价分值为 6 分。

由上述可知,项目原装配率 P=49.5%,因小于 50%,故无法满足装配式建筑认定的要求。

经过上述优化后,P=74.5%,根据装配式建筑等级评价标准可知,经优化后,可评价为 A 级装配式建筑。

2. 装配式建筑评价等级的意义

各地政策相关介绍：

（1）上海

结合本市实际，市住建委会同市发改委和市财政局修订原办法，形成了新的《上海市建筑节能和绿色建筑示范项目专项扶持办法》（沪住建规范联〔2020〕2号），进一步推进本市建筑节能和绿色建筑的相关工作，内容强调：装配式建筑项目按照评价标准调整补贴方式，对评价等级达到 AA 的，补贴每平方米 60 元，达到 AAA 的每平方米补贴 100 元，同时将建筑规模要求放宽为 1 万平方米以上。

（2）江苏

建筑、市政基础设施三类，每个示范工程项目补助金额为 150 万 ~ 250 万元。

项目建设单位可申报保障性住房项目，按照建筑产业现代化方式建造，混凝土结构单体建筑预制装配率不低于 40%，钢结构、木结构建筑预制装配率不低于 50%，按建筑面积每平方米奖励 300 元，单个项目补助最高不超过 1 800 万元 / 个。

（3）浙江

使用住房公积金贷款购买装配式建筑的商品房，公积金贷款额度最高可上浮 20%。

对装配式建筑项目，施工企业缴纳的质量保证金以合同总价扣除预制构件总价作为基数乘以 2% 费率计取，建设单位缴纳的住宅物业保修金以物业建筑安装总造价扣除预制构件总价作为基数乘以 2% 费率计取；容积率奖励等。

（4）河北

优先保障用地；容积率奖励；退还墙改基金和散装水泥基金；增值税即征即退 50% 等。

（5）重庆市

对建筑产业现代化房屋建筑试点项目每立方米混凝土构件补助 350 元；节能环保材料预制装配式建筑构件生产企业和钢筋加工配送等建筑产业化部品构件仓储、加工、配送一体化服务企业，符合西部大开发税收优惠政策条件的，依法减按 15% 税率缴纳企业所得税。

小结

装配式项目的单体装配率由单体下的 3 个门类下的各评价项，分别计算应用比例，再通过内插法得出评价分值，通过式（2-1）计算得出单体装配率。设计阶段宜进行预评价，为满足规定装配率及评价标准的要求，可优化装配式建筑部品、部件配置。

当满足装配式建筑评价前提条件后，建筑单体可进行装配式建筑等级评价，根据其装配率不同，可评价为 A 级、AA 级、AAA 级装配式建筑。

项目评价在竣工验收后进行，按照竣工资料和相关证明文件进行项目评价。项目评价是装配式建筑评价的最终结果，评价内容包括计算评价项目的装配率和确定评价等级，如图 2-65 所示。

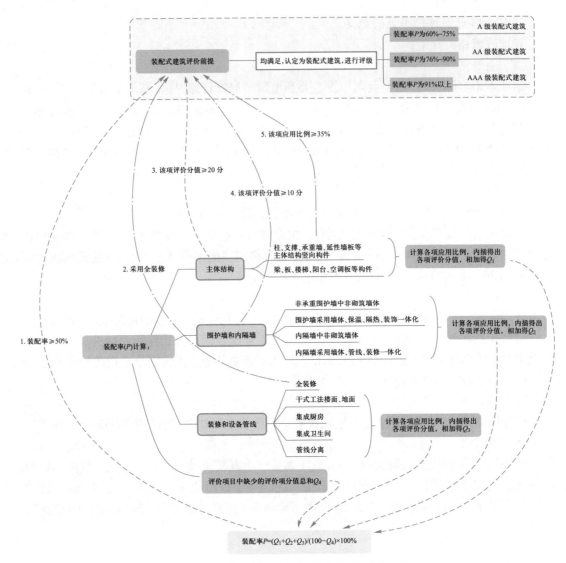

图 2-65　装配率计算与装配式建筑评价导图

习题

计算题

某装配式剪力墙结构住宅单体,已知主体结构中柱、支撑、承重墙、延性墙板等主体结构竖向构件中预制部品部件的应用比例 q_{1a}=40%,梁、板、楼梯、阳台、空调板等构件中预制部品部件的应用比例 q_{1b}=81%;围护墙和内隔墙指标实际得分值 Q_2=17 分;装修和设备管线指标实际得分值 Q_3=22 分。

① 试计算主体结构指标实际得分值 Q_1。

② 判断该单体是否可进行装配式建筑等级评价。

③ 试确定该单体的装配式建筑评价等级。

项目 5　预制构件深化设计

学习目标

本项目包括预制构件的规格及连接节点的选取、预制构件加工图设计两个任务,通过两个任务的学习,学习者应达到以下目标:

任务	知识目标	能力目标
预制构件的规格及连接节点的选取	1. 熟悉装配式建筑评价的因素。 2. 熟悉预制构件的规格和连接节点对装配式建筑评价结果的影响	以装配式建筑评价结果为导向,能够对预制构件的规格及其连接节点进行选择及确定
预制构件加工图设计	1. 熟悉预制构件加工图的设计基本要求和深度。 2. 熟悉预制构件的构造和连接要求。 3. 熟悉预制构件的各种信息数据统计和物料清单编制的方法	1. 能够对预制构件的模板图和配筋图进行设计。 2. 能够对预留预埋的附属物进行设计。 3. 能够编制物料清单。 4. 能够对预制构件吊装、运输和堆放进行设计

项目概述(重难点)

已知某四层装配整体式混凝土框架结构的宿舍楼,未设置厨房,上人平屋面,层高均为 3.6 m,墙体均为 120 mm 或 240 mm 厚,240 墙沿轴线居中,120 墙沿轴线边侧,设防烈度 6 度,结构抗震等级三级。该工程地上 4 层、地下 1 层。

重点:根据装配式建筑评价的结果,对预制构件的规格及其连接节点进行选择及确定,对各预制构件加工图进行设计。

难点:对预制构件的规格及其连接节点的最优选择及确定。

任务 2.6　预制构件的规格及连接节点的选取

▷ 任务陈述

已知某四层装配整体式混凝土框架结构的宿舍楼,未设置厨房,上人平屋面,层高均为 3.6 m,墙体均为 120 mm 或 240 mm 厚,240 墙沿轴线居中,120 墙沿轴线边侧,设防烈度 6 度,结构抗震等级三级。该工程地上 4 层、地上建筑面积为 590.64 m²,各楼层围护墙外表面总面积为 501.28 m²,各楼层内隔墙墙面总面积为 552.28 m²,该项目拟采用集成卫生间。预将该建筑物认定为装配式建筑的基本级,A 级,对预制构件的规格及连接节点进行确定。

▶ **知识准备**

1. 影响装配式建筑评价结果的关键因素

根据国家的《装配式建筑评价标准》（GB/T 51129—2017）的规定，要认定某建筑物为装配式建筑，则必须同时满足以下四个条件。

① 主体结构的评价分值不低于 20 分。

② 围护墙和内隔墙部分的评价分值不低于 10 分。

③ 采用全装修。全装修是指建筑功能空间的固定面装修和设备设施安装全部完成，达到建筑使用功能和性能的基本要求。

④ 装配率不低于 50%。装配率是指单体建筑室外地坪以上的主体结构、围护墙和内隔墙、装修和设备管线等采用预制部品部件的综合比例。

要认定某建筑物为 A 级、AA 级、AAA 级装配式建筑的前提条件是主体结构中的一部分竖向构件必须采用预制构件，且预制竖向构件的应用比例不得低于 35%。各等级装配式建筑的影响因素见表 2-5。

表 2-5　装配式建筑等级影响因素一览表

装配式建筑等级	主体结构	围护墙和内隔墙部分	全装修	装配率	竖向构件应用比例
基本级	≥20 分	≥10 分	√	≥50%	—
A 级	≥20 分	≥10 分	√	60%~75%	≥35%
AA 级	≥20 分	≥10 分	√	76%~90%	≥35%
AAA 级	≥20 分	≥10 分	√	91% 以上	≥35%

2. 主体结构的连接节点

主体结构的连接节点包括预制竖向构件（柱、承重墙）和预制水平构件（梁、板、楼梯、阳台、空调板）之间以及预制构件与现浇和后浇混凝土之间的连接技术，其中包括连接接头的选用和连接节点的构造设计。

预制构件的连接部位宜设置在结构受力较小的部位，节点和接缝的连接做法应满足《装配式混凝土结构技术规程》（JGJ 1—2014）和相关图集的要求。

3. 围护墙和内隔墙的连接节点

围护墙包括承重围护墙与非承重围护墙，承重围护墙一般指预制剪力墙墙身，此时墙身与墙柱的连接应符合《装配式混凝土连接节点构造》（15G310-2）中的构造要求。非承重围护墙指砌体填充墙（混凝土砌块类、砖类）、蒸压加气混凝土板材等，其与主体结构优先考虑柔性连接，与主体结构的连接构造方法可分为完全脱开、脱开仍有水平筋连接等，如图 2-66 所示。

4. 预制构件的规格和连接节点对装配式建筑评价结果的影响

主体结构竖向构件间连接部分的后浇混凝土

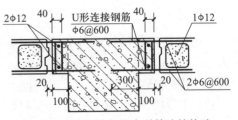

图 2-66　内隔墙与柱水平筋连接构造

当符合下列规定时,可计入预制混凝土体积计算。

① 预制剪力墙板之间宽度不大于 600 mm 的竖向现浇段和高度不大于 300 mm 的水平后浇带、圈梁的后浇混凝土体积。

② 预制框架柱和框架梁之间柱梁节点区的后浇混凝土体积,即当预制框架柱的接缝位置是在楼层处时,预制框架柱的高度取层高(图 2-67)。

③ 预制柱间高度不大于柱截面较小尺寸的连接区后浇混凝土体积,此种情况是针对预制框架柱的接缝位置在柱间时,如图 2-68 所示。

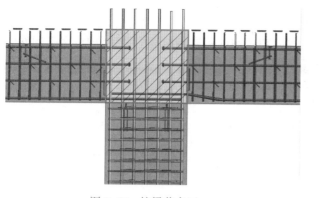

图 2-67　柱梁节点区

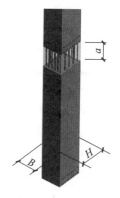

图 2-68　预制柱

主体结构水平构件间连接部分的后浇混凝土当符合下列规定时,可计入预制混凝土的水平投影面积。

① 预制叠合楼板、屋面板的水平投影面积。

② 预制楼板、屋面板间宽度不大于 300 mm 的后浇混凝土带水平投影面积,如图 2-69 所示。

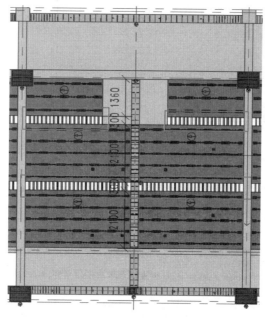

图 2-69　水平构件

③ 金属楼承板和屋面板、木楼盖和屋盖及其他在施工现场免支模的楼盖和屋盖的水平投影面积。

▶ 任务实施

1. 明确项目所要达到的装配式建筑的评价结果

由任务可知该项目要达到的装配式建筑的评价结果为 A 级,由表 2-5 可知,主体结构得分应大于或等于 20 分、围护墙和内隔墙部分应大于或等于 10 分、竖向构件应用比例应大于或等于 35%,采用全装修,装配率应为 76% ~ 90%。

2. 选取水平构件,计算应用比例

水平构件的应用比例应至少达到 70%,因此每层楼板都应该做预制,水平构件中预制板的选取时考虑到厨房、卫生间的预留洞口多且复杂等问题优先不选取,水平构件中预制梁的选取优先选取次梁或无次梁搭接的主梁,根据建筑图、板配筋图,初步选取以下范围为预制水平构件,如图 2-70、图 2-71 所示。

计算单层预制板的水平投影面积:$2.16 \times (1.26+2.46+3.96 \times 2)+(5.7-0.24) \times 3.96 \times 2+2.46 \times (1.36 \times 2+1.26 \times 2)+1.86 \times 0.76 \times 2=84.08(\text{m}^2)$

计算单层预制梁的水平投影面积:$(2.4-0.24) \times 0.24=0.52(\text{m}^2)$

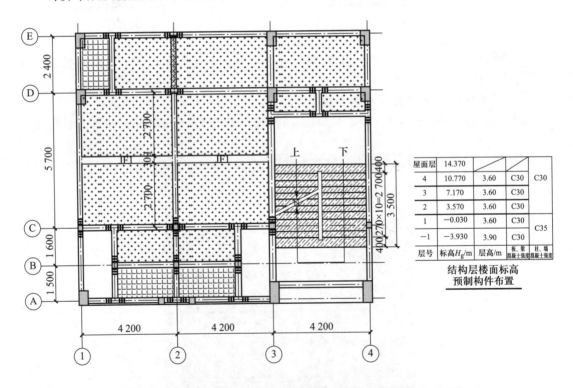

注:图中 ⋯ 表示预制板底板,采取6(预制)+7(现浇)的形式,板底标高为 $H_g-0.130$
　　 ▦ 表示预制板底板,采取6(预制)+7(现浇)的形式,板底标高为 $H_g-0.150$
　　 ▨ 表示预制板式楼梯,预制楼梯起止标高为3.570~14.370
　　 ▧ 表示预制叠合梁

图 2-70 二 ~ 四层水平预制构件平面布置图

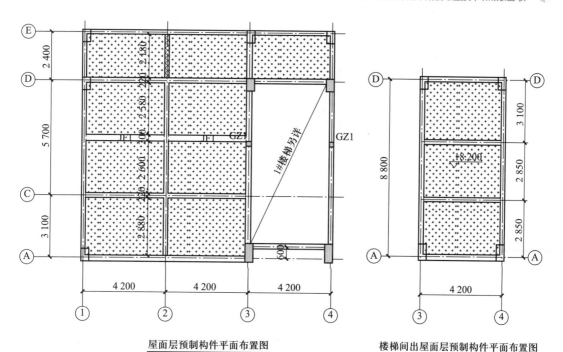

屋面层预制构件平面布置图　　　　楼梯间出屋面层预制构件平面布置图

注：图中 ▨ 表示预制板底板，采取6(预制)+10(现浇)的形式，板底标高为H_g−0.160

▨ 表示预制叠合梁

图 2-71　平面布置图

计算单层预制楼梯的水平投影面积：$3.5 \times 1.905 \times 2 = 13.34$（$m^2$）

计算屋面层及楼梯间出屋面层的预制板的水平投影面积：

$2.16 \times 3.96 \times 3 + 2.56 \times 3.96 \times 4 + 2.86 \times 3.96 \times 3 + 2.63 \times 3.96 \times 2 = 121.02$（$m^2$）

计算屋面层的预制梁的水平投影面积：$(2.4−0.24) \times 0.24 = 0.52$（$m^2$）

该楼预制水平构件的水平投影面积的应用比例：

$[(84.08 + 0.52 + 13.34) \times 3 + 121.02 + 0.52] \div 590.64 = 70.3\%$

得分为 10.3 分。

3. 选取竖向构件，计算应用比例

竖向构件选取时首层框架柱宜现浇，选取的预制柱尽可能截面尺寸相同，根据柱结构施工图，初步选取标高为 3.570～14.370 的 400×600 的框架柱为预制柱（图 2-72），计算其应用比例为

$7 \times 0.4 \times 0.6 \times 3.6 \times 3 \div (7 \times 0.4 \times 0.6 \times 3.6 \times 4 + 2 \times 0.4 \times 0.9 \times 3.6 \times 4) = 52.5\%$，得分为 23.89 分。

4. 选取围护墙和内隔墙，计算应用比例

首层所有围护墙均采用自保温非砌筑墙体、二～四层除楼梯间处围护墙采用玻璃幕墙（即围护墙与保温、隔热、装饰一体化），其他非砌筑围护墙也为自保温。内隔墙采用 ALC 隔墙板，具体范围如下：

首层自保温非砌筑围护墙外表面积：$8 \times (3.6−0.75) + 3.64 \times 1.3 + 7.6 \times (3.6−0.75) + 7.9 \times (3.6−0.75) + 1.8 \times 2 \times (3.6−0.5) + (8+3.64) \times (3.6−0.75) = 116.041$（$m^2$）

二～四层单层自保温非砌筑围护墙外表面积：$7.6 \times (3.6−0.75) + 7.9 \times (3.6−0.75) + 1.8 \times (3.6−0.5) + (8+3.64) \times (3.6−0.75) = 82.929$（$m^2$）

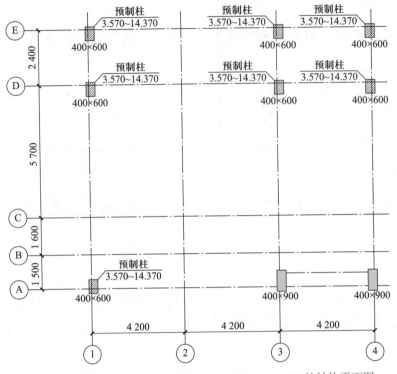

图 2-72　-0.030 ~ 14.370 柱结构平面图

二 ~ 四层玻璃幕墙外表面积:$3.64 \times 3.6 \times 3 = 39.312 (m^2)$

$A_{2a} = 116.041 + 82.929 \times 3 + 39.312 = 404.14 (m^2)$

$q_{2a} = \dfrac{A_{2a}}{A_{w2}} = \dfrac{404.14}{501.28} = 80.62\%$,得分为 5 分。

$q_{2b} = \dfrac{A_{2b}}{A_{w2}} = \dfrac{39.312}{501.28} = 7.8\%$,得分为 0 分。

首层 ALC 内隔墙表面积:$8 \times (3.6 - 0.75) + 7.6 \times (3.6 - 0.75) = 44.46 (m^2)$

二 ~ 四层单层 ALC 内隔墙表面积:$8 \times (3.6 - 0.75) + 7.6 \times (3.6 - 0.75) + 2.16 \times (3.6 - 0.4) + 7.06 \times (3.6 - 0.6) + 8.16 \times (3.6 - 0.3) = 99.48 (m^2)$

$A_{2c} = 44.46 + 99.48 \times 3 = 342.9 (m^2)$

$q_{2c} = \dfrac{A_{2c}}{A_{w3}} = \dfrac{342.9}{552.28} = 62.09\%$,得分 5 分。

5. 选取干式楼、地、墙面,计算应用比例

卫生间的洁具设备全部安装到位,其吊顶采用工厂生产、现场安装的集成式吊顶,地面采用干式工法,卫生间大样图如图 2-73 所示。

由图可知,卫生间的四面墙面全部采用干式工法,则该楼卫生间中墙面、顶面和地面中干式工法的应用比例为 100%,得分 6 分。

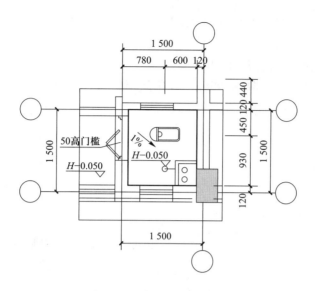

注：——— 表示墙面采用干式工法

图 2-73 卫生间大样

6. 根据评价结果,调整预制部品部件范围,选取最优组合。

综合前述 5 项内容可知,在现有选择的预制部品部件的前提下,得分见表 2-6。

表 2-6 宿舍楼 – 装配式建筑评分表

评价项		评价要求	评价分值	最低分值	实际应用比例	得分	小计
主体结构(Q₁)(50分)	柱、支撑、承重墙、延性墙板等竖向构件	35% ≤比例≤80%	20 ~ 30*	20	52.50%	23.89	34.19
	梁、板、楼梯、阳台、空调板等构件	70% ≤比例≤80%	10 ~ 20*		70.30%	10.3	
围护墙和内隔墙(Q₂)(20分)	非承重围护墙非砌筑	比例≥80/%	5	10	80.62%	5	10
	围护墙与保温、隔热、装饰一体化	50% ≤比例≤80%	2 ~ 5*		—	0	
	内隔墙非砌筑	比例≥50%	5		62.09%	5	
	内隔墙与管线、装修一体化	50% ≤比例≤80%	2 ~ 5*		—	0	
装修和设备管线(Q₃)(30分)	全装修	—	6	6		6	12
	干式工法楼面、地面	比例≥70%	6		—	0	
	集成厨房	70% ≤比例≤90%	3 ~ 6*		—	0	
	集成卫生间	70% ≤比例≤90%	3 ~ 6*		100.00%	6	
	管线分离	50% ≤比例≤70%	4 ~ 6*		—	0	
评价项缺省项(Q₄)	厨房		6				
装配率		59.78%				总分	56.19

149

由表可知该楼的装配率为 59.78%,不能满足 60% 的基本级的要求,应增加预制部品部件,可从以下三个方面入手。

① 围护墙与保温、隔热、装饰一体化。

围护墙采用墙体、保温、隔热、装饰一体化强调的是"集成性",通过集成,满足结构、保温、隔热、装饰要求。此项的围护墙包括承重围护墙与非承重围护墙,该项目为框架结构,故所有的围护墙均为非承重。常见的做法包括玻璃幕墙、三明治外墙、工厂饰面的 ALC 墙等,针对本项目可优先选非承重围护墙非砌筑的部分做成保温、隔热、装饰一体化。

图 2-74　轻钢骨架复合墙体

② 内隔墙与管线、装修一体化。

内隔墙采用墙体、管线、装修一体化强调的是"集成性"。内隔墙从设计阶段就进行一体化集成设计,在管线综合设计的基础上,实现墙体与管线的集成以及土建与装修的一体化。常见的做法包括轻钢骨架复合墙体(图 2-74)、木骨架组合墙体、玻璃隔断、空心挑板(现场先穿管后安装)、非砌筑内隔墙预制线槽等。针对本项目可优先选择非砌筑的内隔墙采用预制线槽、工厂饰面的方法。

③ 干式工法楼、地面。

干式工法楼、地面是指楼层地面的面层施工采用干式工法,特点是现场施工无湿作业。通过架空设计实现管线与主体结构的分离,同时架空地面有良好的隔声性能。

干式工法地面可采用与地暖结合的架空型地板系统,可采用 30～300 mm 的可调节支撑脚进行架空设计,架空层直接安装管线,基层板具有良好的承重能力,面层板接缝采用专用的弹性结构胶粘接,面层板应根据建筑功能需要选择相应材质。架空地板系统设置地面检修口,方便管道检查和维修(图 2-75)。

图 2-75　干式工法楼面

▶ 任务拓展

通过 BIM 手段对装配式建筑等级进行评价。

任务 2.7 预制构件加工图设计

> **任务陈述**

已知某五层装配整体式混凝土框架结构的教学楼,地下一层,地上五层,未设置厨房,上人平屋面,层高为 4.2 m 和 4.25 m,设防烈度 6 度,结构抗震等级三级。预制构件类型有预制柱、预制叠合梁、预制叠合板、预制楼梯。该工程的预制部品部件范围已经明确,要求对各预制部品部件进行加工图设计。

> **知识准备**

1. 预制构件加工图设计的内容及深度要求

(1)预制构件加工图设计概念

在装配式混凝土建筑的结构施工图基础上,综合考虑建筑、设备、装修各专业以及生产、运输、安装等各环节对预制构件的要求,进行预制构件加工图、预制构件布置图设计以及生产、运输和安装方案编制。

(2)预制构件加工图的内容

预制构件加工图一般包括加工图总说明、预制构件平面布置图、构件加工大样图、构件配筋图、设备管线布置图、材料表等。

(3)预制构件加工图的深度要求

加工图总说明的内容应包含工程概况、设计依据、图纸说明、预制构件设计构造、预制构件主材要求、预制构件生产技术要求、预制构件的堆放与运输、现场施工要求。

设计图纸的内容应包含预制构件平面布置图、预制构件装配立面图、构件模板图、构件配筋图。

2. 预制构件主要构造及连接要求

对装配式结构而言,"可靠的连接方式"是第一重要的,是结构安全的最基本保障。装配式混凝土结构连接方式包括钢筋套筒灌浆连接、浆锚搭接连接、后浇混凝土连接、螺栓连接。

钢筋套筒灌浆连接主要用于装配式混凝土结构的剪力墙、预制柱的纵向受力钢筋的连接,也可用于叠合梁等后浇部位的纵向钢筋连接。采用套筒灌浆连接的混凝土构件设计应符合下列规定:

① 接头连接钢筋的强度等级不应高于灌浆套筒规定的连接钢筋强度等级;

② 接头连接钢筋的直径规格不应大于灌浆套筒规定的连接钢筋直径规格,且不宜小于灌浆套筒规定的连接钢筋直径规格一级以上;

③ 构件钢筋插入灌浆套筒的锚固长度不宜小于插入钢筋公称直径的 8 倍;

④ 预制剪力墙中钢筋接头处套筒外侧钢筋的混凝土保护层厚度不应小于 15 mm,预制柱、叠合梁中钢筋接头处套筒外侧箍筋的混凝土保护层厚度不应小于 20 mm;套筒之间的净距不应小于 25 mm。

钢筋浆锚搭接连接适用于较小直径的钢筋（$d \leqslant 20$ mm）的连接,连接长度较大,不适用于直接承受动荷载构件的受力钢筋连接。鉴于我国目前对钢筋浆锚搭接连接接头尚无统一的技术标准,所以对采用此类接头技术的预制构件应进行各项力学及抗震性能的试验验证,并经过相关部门组织的专家论证或鉴定后方可使用。

后浇混凝土连接是装配式混凝土结构中非常重要的连接方式,其中后浇混凝土钢筋连接是后浇混凝土连接节点最重要的环节,后浇混凝土钢筋连接方式可采用现浇结构钢筋的连接方式,主要包括机械螺纹套筒连接、钢筋搭接、钢筋焊接等。

螺栓连接是指用螺栓和预埋件将预制构件与预制构件或预制构件与主体结构进行连接的一种连接方式,属于干式连接,常用于外挂墙板和楼梯等非主体结构构件的连接。

预制混凝土构件与后浇混凝土的接触面须做成粗糙面或键槽面,或两者兼有,以提高混凝土抗剪能力。

3. 预制构件的各种信息数据统计和物料清单的编制

BOM（bill of material）表,也称物料清单。BOM 表是统计预制构件所用物料的统计清单,是指导构件加工厂进行采购、加工、预算等活动的重要依据,可以通过相关软件或人工统计的方法进行编制。

BOM 表的种类繁多,根据构件加工厂的规模、数字化、信息化手段的不同出现了各种各样的符合工厂实际情况的 BOM 表。总的来说,现阶段构件加工厂常用的 BOM 表包含但不限于以下几种。

（1）单构件物料表（表 2-7）

单构件物料表可展示单构件完整物料明细,方便操作人员进行物料的准确挑拣,可显著提高配送效率。

（2）钢筋下料表（表 2-8）

钢筋下料表可展示整个楼栋所需的钢筋明细,工厂可根据此表进行钢筋集约化下料,减少钢筋浪费,提高钢筋下料效率。

表 2-7　单构件物料表

构件总信息						
编号名称	构件编码	所在楼层	此购件在本层的总个数	构件类型		
2F-PCB1		2F	1	预制板		

构件基本信息						
板混凝土尺寸			构件总重 /t	构件含钢量（含损耗）/（kg/m³）	构件不含桁架含钢量（含损耗）/（kg/m³）	混凝土等级
长 /mm	宽 /mm	高 /mm				
2 500	1 700	60	0.637 5	125.46	74.28	C30

构件方量统计							
外轮廓体积	洞口体积 /m³	压槽体积 /m³	企口体积 /m³	键槽体积 /m³	手孔体积 /m³	减重块体积 /m³	保温板体积 /m³
0.255	0	0	0	0	0	0	0
附属圆槽体	附属方槽体积 /m³	附属圆孔体积 /m³	附属方孔体积 /m³				
0	0	0	0				
构件体积	混凝土下料体积 /m³	洞口键槽企口不结算体积 /m³	洞口键槽企口不结算体积 /m³	结算体积 /m³	混凝土生产用体积		
0.255	0.255	0	0	0			

构件钢筋统计明细表							
型号规格	单根长度 /mm	单根加工尺寸（图例）/mm	数量 /根	单根质量 /kg	长度汇总 /mm	质量汇总 /kg	备注
HRB400C8	280	280	8	0.11	2 240	0.88	
HRB400C8	1 880	1880	14	0.74	26 320	10.39	
HRB400C8	2 575	2575	7	1.02	18 025	7.12	

表 2-8　钢筋下料表

1# 楼钢筋下料项目钢筋加工下料表							
型号规格	单根长度 /mm	单根加工尺寸（图例）/mm	数量 /根	单根质量 /kg	长度汇总 /mm	质量汇总 /kg	备注
HRB400C8	280	280	272	0.11	76 160	30.07	
HRB400C8	468	468	8	0.18	3 744	1.48	
HRB400C8	641	641	14	0.25	8 974	3.54	
HRB400C8	768	768	4	0.3	3 072	1.21	
HRB400C8	791	791	2	0.31	1 582	0.62	
HRB400C8	839	839	2	0.33	1 678	0.66	
HRB400C8	968	968	6	0.38	5 808	2.29	
HRB400C8	1 009	正视 40 946	4	0.4	4 037	1.59	
HRB400C8	1 062	1062	18	0.42	19 116	7.55	
HRB400C8	1 630	1630	20	0.64	32 600	12.87	
HRB400C8	1880	1880	420	0.74	788 600	211.8	

（3）构件清单表（表 2-9）

构件清单表可展示整个楼栋各个构件的类型、尺寸、混凝土方量、钢筋信息，可依据此数据实现生产数字化管理。

表 2-9　构件

构件总信息					构件基本信息						
编号名称	所在户型	所在楼层	构件所在的楼层数	此构件在本层的总个数	构件类型	板混凝土尺寸			构件总重/t	构件含钢量(含损耗)/(kg/m³)	构件不含桁架含钢量(含损耗)/(kg/m³)	混凝土等级
						长/mm	宽/mm	高/mm				
2F-PCB1		2F	1	1	预制板	2 500	1 700	60	0.64	125.46	74.28	C30
2F-PCB2		2F	1	1	预制板	3 000	1 700	60	0.76	136.24	84.37	C30
2F-PCB3		2F	1	1	预制板	3 000	1 700	60	0.76	136.24	84.37	C30
2F-PCB4		2F	1	1	预制板	3 000	1 700	60	0.76	135.46	83.59	C30
2F-PCB5		2F	1	1	预制板	3 500	1 700	60	0.87	160.08	107.1	C30
2F-PCB6		2F	1	1	预制板	3 400	2 000	60	1	164.05	104.08	C30
2F-PCB7		2F	1	1	预制板	3 000	1 700	60	0.75	136.81	84.42	C30
2F-PCB8		2F	1	1	预制板	3 000	1 700	60	0.75	136.88	84.49	C30
2F-PCB9		2F	1	1	预制板	3 600	2 200	60	1.17	150.7	96.24	C30
3F-9FPCB1		3F~9F	7	1	预制板	2 500	1 700	60	0.64	125.46	74.28	C30
3F-9FPCB2		3F~9F	7	1	预制板	3 000	1 700	60	0.76	136.24	84.37	C30
3F-9FPCB3		3F~9F	7	1	预制板	3 000	1 700	60	0.76	136.24	84.37	C30
3F-9FPCB4		3F~9F	7	1	预制板	3 000	1 700	60	0.76	135.46	83.59	C30
3F-9FPCB5		3F~9F	7	1	预制板	3 500	1 700	60	0.87	160.08	107.1	C30
3F-9FPCB6		3F~9F	7	1	预制板	3 400	2 000	60	1	164.05	104.08	C30
3F-9FPCB7		3F~9F	7	1	预制板	3 000	1 700	60	0.75	136.81	84.42	C30
3F-9FPCB8		3F~9F	7	1	预制板	3 000	1 700	60	0.75	136.88	84.49	C30
3F-9FPCB9		3P~9F	7	1	预制板	3 600	2 200	60	1.17	150.7	96.24	C30
3F-9FPCB10		3P~9F	7	1	预制板	2 500	1 700	60	0.63	153.97	104.18	C30
10F-14F-PCB1		10F~14F	5	1	预制板	2 500	1 700	60	0.64	125.46	74.28	C30
10F-14F-PCB2		10F~14F	5	1	预制板	3 000	1 700	60	0.76	136.24	84.37	C30
10F-14F-PCB3		10F~14F	5	1	预制板	3 000	1 700	60	0.76	136.24	84.37	C30
10F-14F-PCB4		10F~14F	5	1	预制板	3 000	1 700	60	0.76	135.46	83.59	C30
10F-14F-PCB5		10F~14F	5	1	预制板	3 000	1 700	60	0.75	136.81	84.42	C30
10F-14F-PCB6		10F~14F	5	1	预制板	3 000	1 700	60	0.75	136.88	84.49	C30
10F-14F-PCB7		10F~14F	5	1	预制板	3 500	1 700	60	0.87	160.08	107.1	C30
10F-14F-PCB8		10F~14F	5	1	预制板	3 600	2 200	60	1.17	150.7	96.24	C30
15FPCB1		15F	1	1	预制板	2 500	1 700	60	0.64	125.46	74.28	C30
15FPCB2		15F	1	1	预制板	3 000	1 700	60	0.76	136.24	84.37	C30
15FPCB3		15F	1	1	预制板	3 000	1 700	60	0.76	136.24	84.37	C30

清单表

构件方量统计							钢筋			
外轮廓体积 / m³	洞口体积 / m³	构件体积 / m³	混凝土下料体积 / m³	洞口键槽企口结算用体积 / m³	结算体积 / m³	混凝土生产用体积（含损耗）/ m³	HRB400C8			
							钢筋编号	单根长度	单根质量 / kg	数量 / 根
0.255	0	0.255	0.255	0	0.255	0.262 7	2	2 575	1.02	7
0.306 4	0.002 4	0.304	0.304	0	0.304	0.313 1	2	3 075	1.21	10
0.306 4	0.002 4	0.304	0.304	0	0.304	0.313 1	2	3 075	1.21	10
0.306 4	0.002 4	0.304	0.304	0	0.304	0.313 1	2	3 075	1.21	8
0.356 8	0.007 8	0.349	0.349	0	0.349	0.359 5	2	3 575	1.41	6
0.407 9	0.008 9	0.399	0.399	0	0.399	0.411	2	3 843	1.52	6
0.305 8	0.004 8	0.301	0.301	0	0.301	0.31	2	3 075	1.21	8
0.305 8	0.004 8	0.301	0.301	0	0.301	0.31	2	3 075	1.21	6
0.474 9	0.008 9	0.466	0.466	0	0.466	0.48	2	3 675	1.45	7
0.255	0	0.255	0.255	0	0.255	0.262 7	2	2 575	1.02	7
0.306 4	0.002 4	0.304	0.304	0	0.304	0.313 1	2	3 075	1.21	10
0.306 4	0.002 4	0.304	0.304	0	0.304	0.313 1	2	3 075	1.21	10
0.306 4	0.002 4	0.304	0.304	0	0.304	0.313 1	2	3 075	1.21	8
0.356 8	0.007 8	0.349	0.349	0	0.349	0.359 5	2	3 575	1.41	6
0.407 9	0.008 9	0.399	0.399	0	0.399	0.411	2	3 843	1.52	6
0.305 8	0.004 8	0.301	0.301	0	0.301	0.31	2	3 075	1.21	8
0.305 8	0.004 8	0.301	0.301	0	0.301	0.31	2	3 075	1.21	6
0.474 9	0.008 9	0.466	0.466	0	0.466	0.48	2	3 675	1.45	7
0.255 4	0.002 4	0.253	0.253	0	0.253	0.260 6	2	2 575	1.02	7
0.255	0	0.255	0.255	0	0.255	0.262 7	2	2 575	1.02	7
0.306 4	0.002 4	0.304	0.304	0	0.304	0.313 1	2	3 075	1.21	10
0.306 4	0.002 4	0.304	0.304	0	0.304	0.313 1	2	3 075	1.21	10
0.306 4	0.002 4	0.304	0.304	0	0.304	0.313 1	2	3 075	1.21	8
0.305 8	0.004 8	0.301	0.301	0	0.301	0.31	2	3 075	1.21	8
0.305 8	0.004 8	0.301	0.301	0	0.301	0.31	2	3 075	1.21	6
0.356 8	0.007 8	0.349	0.349	0	0.349	0.359 5	2	3 575	1.41	6
0.474 9	0.008 9	0.466	0.466	0	0.466	0.48	2	3 675	1.45	7
0.255	0	0.255	0.255	0	0.255	0.262 7	2	2 575	1.02	7
0.306 4	0.002 4	0.304	0.304	0	0.304	0.313 1	2	3 075	1.21	10
0.306 4	0.002 4	0.304	0.304	0	0.304	0.313 1	2	3 075	1.21	10

（4）桁架下料表（表 2-10）

桁架下料表可展示板、墙构件所需的桁架信息，提高桁架下料效率，也可以据此表对接机器格式实现钢筋下料自动化。

表 2-10 桁架下料表

型号规格	单根长度/mm	单根加工尺寸（图例）/mm	数量/根	单根质量/kg	长度汇总/mm	质量汇总/kg	备注
A80-2	1 063	1 063	1	1.87	1 063	1.87	
A80-1	1 087	1 087	1	1.91	1 087	1.91	
A80	2 400	2 400	14	4.22	33 600	59.14	
A80	2 900	2 900	60	5.1	174 000	306.24	
A80	3 300	3 300	8	5.81	26 400	46.46	
A80	3 400	3 400	12	5.98	40 800	71.81	
A80	3 500	3 500	12	6.16	42 000	73.92	

（5）物料汇总表（表 2-11）

物料汇总表可展示整个楼所需物料的全部信息，工厂可据此快速核算出项目的物料成本，进而实现对项目的准确报价和成本控制。

表 2-11 物料汇总表

类别	物料名称	规格型号	单位	数量
构件基本信息	外轮廓体积	C30	m³	11.066 3
	洞口体积	C30	m³	0.145 3
	构件体积	C30	m³	10.921
	混凝土下料体积	C30	m³	10.921
	结算体积	C30	m³	10.921
	混凝土生产用体积（含损耗）	C30	m³	11.248 63
	构件重量		t	27.302 5
	构件含钢量（含损耗）		kg/m³	142.619 302 3
	构件不含桁架含钢量（含损耗）		kg/m³	89.681 961 36
钢筋统计	钢筋	HRB400C8	kg	870.83
	钢筋	HRB400C12	kg	80.06

1#楼物料汇总 项目 物料表

类别	物料名称	规格型号	单位	数量
桁架统计	三角桁架	A80	m	316.8
	三角桁架	A80-1	m	1.087
	三角桁架	A80-2	m	1.063

▷ 任务实施

1. 各专业图纸的识读

预制构件加工图的设计是在建筑、结构、设备（水暖电）、装修各专业要求的基础上完成的，因此对各专业的图纸识读是基础。识读的主要内容包括构件尺寸信息、构件配筋信息、构件连接构造做法、预留预埋的尺寸及位置。

2. 各参与方需求的梳理

预制构件加工图的设计需综合生产、运输、安装等各环节对预制构件的要求而进行，因此在进行预制构件加工图设计前需进行各方的协调、沟通。协商的主要内容包括工厂生产工艺（立模或躺模）、工厂吊点形式、施工总包预留泵送孔、预留放样孔的位置及尺寸、塔吊布置、外挑防护架施工工艺等。

3. 对预制构件加工图进行设计

（1）预制构件平面布置图、立面布置图的设计

绘制轴线，轴线总尺寸（或外包总尺寸），轴线间尺寸（柱距、跨距）、预制构件与轴线的尺寸、现浇带与轴线的尺寸、门窗洞口的尺寸；当预制构件种类较多时，宜分别绘制竖向承重构件平面图、水平承重构件平面图、非承重装饰构件平面图、屋面层平面图、预埋件平面布置图；预制构件部分与现场后浇部分应采用不同图例表示。

竖向承重构件平面图应标明预制构件（剪力墙内外墙板、柱、PCF板）的编号、数量、安装方向、预留洞口位置及尺寸、转换层插筋定位、楼层的层高及标高（图 2-76）。

水平承重构件平面图应标明预制构件（叠合板、楼梯、阳台、空调板、梁）的编号、数量、安装方向、楼板板底标高、叠合板与现浇层的高度、预留洞口定位及尺寸、机电预留定位（图 2-77）。

埋件平面布置图应标明埋件编号、数量、埋件定位、详图索引（图 2-78）。

预制构件立面装配图应绘制预制构件立面布置的位置、编号和层高线（图 2-79）。

（2）预制构件模板图和配筋图的设计

预制混凝土构件模板图应表达预制构件的外形、尺寸；使用、制作、施工所有阶段需要的预埋螺母、螺栓、吊点、线盒、套管等预埋件位置、尺寸；粗糙面及模板面的部位与要求；键槽的部位与详图（图 2-80）。

预制混凝土构件配筋图应表达预制构件中所含钢筋的直径、定位和长度；桁架钢筋的形式、直径和排布定位；外伸钢筋的锚固形式及避让弯折要求；套筒位置、详图、箍筋加密详图、套筒部位箍筋加工详图（图 2-81）。

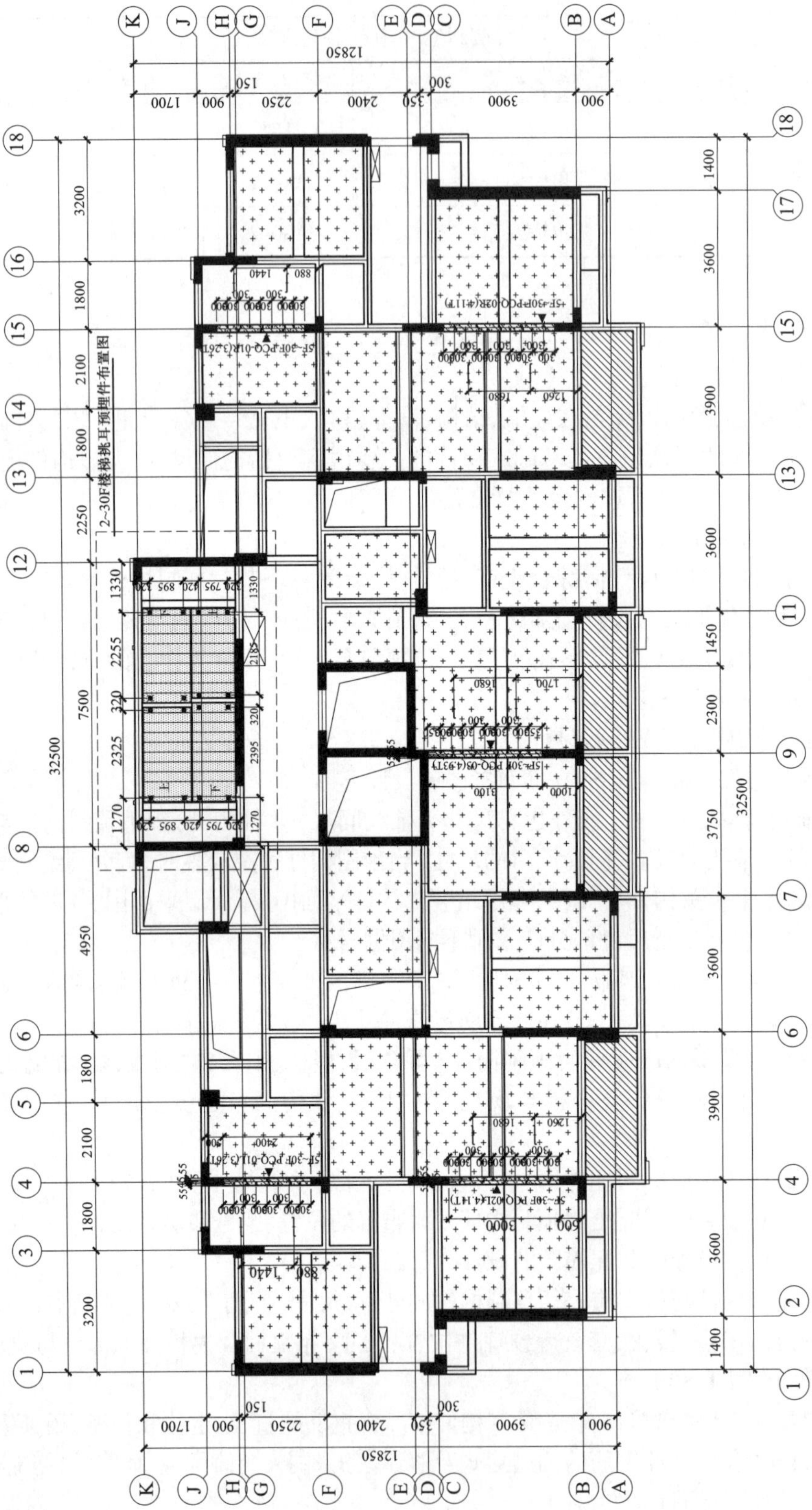

图 2-76　5～30F 预制墙平面布置图

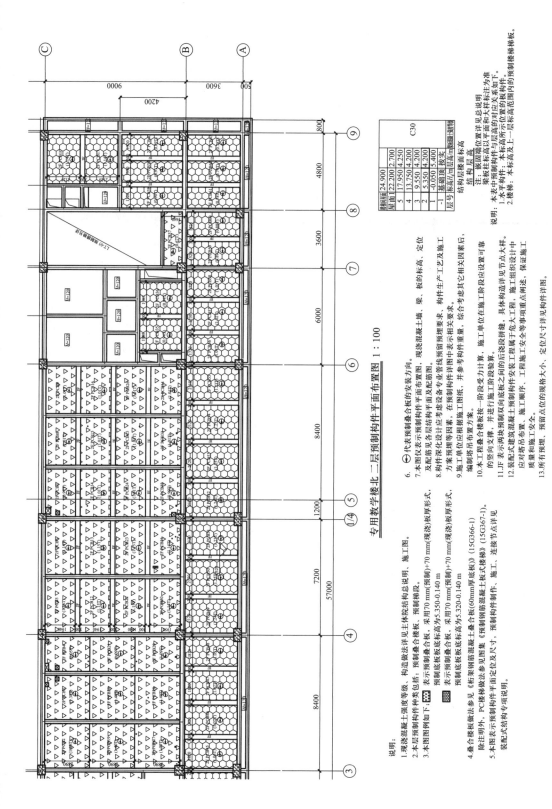

专用教学楼北二层预制构件平面布置图 1：100

结构屋面 24.900

层号	标高/m	层高/m
屋面 1	22.200	2.700
5	17.950	4.250
4	13.750	4.200
3	9.550	4.200
2	5.350	4.200
1	-0.050	5.400
-1		基础顶面接地

结构层楼面标高

注：嵌固端位置详见总说明
梁板标高以平面图和大样标注为准
层号与生产工艺及施工
基础顶面接地

说明：本表中预制构件与层高的对应关系如下。
1. 水平构件：本标高为：本标高及上一层标高范围内的预制楼板/m/叠合楼板。
2. 楼梯：本标高为：本标高及上一层标高范围内的预制楼梯/m/叠合楼梯板。

说明：
1. 现浇混凝土强度等级、构造做法详见主体院主体结构总说明、施工图。
2. 本层预制构件种类包括：预制叠合楼板、施工梯段。预制梯段。
3. 本层预制图例如下：
   表示预制叠合楼板，采用70 mm(预制)+70 mm(现浇)板厚形式，预制底板板底标高为5.350-0.140 m。
   表示预制叠合楼板，采用70 mm(预制)+70 mm(现浇)板厚形式，预制底板板底标高为5.320-0.140 m。
   ▨ 表示其它预制叠合楼板，预制底板板底标高及定位尺寸见专项说明。
4. 叠合楼板做法参见《桁架钢筋混凝土叠合板(60mm厚底板)》(15G366-1)。
   除注明外，PC楼梯做法参见图集《预制钢筋混凝土板式楼梯》(15G367-1)。
5. 本图表示预制构件平面定位尺寸。预制构件制作、施工、连接节点及尺寸详见装配式结构专项说明。
6. ⊕代表预制叠合板的安装方向。
7. 本图仅表示预制构件平面布置图，现浇混凝土墙、梁、板的标高、定位及配筋详见各层结构平面布置图及配筋图。
8. 构件深化设计应考虑建设预留预埋等要求、构件生产工艺及施工方案预埋等因素，在预制构件详图中表示相关要求。
9. 本图预埋件、并参考其它相关因素，根据施工图图纸。并参考其它相关因素。施工单位应根据实际情况进行深化，编制塔吊布置方案。
10. 本工程叠合楼板按一阶段受力计算。施工单位在施工阶段配置可靠的竖向支撑，并进行施工阶段验算。
11. JF 表示现浇叠合板双向板缝于后浇混凝土的后浇带区域，具体构造详见大样图。
12. 装配式建筑混凝土预制构件安装工程属于危大工程，施工组织设计中应对塔吊布置、施工顺序、工程施工安全等事项重点阐述，保证施工质量和施工安全。
13. 所有预制构件预留预埋、预留点位的规格大小、定位尺寸详见构件详图。

图2-77 平面布置图

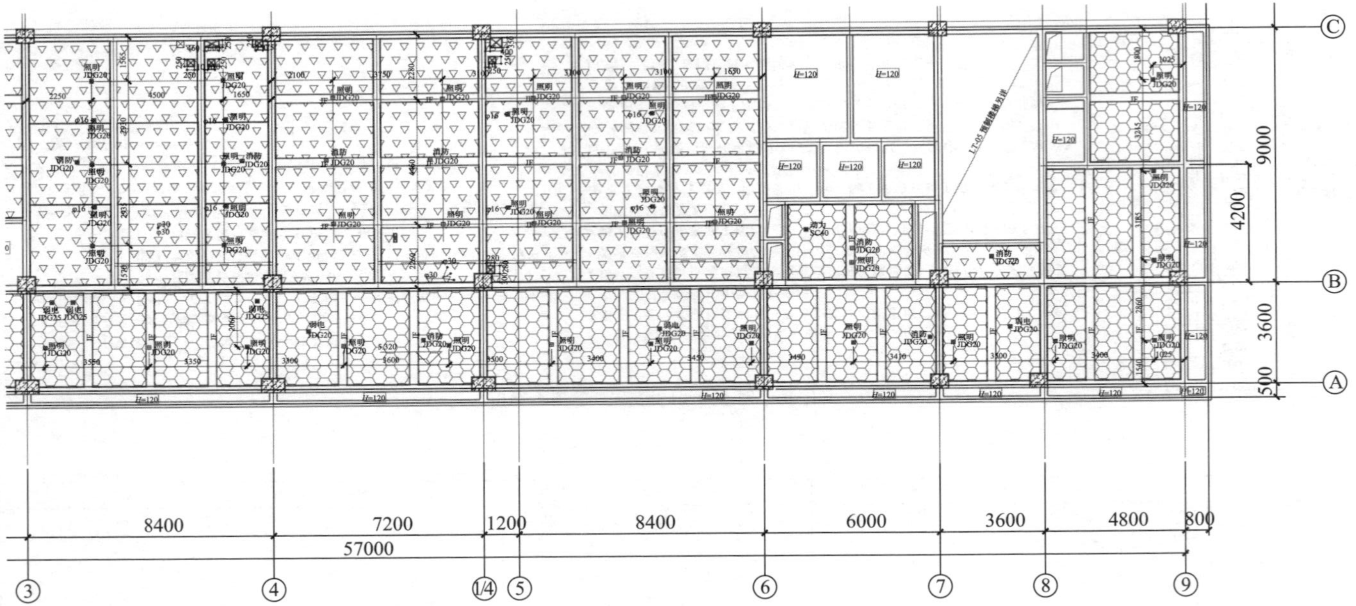

专用教学楼北 二层预留预埋平面示意图 1∶100

图例说明：
照明 JDG20 XH1　预留金属线盒1，接DN20锁母，据电气施工图照明专业点位预留
动力 JDG20 XH1　预留金属线盒1，接DN20锁母，据电气施工图动力专业点位预留
照明 SC20 XH2　预埋金属线盒2，接DN25锁母，据电气施工图照明专业点位预留
动力 SC32 XH3　预埋金属线盒3，接DN40锁母，据电气施工图动力专业点位预留
动力 SC40 XH4　预埋金属线盒4，接DN50锁母，据电气施工图动力专业点位预留
消防 JDG20 XH5　预埋金属线盒5，接DN20锁母，据电气施工图消防专业点位预留
消防 JDG25 XH6　预埋金属线盒6，接DN25锁母，据电气施工图消防专业点位预留
弱电 JDG20 XH7　预埋金属线盒7，接DN20锁母，据电气施工图弱电专业点位预留
弱电 JDG25 XH8　预埋金属线盒8，接DN25锁母，据电气施工图弱电专业点位预留
φ16 $\phi16$　预留$\phi16$电扇吊钩安装用圆洞
φ30 $\phi30$　预留$\phi30$电气下引线管洞口
☒表示立管后封预留洞(洞内钢筋均不断，若因现场安装将钢筋剪断，切断钢筋补强节点详总说明)
表示永久洞口(洞内断开)

说明：

1. 此图纸仅表达预制板部分点位预留预埋平面图纸，现浇部位点位施工图需结合建筑、结构、水电平面图纸。
2. 所有现浇部分尺寸、配筋及定位均按原结构图纸施工，施工前需仔细核对，确保各尺寸、定位无误。
3. 注明“现场焊接”的加强筋需在现场进行焊接，具体做法详见总说明“后浇带加强筋焊接节点”。

图 2–78　平面示意图

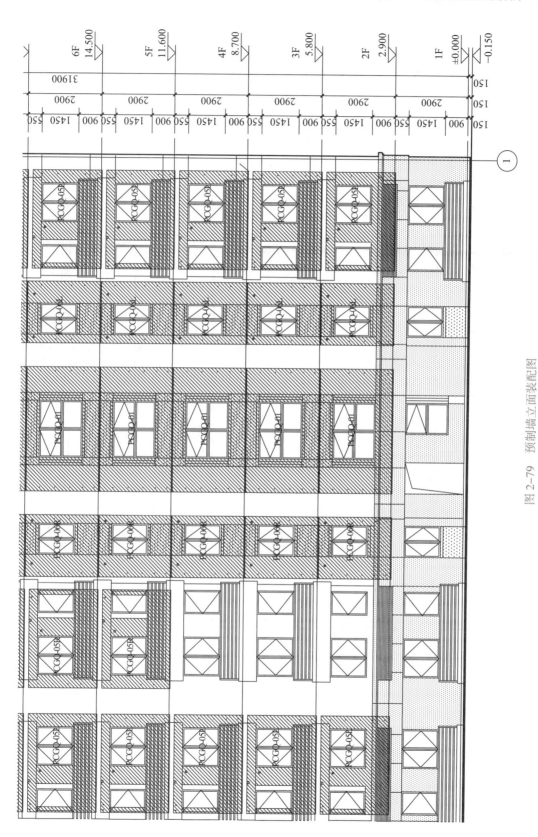

图 2-79 预制墙立面装配图

161

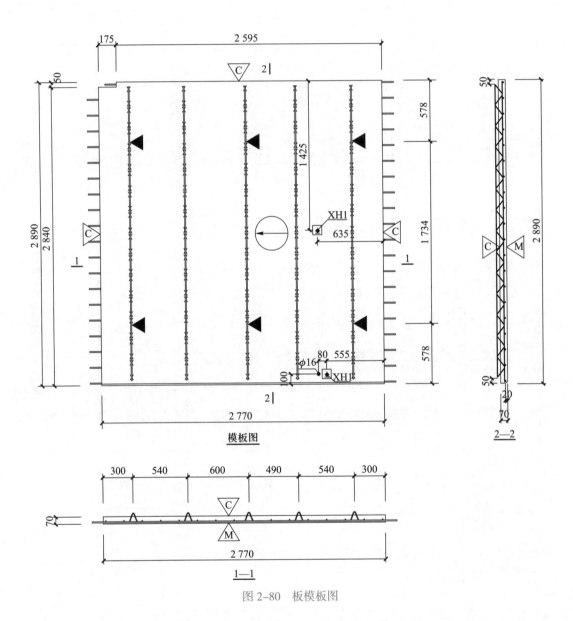

图 2-80　板模板图

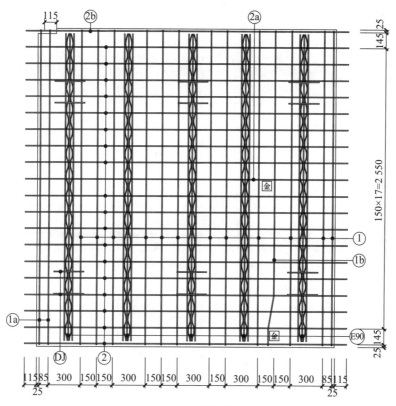

图 2-81 板配筋图

预制混凝土构件信息表应表达构件信息表、埋件信息表、配筋表见表 2-12 ~ 表 2-14。

表 2-12 配 筋 表

钢筋编号	钢筋规格	钢筋加工尺寸（设计方交底后方可生产）	单根长/mm	总长/mm	总质量/kg	备注
①	12C8	2 860	2 860	34 320	13.55	
①a	2C8	2 810	2 810	5 620	2.22	
①b	1C8	141 53 318 2 401	2 864	2 864	1.13	
②	18C8	3 000	3 000	54 000	21.32	
②a	1C8	俯视 −3 120 −3 2176 14 14 676	3 001	3 001	1.18	
②b	1C8	2 825	2 825	2 825	1.12	
DJ	12C8	280	280	3 360	1.33	
合计:					41.85	

2F PCB2 桁架表					
桁架钢筋规格	道数	单道长度 / mm	单根质量 / kg	总长 /mm	总质量 /kg
Ⓔ90	5	2 790	5	13 950	22.74
合计:					22.74

表 2-13　构件信息表

2F PCB2 基础表						
底板 编号	底板厚 / mm	叠合层厚 / mm	实际板跨 / mm	实际板宽 / mm	混凝土体积 / m³	底板自重 / t
2F PCB2	70	70	2 770	2 890	0.56	1.4

2F PCB2 构件表						
所在 楼层	层数 （层）	标高段	混凝土 强度	件数 / 层	件数	备注
2F	1	5.350	C30	1	1	备注：该 PC 构件制作数量，另需仔细核对各层结构平面图、建筑平面图以及预制构件布置平面图无误后才可下料生产
合计:					1	

表 2-14　埋件信息表

2F PCB2 附件表					
编号	名称	规格	数量	单位	备注
XH1	金属线盒 1	H=100	2	个	加高型 86 线盒,高度 100,底盒可拆卸,侧边预留孔可接 DN20 锁母

（3）根据各专业及各参与单位的需求对预留预埋等附属物的设计

非结构专业的内容：与 PC 构件有关的建筑、水电暖设备等专业的要求及生产、运输、安装等各环节对预制构件的要求必须一并在预制构件加工图中给出,包括（不限于）：门窗安装构造；夹芯保温构件的保温层构造与细部要求；防水构造；防火构造要求；防雷引下线埋设构造；装饰一体化构造要求；外装幕墙构造；机电设备预埋管线、箱槽、预埋件等。

（4）构件的吊装、运输和堆放设计

① 吊点位置设计原则。吊点位置的设计须考虑四个主要因素：受力合理；重心平衡；与钢筋和其他预埋件互不干扰；制作与安装便利。

② 柱子吊点。柱子安装吊点和翻转吊点共用,设在柱子顶部。断面大的柱子一般设置

4 个吊点,也可设置 3 个吊点。断面小的柱子可设置 2 个或 1 个吊点。该项目预制柱子尺寸为 500 mm × 600 mm,柱顶设置了 2 个吊点。

除要求四面光洁的清水混凝土柱子是立模制作外,绝大多数柱子都是在模台上"躺着"制作,堆放、运输也是平放,柱子脱模和吊运共用吊点,设置在柱子侧面,采用内埋式螺母,便于封堵,痕迹小。两个或两组吊点时(图 2-82),柱子脱模和吊运按带悬臂的简支梁计算;多个吊点时(图 2-82),可按带悬臂的多跨联系梁计算。该项目预制柱采用躺模,相邻边各设置两个吊点。

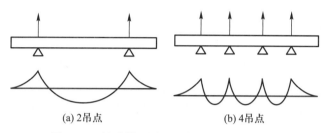

(a) 2 吊点　　　　　　　　(b) 4 吊点

图 2-82　柱脱模和吊运吊点位置及计算简图

③ 梁吊点。梁不用翻转,安装吊点、脱模吊点与吊运吊点为共用吊点。边缘吊点距梁端距离应根据梁的高度和负弯矩筋配置情况经过验算确定,且不宜大于梁长的 1/4。本项目的预制梁边缘吊点距梁端距离取梁长的 1/5。

梁只有两个吊点(两组)吊点时,按照带悬臂的简支梁计算;多个吊点时,按带悬臂的多跨连系梁计算。位置与计算简图与柱脱模吊点相同。本项目的预制梁设置 4 个吊点。

④ 楼板吊点。楼板不用翻转,安装吊点、脱模吊点与吊运吊点为共用吊点。楼板吊点数量和间距根据板的厚度、长度和宽度通过计算确定。

国家 PC 叠合板标准图集,跨度是 3.9 m 以下、宽 2.4 m 以下的板,设置 4 个吊点;跨度为 4.2 ~ 6 m、宽 2.4 m 以下的板,设置 6 个吊点。

边缘吊点距板的端部不宜过大。长度小于 3.9 m 的板,悬臂段不大于 600 mm;长度为 4.2 ~ 6 m 的板,悬臂段不大于 900 mm。

4 个吊点的楼板可按简支板计算;6 个以上吊点的楼板计算可按无梁板,用等代梁经验系数法转换为连续梁计算。

⑤ 楼梯吊点。本项目的预制楼梯采用立模制作,立模制作的楼梯脱模吊点在楼梯板侧边,可兼做翻转吊点和吊运吊点。安装吊点有两种情况:如果楼梯两侧有吊钩作业空间,安装吊点可以设置在楼梯两个侧边;如果楼梯两侧没有吊钩作业空间,安装吊点须设置在表面;本项目的安装吊点选择第二种。

⑥ 堆放、运输设计。PC 构件脱模后,要经过质量检查、表面修补、装饰处理、场地堆放、运输等环节,设计须给出支承要求,包括支承点数量、位置、构件是否可以多层堆放,可以堆放几层等。设计师给出构件支承点位置需进行结构受力分析,最简单的办法是吊点对应的位置做支承点。

水平堆放的构件有楼板、墙板、梁、柱、楼梯板、阳台板等。大多数构件可以多层堆放,多层堆放的原则是:支承点位置经过验算;上下支承点对应一致;一般不超过 6 层。

墙板可采用竖向堆放方式,少占场地。也可在靠放架上斜立放置。竖直堆放和斜靠堆放,垂直于板平面的荷载为零或很小,但也应以水平堆放的支承点作为隔垫点。

（5）BIM 技术的应用

BIM 是一种应用于工程设计、建筑和管理过程的数据化工具,它通过参数模型整合项目的各种相关信息,BIM 具有三维可视化、协调性、模拟性、优化性、输出性等特点。装配式建筑的装配式特性特别强调各个环节各个部件之间的协调性,BIM 的应用会为预制混凝土构件加工图设计带来极大的便利,避免或减少"撞车"、疏漏现象。

目前应用于预制混凝土构件深化设计的软件主要有 PKPM-PC、YJK-AMCS、Plan-bar、BeePC 等。

本项目采用 BeePC 软件进行预制混凝土构件加工图设计。

4. 编制物料清单表

本项目的预制构件类型有预制板、预制梁、预制柱、预制楼梯。根据工厂的需求编制相应的物料清单表,分别有:

该楼的钢筋下料表（包含型号规格、单根长度、单根加工尺寸、数量、单根重量、长度汇总、重量汇总）;

该楼的物料汇总表（包含钢筋 kg、桁架 m、混凝土 m³、附属构件规格及数量）;

各构件的构件信息表、配筋表、桁架统计表（板）、预埋件统计表。

> **任务拓展**

采用 BIM 方法进行预制构件加工图的设计并编制物料清单表。

小结

本项目主要介绍了预制构件加工图的概念、内容及深度要求,并详细介绍了预制构件的物料清单的编制。从装配式建筑评价的影响因素、预制构件的规格和连接节点对装配式建筑评价结果的影响等方面详细介绍了装配式建筑评价的实质及内涵。结合工程实例,介绍了影响装配式建筑评价的三大系统（主体结构、围护墙和内隔墙系统、装修和设备管线系统）的计算方法及实现的常用的做法,并对指定预制构件进行加工图设计,让读者了解预制构件加工图设计的流程,熟悉预制构件深化设计,并理解预制构件加工图的内容。

习题

一、单项选择题

1. 根据《装配式建筑评价标准》（ GB/T 51129—2017),对建筑的装配化程度进行评价依据的指标是（　　）。

　A. 预制率　　　　　　　　　　　　B. 装配率

　C. 预制率和装配率　　　　　　　　D. 以上答案都不是

2. 以下关于装配率的说法正确的是（　　　　）。

A. 建筑构件、建筑部品的数量占同类构件或部品总数量的比率

B. 建筑构件、建筑部品的面积占同类构件或部品面积的比率

C. 单体建筑室外地坪以上的主体结构、围护墙和内隔墙、装修和设备管线等采用预制部品部件的综合比例

D. 装配率就是预制率

3. 以下关于装配式建筑的说法不妥的是（　　　　）。

A. 装配式建筑是一个系统工程

B. 装配式建筑是由预制部品部件在工地装配而成的建筑

C. 装配式建筑包括装配式混凝土建筑、装配式钢结构建筑、装配式木结构建筑及装配式混合结构建筑

D. 装配式建筑是仅涉及主体结构的装配

E. 装配式建筑是指采用以标准化设计、工厂化生产、装配化施工、一体化装修和信息化管理等为主要特征的工业化生产方式建造的建筑

4. 下列哪项不属于装配式建筑的必要条件（　　　　）。

A. 主体结构部分的评价分值不低于 20 分

B. 围护墙和内隔墙部分的评价分值不低于 10 分

C. 装配率不低于 50%

D. 主体结构竖向构件中预制部品部件的应用比例不低于 35%

5. 以下关于集成厨房和集成卫生间说法有误的是（　　　　）。

A. 集成厨房指的是地面、吊顶、墙面、橱柜、厨房设备及管线等通过设计集成、工厂生产，在工地主要采用干式工法装配而成的厨房

B. 当各楼层厨房中的橱柜、厨房设备等全部安装到位时，即可认定为采用了集成厨房

C. 集成厨房和集成卫生间的设计应按照标准化、系列化原则，并符合干式工法施工的要求

D. 集成厨房和集成卫生间是装配式建筑装饰装修的重要组成部分

6. 预制剪力墙板之间宽度不大于（　　　　）mm 的竖向现浇段和高度不大于（　　　　）mm 的水平后浇带、圈梁的后浇混凝土体积，可计入预制混凝土体积。

A. 600，300　　　　　　　　　　　　B. 300，600

C. 300，300　　　　　　　　　　　　D. 600，600

7. 预制楼板、屋面板间宽度不大于（　　　　）mm 的后浇混凝土，可计入预制混凝土的水平投影面积。

A. 250　　　　　B. 600　　　　　C. 450　　　　　D. 300

8. 以下装配式混凝土结构连接方式属于干式连接的是（　　　　）。

A. 钢筋套筒灌浆连接　　　　　　　　B. 浆锚搭接连接

C. 后浇混凝土连接　　　　　　　　　D. 螺栓连接

9. 预制构件加工图设计时不需要考虑的专业是（　　　　）。

A. 建筑　　　　　　　　　　　　　　B. 岩土

C. 结构　　　　　　　　　　　　　　D. 设备

10. 预制构件加工图设计不需要考虑的环节是（　　　）。

A. 生产　　　　　　　　　　　　　　B. 运输

C. 安装　　　　　　　　　　　　　　D. 验收

11. 预制构件模板图表达的内容不包括（　　　）。

A. 预制构件的外形、尺寸

B. 钢筋的形状

C. 粗糙面及模板面的部位与要求，键槽的部位与详图

D. 预埋件位置、尺寸

12. 预制构件配筋图表达的内容不包括（　　　）。

A. 钢筋的直径、定位和长度

B. 外伸钢筋的锚固形式及避让弯折要求

C. 构件安装符号

D. 套筒位置、详图、箍筋加密详图、套筒部位箍筋加工详图

13. 预制构件加工图设计的物料清单又称（　　　）。

A. 构件信息表　　　　　　　　　　　B. 材料表

C. BOM 表　　　　　　　　　　　　　D. 钢筋表

14. 预制构件节点及接缝处后浇混凝土强度等级不应低于预制构件的混凝土强度等级，一般预制构件混凝土强度等级不低于（　　　）。

A. C20　　　　　　　　　　　　　　B. C25

C. C30　　　　　　　　　　　　　　D. C40

15. 在装配整体式框架结构中，当采用叠合梁时，框架梁的后浇混凝土叠合层厚度不宜小于（　　　）mm，非框架梁的后浇混凝土叠合层厚度不宜小于（　　　）mm。

A. 150　120　　　　　　　　　　　B. 120　130

C. 150　130　　　　　　　　　　　D. 130　120

16. 当采用桁架钢筋混凝土叠合板时，桁架钢筋距板边不应大于（　　　）mm，间距不宜大于（　　　）mm。

A. 300，600　　　　　　　　　　　B. 300，500

C. 250，600　　　　　　　　　　　D. 250，500

17. 当房屋高度大于 12 m 或层数超过 3 层时，预制柱的纵向钢筋连接宜采用（　　　）。

A. 机械连接　　　B. 焊接连接　　　C. 绑扎连接　　　D. 套筒灌浆连接

18. 当采用套筒灌浆连接时，预制剪力墙、预制柱自套筒底部至套筒顶部并向上分别延伸（　　　）mm 范围内应加密。

A. 500，300　　　　　　　　　　　B. 300，500

C. 200，500　　　　　　　　　　　D. 500，200

二、简答题

1. 简述预制加工图的内容和深度要求。

2. 简述预制构件的粗糙面、键槽的设置要求。

3. 简述装配式建筑评价的三大体系。

4. 简述三大体系中各评价项的应用比例的计算。

项目 6　设　计　协　同

学习目标

任务	知识目标	能力目标
设计协同	1. 掌握平面标准化、部品部件标准化和节点标准化的内容及基本做法。 2. 了解构件的生产、运输、堆放、安装和验收的相关要求。 3. 了解协同设计及信息化技术的相关知识。 4. 掌握专项设计中的 BIM 技术	1. 能够在设计中应用平面标准化、部品部件标准化和节点标准化的做法。 2. 能够在设计中考虑构件的生产、运输、堆放、安装和验收的要求。 3. 能够应用协同设计及信息化技术。 4. 能够运用 BIM 技术进行专项设计

项目概述（重难点）

某县政务新区的政府公共服务用地内,西侧紧临县政府,规划用地面积 36 153 m²。该地块地理环境优美,地块周边交通方便,且政府服务监管便捷。项目用地性质是住宅及配套建设用地,该地块分为两期可建设用地。其中,一期已建社区办公、社区活动中心。二期用地分为 1# 地块和 2# 地块,2# 地块为住宅用地,拟建设装配式住宅项目。

重点:装配式建筑标准化设计、BIM 技术的应用。

难点:装配式建筑平面标准化、部品部件标准化和节点标准化设计方法;协同设计。

任务 2.8　完成基于 BIM 的装配式建筑协同设计

> ### 任务陈述

拟在 2# 地块建设某装配式住宅项目,规模 8 000 ~ 12 000 m²,建筑设计使用年限 50 年,依据建筑功能及相关规范,配建配建适当地面停车位(地下停车库及人防设施已在一期考虑)。抗震设防烈度 8 度(0.2 g),装配整体式剪力墙结构,结构采用混凝土结构材料。装配率应依据《装配式建筑评价标准》(GB/T 51129—2017)进行计算,需要达到装配式建筑评价的要求。负责该项目设计师需应用平面标准化、部品部件标准化和节点标准化的做法,运用BIM 技术软件,完成协同设计等任务。

> ### 知识准备

1. 装配式建筑设计流程

在装配式建筑设计过程中,可将设计工作环节细分为以下五个阶段:技术策划阶段、方案策划阶段、初步设计阶段、施工图设计阶段及构件加工图设计阶段,如图 2-83 所示。

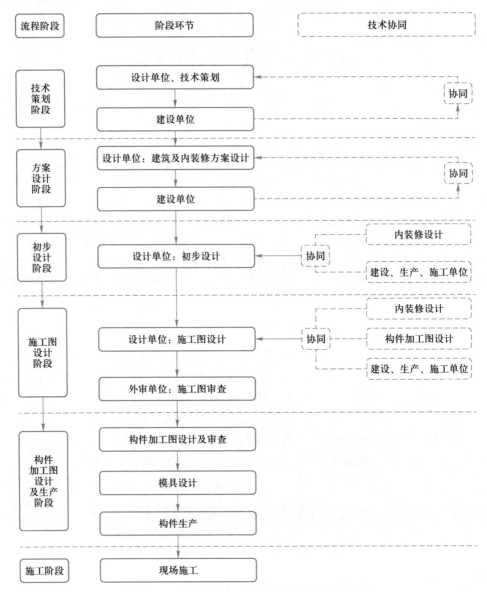

图 2-83　装配式混凝土剪力墙结构住宅设计流程

（1）技术策划阶段

前期技术策划对装配式建筑的实施起到十分重要的作用,设计单位应在充分了解项目定位、建设规模、产业化目标、成本限额、外部条件等影响因素的情况下,制订合理的技术路线,提高预制构件的标准化程度,并与建设单位共同确定技术实施方案,为后续的设计工作提供设计依据。

（2）方案策划阶段

根据装配式建筑方案策划阶段通用化、模数化、标准化的设计要求,以少规格、多组合的原则,实现建筑及部品部件的系列化和多样化,减少构件种类,提高模板的重复使用率,有利于构件的生产制造与施工以及提高生产速度和工人的劳动效率,从而降低成本。

采用 BIM 建筑设计软件完成装配式建筑方案设计过程中,已考虑建筑主体结构、建筑内装修及内部部品等相互间的尺寸协调。模数的采用及模数的协调应符合部件受力合理、

170

生产简单、优化尺寸和减少部件种类等要求。

（3）初步设计阶段

装配式建筑初步设计是在方案设计基础上，深化各专业设计内容。

结构专业需完成结构分析计算、构件拆分、钢筋设计。

设备与管线系统设计应提供设计合理并且系统完整的机电各专业 BIM 模型，设备构件准确布置与连接，各专业管线正确连接，完成水暖电各专业计算，并根据计算结果完成管道管径校核及调整。在完成本专业设计同时，应通过 BIM 系统实现与其他专业的协同设计，通过管线综合和碰撞检测实现设计优化，机电管道的开洞及预埋信息可提供给建筑、结构，以实现自动开洞和管线预埋。

（4）施工图设计阶段

在各专业完成初步设计后，通过 BIM 集成各专业设计成果，各专业调整设计方案，细化构件拆分和连接内容，完成预制率统计和施工图设计。通过 BIM 模型可按照设计要求生成结构模板图、梁板柱墙配筋图、装配式结构梁板及墙柱平面布置图的输出。各类施工图中将标识采用的标准构件型号。

（5）构件加工图设计阶段

通过 BIM 系统可很好地实现建筑、结构和设备机电等各专业信息集成，并满足构件生产、运输、安装等各环节综合要求，实现装配式建筑一体化和精细化设计目标。

对已拆分好的预制构件 BIM 模型结合几何造型要求、节点钢筋连接要求、生产工艺要求和施工安装要求等进行参数详细调整；完成调整后应基于 BIM 模型对所有预制构件进行钢筋的碰撞检查及避让处理，确保预制构件及钢筋无冲突情况发生；在 PC 构件 BIM 模型上直接布置辅助脱模、吊装、安装等预埋件，进行短暂工况验算；通过 BIM 协同系统获取各专业提资条件，针对机电、精装等预留条件完成装配式预制构件的开洞设置。布置的各类配件可直接选用标准部品部件库中的配件。装配式建筑深化设计阶段最终 BIM 模型应达到面向生产需要的精细程度。

基于 BIM 模型完成装配率统计、标准化率统计、预制构件清单与物料清单，自动生成各类预制构件加工详图，构件加工详图与构件 BIM 模型可对应调整，实现图模一致。

2. 建筑设计

根据《装配式住宅建筑设计标准》（JGJ/T 398—2017）规定，装配式住宅建筑设计应满足标准化与多样化要求，以少规格多组合的原则进行设计，应包括下列内容：

① 建造集成体系通用化；

② 建筑参数模数化和规格化；

③ 套型标准化和系列化；

④ 部件部品定型化和通用化。

模数协调的概念及作用：模数协调是指以基本模数或扩大模数实现尺寸及安装位置协调的方法和过程。工业化生产和部品集成必须建立统一的模数标准。装配式住宅建筑设计应遵循模数协调原则，并应符合现行国家标准《建筑模数协调标准》（GB/T 50002—2013）的有关规定。

模数和模数协调在装配式住宅中非常重要，通过建筑模数不仅能协调预制构件与构件之间、住宅部品与部品之间以及预制构件与住宅部品之间的尺寸关系，减少、优化部件或组合件的尺寸，使设计、生产、安装等环节的配合简单、精确，基本实现土建、机电设备和装修的"集成"和大部分装修部品部件的"工厂化制造"。而且还能在预制构件的构成要素（如钢筋网、预埋管线、点位等）之间形成合理的空间关系，避免交叉和碰撞。

结合实践经验，同时为满足实际工程设计的实用性要求，推荐按模数数列进行平面尺寸控制。

文本

拓展阅读：2-33

（1）总平面设计

总平面设计相关内容详见二维码"拓展阅读：2-33"。

（2）平面设计

装配式凝土剪力墙结构住宅平面设计应遵循模数协调原则，优化套型模块的尺寸和种类，实现住宅预构件和内装部品的标准化、系列化和通用化，完善住宅产业化配套应用技术，提升工程质量，降低建造成本。

在方案设计阶段应对住宅空间按照不同的使用功能进行合理划分，结合设计规范、项目定位及产业化标等要求，锁定套型模块及其组合形式。

装配式凝土力墙结构住宅宜采用套型模块的多样化组合形式，如图 2-84 所示。

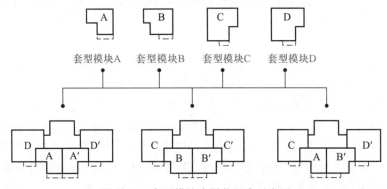

图 2-84　套型模块多样化组合示意图

选用大空间的平面布局方式，合理布置承重墙及管井位置，实现住宅空间的灵活性、可变性，套内各功能分区明确，布局合理。

居住建筑的装配式标准化设计除同传统的住宅设计一样采用户型、单元组合的设计方式之外，通常还采用模块化组合的方式。通过构件、部品构成基本的模块，通过模块化组合构成套型单元。模块在住宅设计中一般由"标准模块""可变模块""核心筒模块"构成。可利用 BIM 建立的标准户型库和标准构件库，通过组合少数的基本户型单元形成多样化的建筑平面，利用标准化 BIM 模型完成装配式整体式厨卫设计、室内装饰和家具布置，如图 2-85 所示。

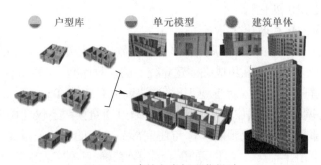

图 2-85　建筑方案标准化设计

开间进深模数化、标准化详见二维码"拓展阅读：2–34"。

（3）立面设计

立面设计相关内容见二维码"拓展阅读：2–35"。

文本

拓展阅读：2-34

（4）预制构件设计

装配式住宅建筑设计应满足部件生产、运输、存放、吊装施工等生产与施工组织设计的要求。

预制构件设计应充分考虑生产的便利性、可行性及成品保护的安全性。当构件尺寸较大时，应增加构件脱模及吊装用的预埋吊点的数量。

文本

拓展阅读：2-35

预制件的设计应遵循标准化、模数化原则。应尽量减少构作类型，提高构件标准化程度，降低工程造价。对开洞多、异形、降板等复杂部位可进行具体设计。注意预制构件重量及尺寸，综合考虑项目所在地区构加工生产能力及运输、吊装等条件。

① 预制外墙板应根据不同地区的保温隔热要求选择适宜的构造，同时考虑空调留洞及散热器安装预埋件等安装要求。

② 非承重内墙宜选用自重轻、易于安装、拆卸且隔声性能良好的隔墙板等。可根据使用功能灵活分隔室内空间，非承重内墙板与主体结构的连接应安全可靠，满足抗震及使用要求。

③ 用于厨房及卫生间等潮湿空间的墙体面层应具有防水、易清洁的性能，内隔墙板与设备管线、卫生洁具、空调设备及其他构配件的安装连接应安全可靠，满足抗震及使用要求。

④ 装配式混凝土剪力墙结构住宅的楼盖宜采用叠合楼板，结构转换层、平面复杂或开间较大的楼层，作为上部结构嵌固部位的地下室楼层宜采用现浇楼盖，楼板与楼板、楼板与墙体间的接缝应保证结构安全性。

⑤ 叠合楼板应考虑设备管线、吊顶、灯具安装点位的预留、预埋，以满足设备专业的要求。

⑥ 空调室外机搁板宜与预制阳台组合设置。阳台应确定栏杆留洞、预埋线盒、立管留洞、地漏等的准确位置。

⑦ 预制楼梯应确定扶手栏杆的留洞及预埋，楼梯路面的防滑构造应在工厂预制时一次成型，且采取成品保护措施。

（5）构造节点设计

按照等同现浇原则通过合理的连接节点与构造，保证构件的连续性和结构的整体稳固性，使结构具有必要的承载能力、刚性和延性，以及良好的抗风、抗震和抗偶然荷载的能力。

① 节点应满足"强剪弱弯，更强节点"的设计理念，满足耐久性和防火、防水及可操作性要求。

② 预制构件与预制构件、预制构件与现浇结构之间节点的设计，需参考国家规范图集并考虑现场施工的可操作性，保证施工质量，同时避免复杂连接节点造成现场施工困难。

③ 预制构件连接节点的构造设计是装配式混凝土剪力墙结构住宅的设计关键。预制外墙板的接缝、门窗洞口等防水薄弱部位的构造节点与材料选用应满足建筑的物理性能、力学性能、耐久性能及装饰性能的要求。

④ 预制外墙板的各类接缝设计应满足构造合理、施工方便、坚固耐久的要求,应根据工程实际情况和所在气候区等,合理进行节点设计,满足防水及节能要求。

⑤ 预制外墙板垂直缝宜采用材料防水和构造防水相结合的做法,可采用槽口缝成平口缝;预制外墙板水平缝采用构造防水时采用企口缝成高低缝。

⑥ 预制外墙板的连接节点应满足保温、防火、防水及隔声的要求,外墙板连接节点处的密封胶应与混凝土具有相容性及规定的抗剪切和伸缩变形能力,采用硅酮、聚氨酯、聚硫建筑密封胶应分别符合国家现行标准《硅酮和改性硅酮建筑密封胶》(GB/T 14683—2017)、《聚氨酯建筑密封胶》(JC/T 482—2003)、《聚硫建筑密封胶》(JC/T 483—2006)的规定,连接节点处的密封材料在建筑使用过程中应定期进行检查,维护与更新。

⑦ 外墙板接缝宽度应考虑热胀冷缩及风荷载地震作用等外界环境的影响。

⑧ 预制外墙板上的门窗安装应确保连接安全性、可靠性及密闭性。

（6）结构专业协同

① 装配式混凝土剪力墙结构住宅的建筑体型、平面布置及构造应符合抗震设计的原则和要求。单元平面宜简洁规整、经济合理、可通过采用套型块灵活组合的方法以适应不同场地的建筑布局要求,塑造多样化的建筑形象。

② 为满足工业化建造的要求,预制构件设计应遵循“受力合理、连接可靠、施工方便、少规格、多组合”的原则,选择适宜的预制构件尺寸和重量,方便加工、运输,提高工程质量,控制建设成本。

③ 承重墙等竖向构件宜上下连续,门窗洞口宜上下对齐,成列布置,不宜采用无转角窗。门窗洞口的平面位置和尺寸应满足结构受力及预制构件设计要求。

（7）设备专业协同

① 应考虑公共空间的竖向管井位置及尺寸,便于检修,竖向管线的设置宜相对集中,水平管的排布应减少交叉。

② 穿预制构件的管级应预留或预埋套管,穿预制楼板的管道应预留洞,穿预制梁的管道应预留或预埋套管。

③ 管井及吊顶内的设备应安装牢固可靠,应设置方便更换、维修的检修门或检修孔等设施。

④ 住宅套内宜采用同层排水设计,同层排水的房间应有可靠的防水构造设施。

⑤ 采用整体厨房、整体卫生间时,应与厂家配合土建预留净尺寸及设备管道接口的位置。

⑥ 太阳能热水系统集热器、储水罐等的安装应考虑与建筑的一体化设计,结构主体做好预留预埋。

⑦ 供暖系统的主立管及分户控制阀门等部件应设置在公共空间竖向管井内,户内供暖管线宜设置为独立环路。

⑧ 确定卧室、起居室空调设施的安装位置并满足预留预埋条件。

⑨ 采用低温热水地面辐射供暖系统时,分水器、集水器宜配合建筑地面垫层的做法,

宜设置在便于维修管理的部位。采用散热器供暖系统时,合理布置散热器、采暖管线的位置。

⑩ 当住宅采用集中新风系统时,应确定设备及风道的位置,厨房及卫生间应确定排气道的位置及尺寸。

⑪ 确定分户配电箱位置,分户墙两侧暗装电气设备不应连通设置。

⑫ 预制构件设计应考虑内装修要求,确定插座、灯具位置以及网络、电话、有线电视接口等位置。

⑬ 隔墙内预留有电气设备时,应采取有效措施满足隔声及防火的要求。竖向电气管线宜统一设置在预制板内,墙板内竖向电气管线布置应保证安全距离。

⑭ 设备管线穿过楼板的部位,应采取防水、防火、隔声等措施。设备管线宜与预制构件上的预埋件可靠连接。

3. 装配式建筑构件的生产、运输、堆放、安装和验收的相关要求

装配混凝土结构常用预制构件主要有预制混凝土柱、预制混凝土梁、预制混凝土楼板、预制混凝土墙板、预制混凝土双 T 板、预制混凝土楼梯、预制阳台、预制空调板等。

(1)构件的运输和堆放

运输:工厂化预制构件运输,采用电动平板车。为防止运输过程中构件的损坏,运输架应设置在枕木上,预制构件与架身、架身与运输车辆都要进行可靠的固定。

堆放:预制构件运至施工现场后,直接连同运输架一起堆放在塔吊有效范围的施工空地上。构件直接堆放必须在构件上加设枕木。场地上的构件应做防倾覆措施。堆放好以后要采取临时固定措施。

(2)预制墙板的吊装、调整及验收

① 严格按照吊装安全方案进行吊装,必须进行试吊。

② 预制墙体吊装时,无翻身过程,所以无须考虑翻身容易导致缺楞掉角的问题。

③ 预制墙体要求必须使用吊装钢梁进行吊装。

④ 吊至距就位位置上空 50 cm 时,由 4 名工人调整墙体姿态;继续下落至距就位位置上空 20 cm,缓缓下降,进行试就位;试就位时,利用调整工具,将不能插入套筒的钢筋进行微调,直至所有钢筋都插进套筒时,就位,但严禁落钩。

⑤ 就位后,及时安装斜撑,确定牢靠后,调节斜撑并使用靠尺确定墙体垂直,确认垂直后,落钩。

⑥ 拆钩。先由外施队自检,再由项目部现场工长及质检员进行检查验收。

⑦ 项目部现场工长及质检员检查验收完毕后,报监理检查确认。

4. BIM 的三维可视化设计

装配式混凝土剪力墙住宅是集设计、生产、施工、装修和管理"五位一体"的体系化和集成化的建筑,通过 BIM 方法进行技术集成,贯穿包括设计、生产、施工、装修和管理的建筑全生命周期,最终的目的是整合建筑产业,实现建筑产业全过程、全方位的信息化集成。主要应用思路是以预制构件模型为基础进行拼装组合,实现集成化应用。

利用 BIM 信息共享平台,通过各专业设计人员的参与,实现建筑—结构—机电—内装各专业设计信息交互和共享,实现建筑—结构—机电—内装一体化设计协同控制。

① 装配式建筑模型建立、预制构件拆分设计、装配率计算、钢筋碰撞检查、预制构件施

工详图设计等装配式专项设计内容详见前述章节。

　　② 协同设计。通过建立基于 BIM 技术全过程协同设计，BIM 的三维可视化、专业协同将更有效地发挥其技术优势，通过 BIM 模型虚拟建筑、结构、机电、装修各专业的系统集成，有利于通过 BIM 模型虚拟生产和装配环节，设计出有利于工厂生产、现场装配的设计产品，如图 2-86 所示。

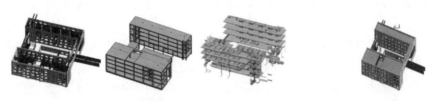

建筑模型 ·········· 结构模型 ·········· 机电模型 ··········· 系统集成

图 2-86　BIM 的三维可视化设计

　　各专业通过 BIM 平台记录信息数据，获取所需信息，通过建立唯一编码体系保证数据记录的唯一性；通过 BIM 平台的协同工作机制，可实现不同专业和上下游之间的信息协调和互通；通过标准化数据格式实现各类应用软件中多源异构数据的相互转换，使各类软件实现集成化应用。

　　▶ **任务实施（完成基于 BIM 的装配式建筑协同设计）**

　　1. 完成装配式住宅建筑设计

　　任务：采用 BIM 建筑设计软件完成装配式建筑方案设计。

　　要求：考虑建筑主体结构、建筑内装修及内部部品等相互间的尺寸协调。模数的采用及模数的协调应符合部件受力合理、生产简单、优化尺寸和减少部件种类等要求。

　　根据任务要求，设计人员对装配式住宅进行了建筑方案设计，住宅楼采用装配整体式剪力墙结构，建筑高度 53.6 m，地上 18 层，建筑面积 10 143.38 m²，建筑房间类型主要包括客厅、餐厅、厨房、卧室、卫浴等。装配式建筑设计采用 BIM 协同设计软件，保证设计、施工、维护涵盖建筑全生命周期。

　　（1）完成建筑平面标准化设计

　　根据模数协调原则，建筑套型开间、进深采用 3M 和 2M 的模数数列进行平面尺寸控制，完成装配式剪力墙结构住宅平面设计。

　　要求：套型平面规整，承重墙上下贯通，形体上无过大凹凸变化，符合建筑功能和结构抗震安全要求。

　　相关案例详见二维码"拓展阅读：2-36"。

文本
拓展阅读：2-36

　　（2）完成建筑立面标准化设计

　　完成建筑立面标准化设计相关内容详见二维码"拓展阅读：2-37"。

　　2. 完成装配式住宅结构设计

　　（1）建立结构 BIM 模型

　　根据建筑专业发布的 BIM 模型进行结构提资，将建筑模型转化为结构模型（图 2-87）。

文本
拓展阅读：2-37

① 设置标准化构件尺寸及结构设计参数。

② 选择建筑结构材料。

③ 荷载统计计算。

④ 结构计算及分析。

在各种设计状况下,装配整体式结构可采用与现浇混凝土结构相同的方法进行结构分析。

（2）装配式拆分设计

进入装配式设计模块对柱、梁、板等各结构构件进行预制属性的指定。

要求:结构整体性较好,拆分方案满足《装配式混凝土结构技术规程》（JGJ 1—2014）中对装配率的要求,底部加强层竖向承重构件和顶层均采用现浇。

图 2-87　整楼结构模型示例图

① 完成叠合板的规格型号方向布置。

要求:结构拆分应考虑结构的合理性,叠合楼板按单向板或双向板拆分;构件接缝宜选在应力较小部位;尽可能减少构件规格和连接节点种类;宜与相邻的相关构件拆分协调一致。叠合板拆分与其支座梁的拆分需要协调;充分考虑预制构件的制作、运输、安装各环节对预制构件拆分设计的限制,遵循受力合理、连接简单、施工方便、少规格、多组合的原则。

② 装配式结构计算分析

相关案例详见二维码"拓展阅读:2-38"。

（3）预制构件深化设计

完成装配单元参数设置。进行预制板配筋和附件设计、预制梁配筋和附件设计、预制墙配筋和附件设计、外挂墙板配筋和附件设计预制楼梯配筋和附件设计。

要求:以功能需求为基础,考虑生产、运输、堆放、安装和验收的要求,协调部品模数和建筑模数,设计预制构件尺寸、吊钩和临时固定设施的预留预埋。

相关案例详见二维码"拓展阅读:2-39"～"拓展阅读:2-41"。

（4）完成连接节点标准化设计

为便于现场模板标准化,完成装配式剪力墙结构连接节点标准化设计。

要求:不同构件统筹规划,减少节点碰撞,相同构件少规格,采用相同构造避免碰撞。连接节点构造设计符合《装配式混凝土结构连接节点构造》（15G310-2）的要求。

（5）完成装配式建筑指标统计和图纸输出

① 运用 BIM 软件进行装配式建筑装配率计算。

要求:装配式建筑装配率计算结果符合《装配式建筑评价标准》（GB/T 51129—2017）规定。

文本
拓展阅读:2-38

文本
拓展阅读:2-39

文本
拓展阅读:2-40

文本
拓展阅读:2-41

② 运用 BIM 软件物料清单导出预制构件清单及材料清单。

③ 输出结构施工图和构件详图。

3. 完成装配式住宅机电设计

本项目给排水系统中的生活给水系统一到四层由室外市政给水管网直接供水。5～11层由低区加压生活设备供水。12～18层由中区加压生活设备供水。污废水采用合流制,污水经化粪池处理后排入园内污水管道。

通风及防排烟系统风管采用镀锌钢钢板制作。配件质量及参数符合《通风与空调工程施工质量验收规范》规定。

本项目排烟风机、火灾应急照明、消防电梯、客梯等用电为一级负荷,其余为三级负荷。本工程采用 380 V/220 V 低压电源进行供电,电源引自小区临近变电所。本工程按二类防雷建筑物设防。严格按照《建筑电气工程施工质量验收规范》(GB 50303—2015)及其他国家有关施工验收规范施工。

文本
拓展阅读:2-42

任务:直接读取建筑模型,参照其他专业,在二维和三维视图下进行模型构件精确绘制;完成水、电、暖专业管线连接;进行模型调整优化,进行三维精细化建模。

要求:构件布置准确,与管道系统及阀门等连接合理。

（1）给排水模型

给排水系统主要包括冷水给水系统、热水给水系统、污水排水系统、雨水排水系统。相关案例详见二维码"拓展阅读:2-42"。

（2）暖通模型

暖通系统主要包括空调系统、防排烟系统、卫生间通风系统。相关案例详见二维码"拓展阅读:2-43"。

文本
拓展阅读:2-43

（3）电气模型

照明系统、建筑防雷接地系统、电力配电系统、火灾自动报警系统。相关案例详见二维码"拓展阅读:2-44"。

（4）管线碰撞协调

① 水暖电管线布置。建立机电综合模型,进行水电暖管线布置（图 2-88）。

文本
拓展阅读:2-44

要求:自上而下的一般顺序为电、风、水;对已有一次结构预留孔洞的管线,应尽量减少位置的移动有压管让无压管;小径管让大径管;布置时考虑预留检修,尽量将管线提高,与吊顶间留出尽量多的空间;与设备连接的管线,应减少位置的水平及标高位移。

② 管线碰撞检查。进行机电管线碰撞检查并调整,典型案例详见二维码"拓展阅读:2-45"。

（5）机电全专业计算

运用 BIM 软件进行机电全专业计算,各项计算结果满足规范要求。

4. 完成装配式住宅协同设计

（1）建立全专业 BIM 模型

运用 BIM 协同平台建立建筑、结构、机电全专业 BIM 模型（图 2-89）。

文本
拓展阅读:2-45

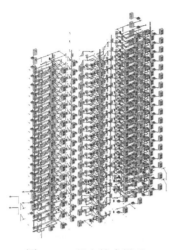

图 2-88　机电综合模型

图 2-89　全专业模型

要求：各专业原点统一，位置对应，无构件错位。

各专业楼层表正确统一。

（2）完成专业间提资

① 对建筑、结构、装配式专业构件进行机电管线自动开洞及预埋计算，生成相应的开洞及预埋提资信息。

② 各专业通过 BIM 协同平台获取专业提资条件后，针对机电、精装等开洞及预留条件完成装配式预制构件管线预埋开洞设置，从而使 BIM 模型在装配式建筑深化设计阶段达到面向生产需要的精细程度（图 2-90）。

（3）进行项目变更消息机制设计

运用 BIM 协同平台通过局域网络完成多人多专业协同设计。

① 明确团队工作内容及团队成员权责。

② 提交、获取最新模型及其他专业相应变更，团队设计成果形成集成 BIM 模型。

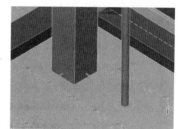

图 2-90　机电开洞提资标记

> **任务拓展**

运用 BIM 软件及动画制作软件，制作已设计装配式建筑方案的渲染效果图、剪力墙结构施工过程模拟动画及机电管线布置虚拟动画，加强建筑协同设计的理解。

小结

① 装配式建筑协同设计流程。在装配式建筑设计过程中，可将设计工作环节细分为以下五个阶段：技术策划阶段、方案策划阶段、初步设计阶段、施工图设计阶段及构件加工图设

计阶段。

② 装配式建筑平面标准化设计。平面设计应遵循模数协调原则,优化套型模块的尺寸和种类,实现住宅预构件和内装部品的标准化、系列化和通用化。

③ 预制构件设计。装配式住宅建筑设计应满足部件生产、运输、存放、吊装施工等生产与施工组织设计的要求。

预制件的设计应遵循标准化、模数化原则。

④ 装配式建筑构造节点设计要求。

⑤ BIM 技术在装配式建筑专项设计中的运用。

习题

设计题

某项目地点位于安徽省芜湖市弋江区,总占地面积 5 647 m²,要求本项目建筑面积控制在 10 000 ~ 20 000 m²,二类高层建筑。结构类型为剪力墙结构,装配率依据《装配式建筑评价标准》进行计算,需要达到装配式建筑评价的要求。

根据项目要求完成如下设计内容:

① 采用 BIM 软件完成一栋单体建筑的装配式建筑方案设计。

要求:考虑建筑主体结构、建筑内装修以及内部部品等相互间的尺寸协调。模数的采用及模数的协调应符合部件受力合理、生产简单、优化尺寸和减少部件种类等要求。

② 利用 BIM 软件,对习题①设计的建筑进行结构设计、装配式设计,设计成果及相关计算分析符合国家和行业的相关要求。

模块 3 装配式建筑生产与施工

学习目标

本项目包含预制构件生产、构件安装、构件连接三个任务,通过三个任务的学习,学习者应达到以下目标:

任务	知识目标	能力目标
预制构件生产、构件安装、构件连接	1. 熟悉预制构件安装与连接方案编制的要求与内容。 2. 掌握专项作业指导书的内容组成及要求。 3. 理解构件安装的质量要求。 4. 掌握外墙接缝防水施工工艺。 5. 掌握套筒灌浆施工工艺	1. 能够编制预制构件安装与连接方案。 2. 能够根据方案进行施工交底。 3. 能够对构件安装质量进行检查。 4. 能根据作业指导书进行灌浆施工。 5. 能够正确操作外墙板间十字缝接缝防水。 6. 能处理常见构件安装的质量问题

项目概述(重难点)

重点:模具准备、钢筋绑扎、预留预埋件安装、混凝土浇筑及表面处理、构件养护脱模,构件存放及防护;编制预制构件安装与连接方案并进行交底,预制构件安装质量控制,预制构件连接质量控制,处理常见构件安装的质量问题。

难点:预制构件生产工艺方案的编制,预制构件质量检验内容;预制构件安装与连接方案的编制,预制构件安装质量的检查,常见构件安装的质量问题的处理。

任务 3.1 预制构件生产

> **任务陈述**

某教学楼项目预制钢筋混凝土剪力墙预制厚度为 200 mm,单层预制剪力墙数量为 60块。生产部门要按照生产工艺方案完成剪力墙生产的清模具、装模具、钢筋预埋、混凝土浇捣、后处理、养护、拆模具、吊装入库等工序,如图 3-1 所示;生产时严格执行生产计划安排;同时要按照预制构件质量检验要求进行质量检验和生产过程质量控制。

图 3-1　剪力墙生产示意图

▶ **知识准备**

1. 预制构件生产环节操作内容

① 清模工序。清模操作工使用专用清模工具,清理模具挡边,清理台车底模,清理预埋件及其他辅助工装,整理模具及辅件,检查模具及工装,如有损坏,及时修整或更换。注意对现场的整理、整顿并保持现场安全。

② 装模工序。装模操作工根据构件工艺图纸正确摆放模具,使用装模工具将模具挡边安装固定于台车上,注意需保证挡边的位置尺寸及垂直度。完成装模后检查是否合格。模具安装完后涂抹脱模剂。

③ 预留预埋工序。预留预埋操作工根据图纸要求安装预埋件或预留洞口工装。主要有线盒、吊环、吊钉、套筒、预留对穿孔等,预埋件应固定牢固,在混凝土浇筑、振捣过程中不位移,保证预留预埋位置准确。

④ 置筋工序。根据设计图纸要求摆放钢筋或采用成品钢筋笼安装入模具内,布置钢筋保护层垫块,根据要求绑扎钢筋,安装模具挡浆橡胶块。

⑤ 浇捣工序。混凝土浇筑前应按图纸要求检查钢筋及预留预埋。混凝土操作工根据所浇筑构件混凝土土方量报料,布料机精准布料,按要求振捣混凝土,完成混凝土浇筑。

⑥ 后处理工序。墙板类构件,表面要求平整,主要工序为表面擀平、抹面、收光;叠合楼板表面需要保持一定的粗糙度,在混凝土浇捣密实后,后处理操作工人将构件表面整平,再采用拉毛机或手工拉毛,对构件表面进行拉毛处理;最后拆除模具挡浆橡胶块。

⑦ 养护工序。自然养护生产形式,根据现场条件、气候和天气等综合考虑,采用覆盖塑料薄膜,或覆盖草毡洒水养护、蒸汽养护等生产形式,安装操作按标准操作流程进行养护窑入窑操作。

⑧ 拆模工序。拆模操作工人使用拆模工具先拆除固定工装,然后依次拆除挡边模具,并将挡边模具和工装整理统一摆放。

⑨ 吊装工序。吊装操作工采用专用吊架将构件从台车上吊起,经检测合格后,吊入成品库存放。

2. 预制构件质量检验内容

① 对工厂生产的预制构件,进场时应检查其质量证明文件和表面标识。预制构件的质量、标识应符合国家现行相关标准、设计规范的要求。

② 预制构件的外观质量不应有严重缺陷和一般缺陷,且不应有影响结构性能和安装、使用功能的尺寸偏差。

③ 预制构件尺寸的允许偏差及检验方法应符合表 3-1 的规定。对施工过程用临时使用的预埋件中心线位置及后浇混凝土部位的预制构件尺寸偏差可放大一倍执行。

④ 预制构件上的预埋件、预留钢筋、预埋管线及预留孔洞等规格、位置和数量应符合设计要求。

表 3-1　预制构件尺寸的允许偏差及检验方法

项目			允许偏差 /mm	检验方法
长度	板、梁、柱、桁架	<12 m	±5	尺量检查
		≥ 12 m 且 <18 m	±10	
		≥ 18 m	±20	
	墙板		±4	
宽度、高(厚)度	板、梁、柱、墙板、桁架		±5	钢尺量一端及中部,取其中偏差绝对值较大处
表面平整度	板、梁、柱、墙板内表面		5	2 m 靠尺和塞尺检查
	墙板外表面		3	
侧向弯曲	板、梁、柱		$l/750$ 且 ≤ 20	拉线、钢尺量最大侧向弯曲处
	墙板、桁架		$l/1\,000$ 且 ≤ 20	
翘曲	板		$l/750$	调平尺在两端量测
	墙板		$l/1\,000$	
对角线差	板		10	钢尺量两个对角线
	墙板		5	
预留孔	中心线位置		5	尺量检查
	孔尺寸		±5	
预留洞	中心线位置		10	尺量检查
	洞口尺寸		±10	
预埋件	预埋板中心线位置		5	尺量检查
	预埋板与混凝土面平面高差		0, -5	
	预埋螺栓、预埋套筒中心位置		2	
	预埋螺栓外露长度		+10, -5	

注:1. l 为构件长度(mm)。
　2. 检查中心线、螺栓和孔道位置偏差时,应沿纵、横两个方向量测,并取其中偏差较大值。

3. 预制构件生产工艺方案编制内容

(1) 装车堆码方案编制内容

① 根据项目吊装顺序,将每层构件按照吊装顺序排序。

② 根据车辆载重要求、构件外框尺寸（含钢筋伸出尺寸）、装车堆码方式、道路限宽限高等因素，将每层构件分成几车，确保每车能够装载这些构件并正常上路运送。

③ 制作墙板装车堆码表（表 3-2）并绘制墙板装车堆码图（图 3-2）。

表 3-2　墙板装车堆码表

序号	吊装顺序	产品类别	楼层	物料名称	长/mm	高/mm	厚/mm	PC面积/m²	混凝土土方量/m³	质量/t	车次	构件数量	总质量/t	车型
1	31	分户墙	2	NVSJ602	2 000	2 740	200	5.48	0.52	1.3				
2	32	分户墙	2	NVSJ601	1 200	2 740	200	3.288	0.657 6	1.644				
3	33	分户墙	2	NVSJ501	1 800	2 740	200	4.932	0.986 4	2.466				
4	34	剪力内墙	2	NVSJ401	1 500	2 740	200	4.11	0.82	2.06				
5	35	剪力内墙	2	NVSJ301	1 800	2 740	200	4.93	0.99	2.47				
6	36	剪力内墙	2	NVSJ201	1 500	2 740	200	4.11	0.82	2.06				
7	37	剪力内墙	2	NVSJ101	1 800	2 740	200	4.93	0.99	2.47	第04车	14	28.35	12.5
8	39	剪力内墙	2	NHSJ103	900	2 740	200	2.47	0.48	1.20				
9	40	剪力内墙	2	NHSJ104	900	2 740	200	2.47	0.48	1.20				
10	41	剪力内墙	2	NVSJ1101	1 800	2 740	200	4.93	0.99	2.47				
11	42	剪力内墙	2	NVSJ1001	1 500	2 740	200	4.11	0.82	2.06				
12	43	剪力内墙	2	NVSJ901	1 800	2 740	200	4.93	0.99	2.47				
13	44	剪力内墙	2	NVSJ801	1 500	2 740	200	4.11	0.82	2.06				
14	45	剪力内墙	2	NVSJ701	1 800	2 740	200	4.93	0.99	2.47				

（2）布模方案编制内容

完成装车方案后，再根据工厂台模尺寸、生产线设备参数、构件外框尺寸（含钢筋伸出）等因素编制布模方案，确定哪些构件模具共用一个台模，最终完成墙板布模表（表 3-3），并绘制墙板布模方案图（图 3-3）。

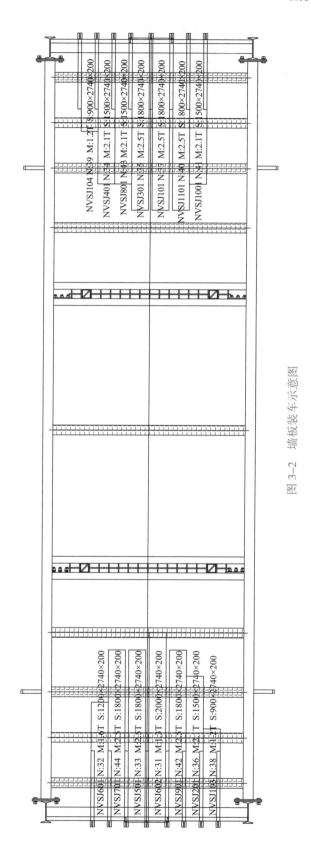

图 3-2 墙板装车示意图

表 3-3　墙板布模表

					外框尺寸 /mm			PC 面积 /m²	台模号
序号	类型	栋号	模具层段	编号					
1	剪力内墙	6#	3-11	NVSJ102	2 640	3 000	200	7.92	1
2	剪力内墙	6#	3-11	NVSJ302	2 640	3 000	200	7.92	
3	剪力内墙	6#	3-11	NVSJ402	2 640	3 000	200	7.92	
4	剪力内墙	6#	3-11	NVSJ301	2 640	2 000	200	5.28	2
5	剪力内墙	6#	3-11	NVSJ201	2 640	2 000	200	5.28	
6	剪力内墙	6#	3-11	NHSJ201	2 640	2 000	200	5.28	
7	剪力内墙	6#	3-11	NVSJ101	2 640	1 800	200	4.752	3
8	剪力内墙	6#	3-11	NHSJ301	2 640	1 800	200	4.752	
9	剪力内墙	6#	3-11	NHSJ303	2 640	1 800	200	4.752	
10	剪力内墙	6#	3-11	NHSJ101	2 640	1 000	200	2.64	
11	剪力内墙	6#	3-11	NVWS503	2 640	3 000	200	7.92	4
12	剪力内墙	6#	3-11	NVSJ502	2 640	2 000	200	5.28	
13	剪力内墙	6#	3-11	NHSJ202	2 640	2 000	200	5.28	
14	剪力内墙	6#	3-11	NVSJ501	2 640	2 000	200	5.28	5
15	剪力内墙	6#	3-11	NVSJ301-T1	2 640	2 000	200	5.28	
16	剪力内墙	6#	3-11	NVSJ201-T1	2 640	2 000	200	5.28	

××项目 6# 栋布模清单表

（3）模具方案编制内容

　　根据项目构件特点及工厂现场布置、设备参数等因素制定项目构件模具方案,确保方案可行性和高效性,并绘制模具加工图纸,如图 3-4 所示。

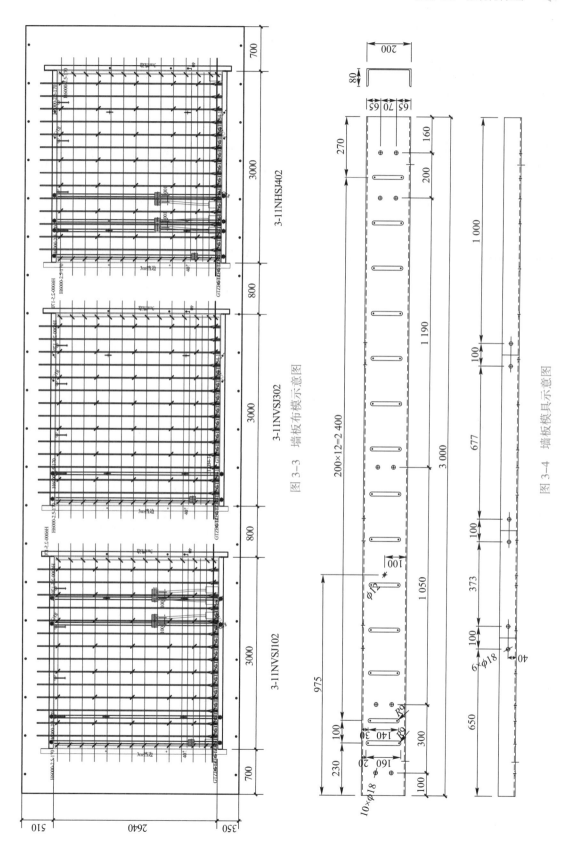

图 3-3　墙板布模示意图

图 3-4　墙板模具示意图

4. 预制构件生产计划编制内容

（1）要货需求

依照项目吊装需求预测编制 ×× 工厂项目 ×××× 年 ×× 月吊装需求表，用于预排生产，如表 3-4 所示。

表 3-4　×× 工厂项目 ×××× 年 ×× 月吊装需求表

序号	项目号	项目名称	栋号	项目状态	构件类别	单层方量 /m³	项目开吊时间	项目开吊时间	需求层数	需求方量	备注
小计											
合计											

项目方依照实际吊装进度每日提供 "3+1" 要货需求表，工厂依照实际要货需求安排每天具体的发货量，如表 3-5 所示。

表 3-5　"3+1" 要货需求表

栋号	楼层	构件类型	*N* 日		*N*+1 日		*N*+2 日		备注
			计划到货时间	车次	计划到货时间	车次	计划到货时间	车次	

（2）生产计划

依照项目进度及生产能力编制月度生产计划表，工厂依照此计划做好人员等各项生产资源准备及组织，如表 3-6 所示。

依照工厂实际情况及月度生产计划可进一步拆分成周、日计划，并跟进计划达成及异常调整。

（3）材料计划

依照项目 BOM 清单、生产需求及库存情况编制 ×××× 年 ×× 月原材料采购计划表，确保物料及时采购，满足生产需求，如表 3-7 所示。

表 3–6　月度生产计划表

| 项目信息 | | | | | | | 项目月度需求 | | 月/周度生产计划 | | | | | | 每日产量 | | |
序号	生产线	项目号	项目名称	栋号	构件类别	单层方量/m³	层数	方量	已生产数	已发货数	库存	月需生产层	PC面积/m²	PC方量/m³	PC面积/m²	PC方量/m³	生产台车数
小计																	
合计																	

表 3–7　××××年××月原材料采购计划表

序号	物料编码	物料名称	规格	单位	本次计划量	单价	金额	备注
1								
2								
3								
4								
5								
6								
小计								

> **任务实施**

1. 生产前准备

① 劳保用品准备。包括安全帽、劳保鞋、帆布手套、防尘口罩等。

② 工具准备。检查装模工序、钢筋工序、预埋工序、后处理工序、拆模吊装工序所需工具是否齐全,有无损坏。

③ 生产辅料准备。检查装模工序、钢筋工序、预埋工序所需生产消耗类辅料是否齐全、是否满足当天的生产所需。

④ 设备检查。检查流水线设备、横移车、布料机、养护窑、行车、翻转台等流水线生产设

备运转是否正常、是否正常点检和保养。

2. 模具准备

① 对照模具清单,检查模具数量是否正确,并核对编号是否正确。

② 检查模具是否都经过品管检验,是否都合格,有无贴检验标签。

③ 检查模具固定用压紧工装是否数量齐全,连接件是否有缺失。

④ 按照布模图纸,将对应构件模具安装固定在指定位置,检查模具尺寸、对角线并压紧固定。

⑤ 按要求喷洒脱模剂并涂抹均匀。

3. 钢筋绑扎和预埋件预埋

（1）钢筋绑扎

① 水平筋摆放。根据构件图纸选取正确规格、形状的水平筋,穿入模具槽中,注意水平箍筋尺寸,通常情况下,墙板底部和墙身处的箍筋尺寸会有差别,底部有灌浆套筒,箍筋会比墙身处宽。

② 竖向筋摆放。根据构件图纸选取正确规格的竖向连接钢筋（灌浆套筒已经连接稳固,并检验合格）,从墙底边穿入,从水平筋上下层中间穿过,插入模具上挡边的孔中,底部灌浆套筒和模具下挡边上的灌浆套筒用固定器连接;顶部纵向钢筋穿过模具上挡边通孔,采用锥形橡胶块定位固定;根据构件图纸选取正确直径和长度的竖向网片筋,从墙顶部穿入。

③ 绑扎钢筋。墙板上下层网片满扎;扎丝绑扎要求牢固,扎头不能向下碰触台车面,防止浇捣后外饰面露扎头。

④ 放置保护层垫块。垫块放置数量为 4 个 /m²,垫块高度符合设计混凝土保护层厚度要求。

⑤ 拉结筋放置及绑扎。根据图纸要求放置拉结筋,并绑扎牢固。

⑥ 吊环安装与绑扎。选取正确规格的吊环,绑扎并做好加强处理。

⑦ 安装堵浆工装。使用槽口堵浆橡胶块或其他堵浆材料封堵模具水平钢筋槽口,要求安装稳定牢固,浇筑振捣过程不位移,如图 3-5 所示。

（2）预埋件预埋

① 线盒线管。

测量定位:根据设计图纸线盒位置,划线定位。

工装固定:反面线盒固定采用磁性固定件,根据定位划线位置,吸附与台模面,复测磁性固定件尺寸;正面线盒采用悬挑工装固定,将悬挑工装用螺栓固定于侧边模上,保证位置正确牢固;根据线管孔位及线管大小规格,在线管固定橡胶块,采用螺栓将其固定于侧挡边预定位置。

线盒、管线安装固定:将预定半成品线盒及线管安装于固定工装上,保证线盒管线位置准确,固定牢靠,如图 3-6 所示。

② 预留预埋。预留预埋附件主要有套筒、吊钉、孔洞、连接件等,安装步骤如下。

测量定位:根据设计图纸,划线定位。

固定工装安装:根据划线位置及模具预留开孔位置,固定预埋工装,如磁性固定件、螺栓、悬挑工装等。

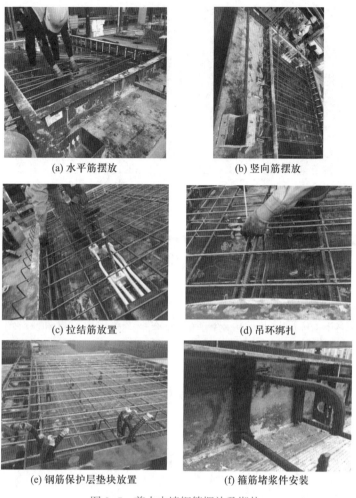

(a) 水平筋摆放　　　　　　　　　(b) 竖向筋摆放

(c) 拉结筋放置　　　　　　　　　(d) 吊环绑扎

(e) 钢筋保护层垫块放置　　　　　(f) 箍筋堵浆件安装

图 3-5　剪力内墙钢筋摆放及绑扎

(a) 反面线盒安装　　　　　　　　(b) 正面线盒安装

图 3-6　剪力内墙线盒线管安装

　　安装预留预埋件：将需要预留预埋的附件安装于固定工装上，安装稳固，位置准确，如图 3-7 所示。

　　③ 灌浆套筒。

　　放置灌浆套筒：根据设计要求，选择并安装灌浆套筒纵向钢筋，穿过水平钢筋及模具上挡边，摆放于预定位置。

(a) 穿孔预留　　　　　　　　　　(b) 钢管预埋

图 3-7　剪力内墙预留预埋安装

固定灌浆套筒：拧松灌浆套件定位橡胶块螺栓，将灌浆套筒插入定位橡胶块预定位置，拧紧灌浆套筒定位橡胶块螺母，完成灌浆套筒定位。

灌、出浆孔安装：将灌、出浆孔波纹管一端用扎丝绑扎于灌浆套筒上，另一端用扎丝绑扎于磁性固定块上，并吸附于台模上固定。

锥形定位件安装：将模具上挡边纵向钢筋插入锥形定位橡胶件，固定纵向钢筋上端的位置及尺寸，如图 3-8 所示。

(a) 灌浆套筒固定 1　　　　　　　　(b) 灌浆套筒固定 2

(c) 波纹软管固定　　　　　　　　(d) 顶部钢筋固定及封堵

图 3-8　剪力内墙灌浆套筒安装

4. 构件浇筑

① 混凝土需求方量提报。根据生产计划单上此台模构件总方量，向搅拌站提报混凝土需求方量。

② 设备准备。台模就位,停到预定位置并加紧;布料斗停至预定位置准备接料布料。

③ 布料。根据模具尺寸、结构等特点,提前规划出最优布料次数和路线。然后依照"先远后近、先窄后宽"的要求进行布料,布料小车调整到合适的速度后保持匀速,满足布料均匀、饱满、一次到位。

④ 振捣。布料完毕后,进行振捣,使表面呈现平整无气包的状态。

⑤ 后处理。用刮尺(也可以用平直轻便的铝型材)或擀平机将混凝土表面擀平,表面不可露出钢筋。检查预埋件是否有移位和倾斜,否则将其校正到标准位置。用铁铲清理台模、模具、夹具等布料时散落的混凝土料,将其置于垃圾车内。表面处理,擀平、收光、拉细毛或抹光,如图 3-9 所示。

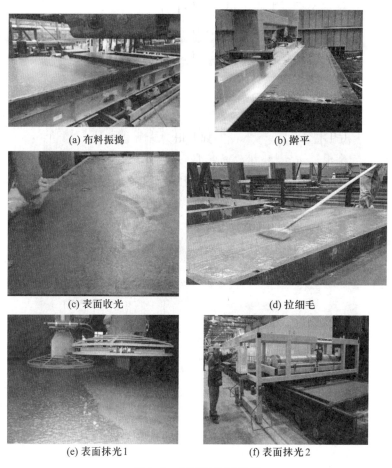

(a) 布料振捣　　　　　　　　　(b) 擀平

(c) 表面收光　　　　　　　　　(d) 拉细毛

(e) 表面抹光1　　　　　　　　(f) 表面抹光2

图 3-9　布料后处理工序

5. 构件养护及脱模

① 构件浇筑完成后,需要在养护窑内进行养护,注意养护的温度、湿度及养护时间。构件养护完成后即可进入拆模脱模工序。

② 拆模工序:

a. 拆除模具固定压紧工装,并将工装整齐摆放在指定位置。

b. 拆除外框模具挡边。先拆下挡边模具,再拆上挡边模具,最后拆左右挡边模具;并将模具挡边摆放在指定位置。

c. 拆除内框模具。根据工艺设计要求,按顺序拆除内框模具,通常为先拆除直边后拆拐角模具,并按照规格分类摆放在指定位置。

d. 拆除预留预埋。拆除预留预埋固定用的螺栓、工装、盖板等,并分类存放。

e. 核对构件图纸,检查是否有漏拆预留预埋固定工装。

③ 脱模工序。

a. 根据构件特点采用正确的吊具进行吊装。

b. 按正确的安装方向(吊爪开口方向要与钢丝绳受力方向相反),将吊爪分别卡入四个(两个)吊钉端头,确认牢固。

c. 启动翻转台,将台模翻转至固定角度。

d. 向上缓慢启动行车完成构件脱模并吊装入库,如图 3-10 所示。

(a) 拆模具挡边　　　　　　(b) 拆预留预埋工装

(c) 吊爪安装　　　　　　(d) 脱模起吊

图 3-10　构件拆模、脱模

6. 构件存放及防护

(1) 构件存放

构件的存放场地宜为混凝土硬化地面或经人工处理的自然地坪。墙板底部需要用垫块(通常为木方)垫起,通常为两个垫点。墙板和存放架固定的插销应锤紧,确保构件存放稳固。

(2) 构件防护

构件存放时需要做好边角的防护。构件露天存放时需要采取防锈、防冻措施,如图 3-11 所示。

(a) 简易存放架　　　　(b) 整体运输架

图 3-11　构件存放

7. 预制构件质量检验

① 构件外框尺寸检验。检验构件的长度、高度、厚度、门窗洞口位置尺寸和大小尺寸等,是否符合检验标准。

② 预留预埋检验。检查构件的预留预埋位置尺寸,规格是否符合检验标准;检查预埋件数量是否和图纸相符,是否有遗漏。

③ 检查构件外观质量,是否有蜂窝、露筋、崩边崩角等外观缺陷。

④ 检查构件钢筋伸出长度是否和图纸相符,核对钢筋数量和规格是否有误,如图 3-12 所示。

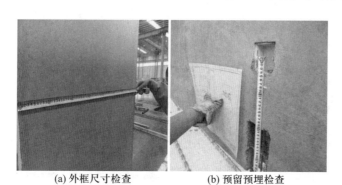

(a) 外框尺寸检查　　　　(b) 预留预埋检查

图 3-12　构件质量检查

8. 编制预制构件生产工艺方案

（1）编制项目墙板装车堆码方案

按照知识准备中所述方法编制本项目的装车堆码方案,确定项目车次、每车构件清单,并出具项目装车事宜图。

（2）编制项目墙板布模方案

根据工厂设计参数及生产线特点,合理布置模具,最大化提高台模的利用率,同时需要方便工厂脱模入库操作及按照车次分开布置模具,并绘制布模方案图供生产装模工人使用。

（3）编制项目模具方案

根据项目构件特点及工厂现场布置、设备参数等因素制定项目构件模具方案,确保方案可行性和高效性,并绘制模具加工图纸。模具设计中需要考虑生产员工操作顺序及可操作性,避免出现混凝土无法浇捣后无法拆模的情况,如图 3-13 所示。

图3-13 墙板模具示意图

9. 编制构件生产计划

（1）编制构件生产计划

根据项目要货计划、现有生产能力、脱模周期、工厂库位情况等因素编制生产计划,计划中明确每天需要生产的构件清单、生产线和台模编号。

（2）编制半成品加工计划

根据生产计划单、半成品加工能力（主要是钢筋设备加工钢筋的能力）反向推算半成品加工计划,确保提前半天或1天完成半成品加工。

▷ **任务拓展**

1. 楼板构件钢筋绑扎和预埋件预埋

（1）楼板钢筋摆放与绑扎

底层钢筋摆放要点:

① 根据构件图纸中的料表,选取正确规格形状的底层钢筋。

② 按照模具开槽间距,逐一将构件放入模具槽中。

③ 根据构件图纸中标示尺寸,控制每边钢筋伸出长度,如图3-14所示。

(a) 钢筋摆放 (b) 伸出长度控制

图3-14 叠合楼板底层钢筋摆放

面层钢筋和吊环摆放要点:

① 根据构件图纸中的料表,选取正确规格形状的面层钢筋。

② 当为双向板时,按照模具开槽间距,逐一将构件放入模具槽中;当为单向板时,根据图纸标注钢筋间距放置钢筋。

③ 当为双向板时,控制每边钢筋伸出长度;当为单向板时,注意摆放是钢筋间距和距边

保护层。

④ 根据图纸位置放置吊环钢筋，如图 3-15 所示。

(a) 钢筋摆放　　　　　　　　　(b) 吊环放置

图 3-15　叠合楼板面层钢筋摆放

网片钢筋、吊环绑扎要点：钢筋摆放无误后，开始绑扎钢筋，从四周往里绑扎；绑扎要求双向板满扎，单向板四周 2 排满扎，中间区域梅花形绑扎；将吊环绑扎在网片上，如图 3-16 所示。

(a) 钢筋绑扎　　　　　　　　　(b) 吊环绑扎

图 3-16　叠合楼板钢筋绑扎

桁架钢筋摆放与绑扎要点：根据构件图纸选取正确规格尺寸的桁架钢筋，按照图纸放置在正确的位置，并绑扎在网片上，梅花形绑扎间距 200 mm，如图 3-17 所示。

(a) 桁架放置　　　　　　　　　(b) 桁架绑扎

图 3-17　叠合楼板桁架布置

（2）垫块放置

根据楼板钢筋保护层要求，选取正确规格的混凝土保护层垫块。按照每平方米 4 个的

197

放置要求放置混凝土保护层垫块,垫块固定枕垫在底层钢筋下面。检查垫块是否歪斜、倾倒。放置楼板堵浆橡胶件,每个槽口都需要放置,并插紧放置振捣的时候脱落,如图 3-18 所示。

(a) 垫块放置　　　　　　　　　　(b) 堵浆件固定

图 3-18　叠合楼板钢筋保护层垫块放置

（3）预埋件摆放与固定

线盒摆放与固定:在线盒位置放置磁性线盒固定器。根据图纸安装正确规格、材质的线盒。检查是否固定稳固,锁母是否用胶带封口,如图 3-19 所示。

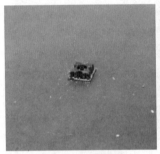

(a) 磁性线盒固定器　　　　　　　(b) 线盒安装

图 3-19　叠合楼板线盒预埋

排漏宝、止水节摆放与固定:根据图纸要求,在指定位置放置排漏宝或止水节,并固定稳固;固定方式可以采用螺栓压紧或采取胶粘,预埋件上口都需要做好封堵放置混凝土进入,如图 3-20 所示。

(a) 止水节预埋　　　　　　　　　(b) 排漏宝预埋

图 3-20　叠合楼板排漏宝、止水节预埋

2. 楼板构件后处理

叠合楼板由于它自身的特性,要求上表面粗糙面,所以后处理的操作与墙板有区别。主要工序为表面擀平,拉毛,如图 3-21 所示。

图 3-21　叠合楼板表面拉毛

3. 楼板构件脱模

叠合楼板由于它自身的特性,脱模时采用平吊,不需要翻转起吊,所用吊具也不同于墙板,叠合楼板一般采用 4 点、6 点或 8 点起吊。叠合楼板吊装时,需要严格按照图纸标识的吊点位置吊装,如图 3-22 所示。

图 3-22　叠合楼板脱模

4. 楼板构件存放

叠合楼板存放采用平放,一块一块叠起,不同于墙板的立式存放;楼板堆叠过程中必须保证每层的垫点在同一条垂线上,悬挑长度不宜过长,如图 3-23 所示。

图 3-23　叠合楼板堆码

任务 3.2　构件安装

任务陈述

本工程由 1 层整体地下室和地上部分 12 幢 25 ~ 29 层单体及物管公共用房、配电房等组成,总建筑面积为 206 872.82 m²,其中地上建筑面积为 158 422.82 m²,地下为 48 450 m²。地上为剪力墙结构,其中 5 层至顶层为预制结构,预制构件包括外墙、阳台板、空调板、外凸窗、楼梯,为装配整体式混凝土结构,其中部分外墙竖向板采用高强灌浆施工技术,地下为现浇钢筋混凝土框架结构,建筑类别为 Ⅰ 类,建筑耐火等级为 Ⅰ 级,抗震设防烈度为 6 度,设计使用年限为 50 年。

目前 1 号楼进行到结构层第六层吊装施工,需要完成主体结构竖向内、外预制墙体吊装与连接工作,工作进行至带灌浆套筒预制外墙安装施工环节。

知识准备

1. 预制构件安装施工方案的编制要求

（1）预制构件安装专项施工方案

施工方案是施工组织设计的补充和完善,是项目管理人员对分部分项工程、重点施工部位及复杂工序质量控制依据。分部分项工程、工程重点部位、技术复杂、重大设计变更及采用新技术的关键工序等应当编制完善的施工方案,以有效地保证各分部、分项工程质量。同时为加强对危险性较大的分部分项工程安全管理,依据住房和城乡建设部办公厅关于实施《危险性较大的分部分项工程安全管理规定》有关问题的通知（建办质〔2018〕31 号）,危险性较大的分部分项工程还应编制专项施工方案,该文件规定如下。

① 以下起重吊装及安装拆卸工程范围属于危险性较大的分部分项工程,应编制专项施工方案：

采用非常规起重设备、方法,且单件起吊重量在 10 kN 及以上的起重吊装工程。

采用起重机械进行安装的工程。

起重机械设备自身的安装、拆卸。

② 以下起重吊装及安装拆卸工程范围属于超过一定规模的危险性较大的分部分项工程,施工单位应当组织专家对专项方案进行论证：

采用非常规起重设备、方法,且单件起吊重量在 100 kN 及以上的起重吊装工程。

起重量 300 kN 及以上,或搭设总高度 200 m 及以上,或搭设基础标高在 200 m 及以上的起重机械安装和拆卸工程。

目前大部分装配式结构安装工程均属于危险性较大的分部分项工程,应编制专项施工方案,超过一定规模的危险性较大的分部分项工程,应组织专家对专项方案进行论证。

（2）专项方案内容

① 工程概况。包括危险性较大的分部分项工程概况和特点、施工平面布置、施工要求和技术保证条件。

② 编制依据。包括相关法律、法规、规范性文件、标准、规范及施工图设计文件、施工组织设计等。

③ 施工计划。包括施工进度计划、材料与设备计划。

④ 施工工艺技术。包括技术参数、工艺流程、施工方法、操作要求、检查要求等。

⑤ 施工安全保证措施。包括组织保障措施、技术措施、监测监控措施等。

⑥ 施工管理及作业人员配备和分工。包括施工管理人员、专职安全生产管理人员、特种作业人员、其他作业人员等。

⑦ 验收要求。包括验收标准、验收程序、验收内容、验收人员等。

⑧ 应急处置措施。

⑨ 计算书及相关施工图纸。

（3）专项方案的编制与审批

专项方案应当由施工单位技术部门组织本单位施工技术、安全、质量等部门的专业技术人员进行审核，经审核合格的，由施工单位技术负责人签字；实行施工总承包的，专项施工方案应当由施工总承包单位组织编制。危险性较大的分部分项工程实行分包的，专项施工方案可以由相关专业分包单位组织编制；危险性较大的分部分项工程实行分包并由分包单位编制专项施工方案的，专项施工方案应当由总承包单位技术负责人及分包单位技术负责人共同审核签字并加盖单位公章，不需专家论证的专项方案，经施工单位审核合格后报监理单位，由项目总监理工程师审核签字。超过一定规模的危险性较大的分部分项工程专项方案应当由施工单位组织召开专家论证会。

2. 专项作业指导书的内容及要求

专项作业指导书是根据装配式深化图纸、施工图纸、相关规范性文件、标准、规范及图集、施工组织设计、专项施工方案、现场积累的施工经验以及成熟实用的施工工艺所编写的指导性文件，用于阐明过程或活动的具体要求和方法，是针对分部、分项工程或比较关键的、特殊的施工工序向施工人员交代施工作业程序、施工操作方法、工艺要求、质量标准及环境保护、施工安全等注意事项的指导性文件，是对施工的详细部署，是控制施工质量的有效措施。

专项作业指导书一般按工序进行编制，应具有可操作性。专项作业指导书应描述工序操作要点、质量要求及检查方法，具体包含作业条件与要求、操作步骤、安全要求、工艺参数、质量标准、质量检查方法、示意简图。

3. 构件安装技术交底内容及要求

根据《建设工程安全生产管理条例》规定，建设工程施工前施工单位负责项目管理的技术人员应当对有关安全施工的技术要求向施工作业班组、作业人员做出详细说明，并由双方签字确认。专项工程技术交底分为设计交底、专项施工方案交底和施工安装要点交底。

（1）设计技术交底

设计技术交底就是将深化施工图纸中有关预制构件性能、规格进行交底。具体包含预制构件中钢筋、混凝土强度，预制构件中结构、装饰、设备专业的预留预埋管线、盒箱，预制构件中连接方式、连接材料性能、现浇结构的做法和细部构造等，技术人员通过文字、图纸、表格等形式向作业班组进行交底。

（2）专项施工方案交底

专项施工方案交底内容包括工程概况，拆分和深化设计要求，质量要求，工期要求，施工部署,现场堆放场地要求,运输吊装机械选用,预制构件进场时间、预制构件安装工序安排、预制构件安装竖向和斜向支撑要求,后浇混凝土钢筋、模板和浇筑要求,工程质量保证措施,安全施工及消防措施,绿色施工、现场文明和环境保护施工措施等。

（3）施工安装要点交底

施工安装要点交底就是技术人员通过文字、图纸、表格等形式将每种做法的工序安排、基层处理、施工工艺、细部构造向作业班组进行交底。

4. 构件安装质量检查要求

装配整体式混凝土结构工程应按现行国家标准《建筑工程施工质量验收统一标准》（GB 50300—2013）、《装配式混凝土建筑技术标准》（GB/T 51231—2016）、《混凝土结构施工质量验收规范》（GB 50204—2015）、《装配式混凝土结构技术规程》（JGJ 1—2014）规定,进行施工质量检查与验收,施工工序是建筑工程施工的基本组成部分,对每道施工工序的质量一般由施工单位自行管理控制。预制剪力外墙板安装质量检查应符合下列规定。

装配式结构安装尺寸允许偏差应符合设计要求,并应符合表 3-8 中的规定。

检查数量:按楼层、结构缝或施工段划分检验批。在同一检验批内,对梁、柱,应抽查构件数量的 10%,且不少于 3 件;对墙和板,应按有代表性的自然间抽查 10%,且不少于 3 间;对大空间结构,墙可按相邻轴线间高度 5 m 左右划分检查面,板可按纵、横轴线划分检查面,抽查 10%,且均不少于 3 面。

表 3-8　预制结构构件安装尺寸的允许偏差及检验方法

项目			允许偏差 /mm	检验方法
构件中心线对轴线位置	基础		15	尺量检查
	竖向构件（柱、墙板、桁架）		10	
	水平构件（梁、板）		5	
构件标高	梁、板底面或顶面		±5	水准仪或尺量检查
构件垂直度	柱、墙板	<5 m	5	经纬仪量测
		≥5 m 且 <10 m	10	
		≥10 m	20	
构件倾斜度	梁、桁架		5	垂线、钢尺量测
相邻构件平整度	板端面		5	钢尺、塞尺量测
	梁、板下表面	抹灰	5	
		不抹灰	3	
	柱、墙板侧表面	外露	5	
		不外露	10	
构件搁置长度	梁、板		±10	尺量检查
支座、支垫中心位置	板、梁、柱、墙板、桁架		±10	尺量检查
接缝宽度	板	<12 m	±10	尺量检查

5. 常见预制构件质量问题及处理方法

建筑工程质量问题一般分为工程质量缺陷、工程质量通病、工程质量事故,针对现场预制构件安装,重点应关注质量缺陷和质量通病。

工程质量缺陷可分为严重缺陷和一般缺陷:严重缺陷是指对结构构件的受力性能或安装使用性能有决定性影响的缺陷;一般缺陷是指对结构构件的受力性能或安装使用性能无决定性影响的缺陷。工程质量通病是指各类影响工程结构、使用功能和外形观感的常见性质量损伤,例如预制构件表面不平整、后浇区域局部漏浆、预埋管线不顺直等。

常见预制构件安装质量问题原因及处理措施列示如下。

（1）预制构件钢筋偏位问题

因预埋钢筋的偏移导致构件未能准确就位,需要重新调整钢筋,较为严重时可能需要植筋,严重影响工期且不经济。

常见原因:楼面混凝土浇筑前竖向钢筋未限位和固定;楼面混凝土浇筑、振捣使竖向钢筋偏移。

处理措施:在施工预埋钢筋时,应按图纸施工控制钢筋的间距,根据构件编号用钢筋定位框进行限位,保证钢筋位置准确;楼面混凝土浇筑、振捣注意施工操作,避免预留钢筋偏移;混凝土浇筑完毕后,根据插筋平面布置图及现场构件边线或控制线,对现场预留墙柱构件插筋进行中心位置复核,对中心位置偏差超过 10 mm 的预留钢筋应根据图纸进行适当的校正。

（2）预制墙板吊装偏位问题

预制墙体偏位比较严重的问题,严重影响工程质量。

常见原因:墙体安装时未严格按照控制线进行控制,导致墙体落位后偏位;构件本身存在一定质量问题,厚度不一致。

处理措施:校正墙体位置;施工单位加强现场施工管理、避免发生类似问题;监理单位加强现场检查监督工作。

（3）安装精度差、进度慢

构件安装精度差,进度缓慢,就位安装、垂直度调整、标高调整难度大,校核固定后再次出现较大偏差。

常见原因:吊装缺乏统筹考虑,造成构件连接可靠性不足,操作起吊时机不当、安装顺序不对,造成个别构件安装后出现质量问题;墙、柱找平垫块放置随意,造成墙板或柱安装不垂直;出现支撑预埋件预埋位置不当或支撑件承载力不够导致构件的垂直度出现偏差;最终导致构件安装精度差。

处理措施:加强管理,准备工作到位,统筹考虑吊装顺序,按照标准安装固定施工临时设置与辅助工具。

（4）吊装期间出现构件开裂、破坏问题

在吊装中预制构件时,产生明显裂缝,预制构件产生破坏。

常见原因:预制构件本身设计不合理;构件养护时间不够,尚未达到规定强度;吊点设计不合理;未使用要求的吊具。

处理措施:要求施工单位重新更换合格的预制件;要求施工单位加强现场管理,监理单位加强现场检查监督工作;构件设计时对吊点位置进行分析计算,确保吊装安全,吊点合理;

对漏埋吊点或吊点设计不合理的构件返回工厂进行处理;采用钢丝绳多点吊装或采用横吊梁进行多点吊装,保证每个吊点的平衡受力,防止构件因变形而破坏。

（5）预制构件管线遗漏

现场发现部分预制构件预埋管缺少、偏位等现象,造成现场安装时需在预制构件凿槽等问题,容易破坏预制构件。

常见原因:构件加工过程中预埋管件遗漏;管线安装未按图施工。

处理措施:加强管理,预埋管线必须按图施工,不得遗漏,在浇筑混凝土前加强检查。

任务实施

1. 编写剪力外墙板施工方案

本项目单件预制剪力外墙板起吊重量在 10 kN 以上,且采用起重机械进行安装,应编制专项施工方案,该方案报企业技术负责人审查同意后,经项目工程监理单位、建设单位审核同意方可实施。本次任务的专项工程施工方案是施工操作的主要依据,是保证装配整体式混凝土结构工程质量的有力措施,具体内容如下。

（1）工程概况

概要描述工程名称、位置、建筑面积、结构形式、层高、预制装配率、起重吊装部位、预制构件的质量和数量、形状、几何尺寸、预制构件就位的楼层等。施工平面预制构件现场布置、施工要求和技术保证条件、施工计划进度要求。

（2）编制依据

概要描述相关法律、法规、规范性文件、标准、规范及图纸、国标图集、施工组织设计、计算软件等。

（3）施工部署

组织架构及人员职责、材料及堆放、施工设备及器具要求、技术要求、施工进度计划、预制构件生产及分批进场计划、周转模板及支设工具计划,劳动力计划,预制构件安装计划。

（4）预制构件吊装机械情况

描述预制构件运输设备、吊装设备种类、数量、位置,描述吊装设备性能,验算构件强度,吊装设备运输线路、运输、堆放和拼装工况。

（5）预制构件施工工艺

描述验算预制构件强度,描述整体、后浇拼装方法、介绍预制构件吊装顺序和起重机械开行路线,描述预制构件的绑扎、起吊、就位、临时支撑固定及校正方法,介绍预制构件之间钢筋连接方式和预制构件之间混凝土连接方式,介绍吊装检查验收标准及方法等。

（6）质量保证措施

根据质量计划,明确原材料、构件进场质量验收要点与程序,现场施工质量管理要求,验收质量管理要求,常见的质量问题分析与处理。

（7）安全文明措施

描述施工安全组织措施和技术安全措施,描述危险源辨识及安全应急预案内容。

（8）计算书及图纸情况

起重机械的型号选择验算、预制构件的吊装吊点位置、强度、裂缝宽度验算、吊具吊索横吊梁的验算、预制构件校正和临时固定的稳定验算、承重结构的强度验算、地基承载力验算等。施工相关图纸,如预制构件深化设计和拆分设计施工图,预制构件场区平面布置图、预制构件吊装就位平面布置图、吊装机械位置图、开行路线图等图示。

2. 编制剪力外墙板专项作业指导书

项目经理部在项目正式吊装施工前必须组织技术人员就各分部、分项工程及关键工序,根据质量验收标准、技术标准,结合现场施工实际和特点,逐项编制作业指导书,达到作业程序简明易懂,操作方法具体可行,施工过程有序可控,质量标准满足要求,环境保护满足相关法律法规。编制剪力外墙板专项作业指导书应具有以下内容。

① 准备工作。a. 技术准备,相关设计文件、设计图纸、须参照使用的通用图、参考图等。b. 试验准备,各种工程材料的检验及准备,如钢筋、灌浆料、灌浆套筒、密封胶等的送检或自检。c. 测量准备,确定测量工作内容、测量方法、测量要求等,如构件的定位、标高、垂直度测定,灌浆料流动度测定等。d. 劳动力准备,需要的工种、各工种劳动力数量。e. 材料、机具设备准备,根据施工方法、施工工艺列出需要使用的材料、机具设备清单,材料要明确规格、型号、等级、用量,机具设备要明确数量、规格、性能参数等重要信息。f. 作业环境安全准备,根据施工平面布置图、周边已有构筑物、市政管线、现场供电供水、天气预报等做好作业环境安全准备,设置相应的告示或警示标志,编制相应应急预案。

② 施工方法及施工工艺应详细、具体交代每道工序做法,同时明确质量要求、技术标准;施工工艺应交代工艺流程及每个步骤的详细做法。

③ 质量保证措施主要从技术保证、组织保证、经济保证等方面制定适宜的保证措施。

④ 质量通病或缺陷预防与处理。针对作业指导书具体内容及工程实际情况,编写质量通病或缺陷预防措施及处理预案、方法。

⑤ 质量检查、验收。明确检查依据,质量验收指标,检查方法,质量评定方法。

⑥ 职业健康及安全注意事项针对工程内容,对容易出现安全事故的环节交代注意事项。

⑦ 环境保护注意事项根据国家法律、法规及地方法规的要求和公司相关制度及工程实际,具体编制环境保护注意事项。

3. 剪力外墙板吊装前技术交底

预制剪力外墙板施工安装要点交底就是将预制构件的工序安排、基层处理、施工工艺、细部构造由技术人员通过文字或详图形式向作业班组或劳务队进行交底。预制剪力外墙板吊装前技术交底示例见表 3-9。

表 3-9　预制剪力外墙板吊装前技术交底表(示例)

工程名称	×××地块项目	分部分项工程名称	主体分部混凝土分项	
作业部位	剪力外墙板施工安装	作业时间	年　　月　　日	
交底类别	技术交底	交底时间	×××	
交底内容	一、建筑概况 　　本工程由 1 层整体地下室和地上部分 12 幢 25～29 层单体及物管公共用房、配电房等组成,总建筑面积为 206 872.82 m²,其中地上建筑面积为 158 422.82 m²,地下为 48 450 m²。地上为剪力墙结构,其中 5 层至顶层为预制结构。预制包括外墙、阳台板、空调板、外凸窗、楼梯为预制装配式混凝土结构,部分预制剪力墙采用高强灌浆施工技术,预制填充墙采用 C20 聚合物砂浆坐浆施工。			

续表

交底内容	二、质量、工期 工程一次合格率 100%。确保工程质量一次验收合格,标准层工期为 7 d,其中预制吊装 1.5 d,灌浆穿插施工。 三、主要施工机具和工艺设备清单 主要施工机具和工艺设备清单见表 1。

表 1　主要施工机具和工艺设备清单

序号	名称	型号	单位	数量
1	精密水准仪	DZS3-1	套	2
2	铅垂仪	新瑞德	台	2
3	钢卷尺	50 m	把	2
4	钢卷尺	100 m	把	2
5	吊具		套	4
6	锤子	3 kg	个	2
7	撬棍		根	2
8	垫块	1 mm、2 mm、3 mm、4 mm	t	1
9	斜撑		根	500

四、预制剪力墙吊装施工流程

基层清理及定位放线→封浆条及垫片安装→预制墙板吊运→预留钢筋插入就位→墙板调整校正→墙板临时固定。

五、起吊设施施工

1. 起吊

本工程设计单件板块最大重量 6 t 左右,采用 QTZ100(6015)型塔吊吊装,为防止单点起吊引起构件变形,单块质量大于 3.5 t 均采用钢扁担起吊就位。构件的各起吊点受力应均匀,保证构件能水平起吊,避免磕碰构件边角,构件起吊平稳后再匀速移动吊臂,靠近建筑物后由人工对中就位。

2. 预制结构安装与调整施工

① 装配式构件进场质量检查、编号、按吊装流程清点数量。

根据给定的水准标高、控制轴线引出层水平标高线、轴线,然后按水平标高线、轴线安装板下搁置件。预制墙板通过多规格钢垫片进行调控施工,多规格标高钢垫块规格为 40 mm × 40 mm × (1 mm、3 mm、5 mm、10 mm、20 mm),其承重强度按Ⅱ级钢计算,预制墙板一次吊装,坐落其上。

② 按编号和吊装流程对照轴线、墙板控制线逐块就位设置墙板与楼板限位装置,做好板墙内侧加固。预制墙板的临时支撑系统由长、短斜向可调节螺杆组成。

③ 设置构件支撑及临时固定,在施工的过程中板与板连接件的紧固方式应按图纸要求安装,吊装就位后,采用靠尺检验挂板的垂直度,利用铅锤等进行垂直度的检测,如有偏差用调节斜拉杆进行调整。

④ 吊点脱钩,进行下一墙板安装,并循环重复。

3. 吊装过程标高、垂直度保证措施

在吊装中,预制墙体的标高和垂直度是控制墙体吊装的重点,准确控制标高和垂直度可以提升吊装的速度,加快施工进度。

① 在后浇段甩出钢筋上面抄出标高控制线。

② 根据标高控制线放置垫铁,垫铁选择 2~3 mm 厚。根据现场实际情况,依据标高选择垫铁数量,使墙板能达到标高要求。

③ 墙板依据所弹墨线放置好后,依据标高控制线测量到墙顶尺寸。校核预制墙体的标高,校核无误后,方可松开吊钩。

④ 预制墙体吊装就位后,标高控制准确后,开始加设斜支撑。在加设斜支撑时,利用斜撑杆调节好墙体的垂直度。在调节斜撑杆时必须两名工人同时间、同方向进行操作,分别调节两根斜撑杆,与此同时要有一名工人拿 2 m 靠尺反复测量垂直度,直到调整满足要求为止(依据规范要求垂直度需满足不超过 5 mm)。

六、预制安装质量要求

预制墙板吊装后每层检测,预制构件在吊装、安装就位和连接的过程中的误差见表 2。

表 2　预制构件允许偏差

项目		允许偏差 /mm	检验方法
构件中心线对轴线位置	基础	15	尺量检查
	竖向构件(柱、墙板、桁架)	10	
	水平构件(梁、板)	5	
构件标高	梁、板底面或顶面	±5	水准仪或尺量检查
构件垂直度	柱、墙板 <5 m	5	经纬仪量测
	≥5 m 且 <10 m	10	
	≥10 m	20	
构件倾斜度	梁、桁架	5	垂线、钢尺量测
相邻构件平整度	板端面	5	钢尺、塞尺量测
	梁、板下表面 抹灰	5	
	不抹灰	3	
	柱、墙板侧表面 外露	5	
	不外露	10	
构件搁置长度	梁、板	±10	尺量检查
支座、支垫中心位置	板、梁、柱、墙板、桁架	±10	尺量检查
接缝宽度	板 <12 m	±10	尺量检查

交底内容

续表

交底内容	七、预制构件安装与施工安全 预制墙板吊装、卸车需垂直起吊,在卸车过程中各相关人员相互配合,完成该放置过程,禁止非吊装人员进入吊装区域,预制板上挂钩之后要检查一遍挂架上安装作业人员是否佩戴安全带、安全帽等;预制吊装工人必须经过三级教育及安全生产知识考试合格,并且接受安全技术交底;吊装各项工作要固定人员,不准随便换人,以便工人熟练掌握技能,外架吊装作业时按要求佩戴安全带,确保施工安全			
交底人	项目技术负责人签字		接受交底 负责人签字	
	项目专职安全员签字			
作业人员 签字				

4. 外墙板吊装施工

预制剪力墙吊装施工流程:基层清理及定位放线→封浆条及垫片安装→预制墙板吊运→预留钢筋插入就位→墙板调整校正→墙板临时固定。

(1)吊装准备

① 构件检查、编号确认。核实构件编号,确认构件吊装位置,检查构件外观质量,确保配套斜向支撑、预埋件配筋、调整工具就位。

② 构件灌浆套筒或浆锚孔检查。用手电筒补光检查构件灌浆套筒或浆锚孔是否堵塞,当灌浆套筒、预留孔内有杂物时,及时用气体或钢筋清理干净。

③ 施工面准备。清理施工层地面,对基层初凝时用钢钎做麻面处理,吊装前用风机清理浮灰,或进行凿毛处理。

④ 预留钢筋复核与调整。吊装预制墙体前,为提高安装效率,应对预留钢筋位置、长度进行复核。

使用特制钢模具检查竖向预留钢筋是否偏位(图 3-24),针对偏位钢筋用校正器(钢管)等工具进行校正,同时严格按照设计图纸要求检查预留钢筋长度,除去钢筋附着泥浆(现浇部分浇筑前可采用专用保护膜覆盖预留钢筋避免污染),确保后续预制墙体精确安装。

(2)定位放线

将连接部位浮灰清扫干净,在安装平面上弹出构件安装边线、控制线、分仓线(图 3-25),可在地面标注构件编号;同时对预制构件完成弹线(构件中线、水平控制线、水平构件搁置定位线等)。

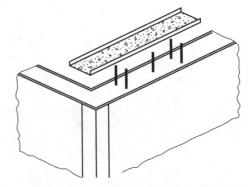

图 3-24　特制钢模具检查竖向预留钢筋是否偏位

　　在楼板上根据图纸及定位轴线放出预制墙体定位边线、距离定位边线 200 mm 的控制线、分仓线（采用电动灌浆泵灌浆时，一般单仓长度不超过 1 m；采用手动灌浆枪灌浆时单仓长度不宜超过 0.3 m），在预制墙体上放出墙体 500 mm 水平控制线，便于预制墙体安装过程中精确定位，提高吊装效率和安装控制质量。

图 3-25　构件安装边线、控制线、构件编号

（3）垫块与封边压条放置

　　① 垫块放置。现场通过预置钢垫块或预埋高度调节螺栓完成对预制构件的标高和水平接缝厚度的控制，安放好钢垫块或调节螺栓后，用水准仪对其标高进行统一调节满足设计要求，如图 3-26、图 3-27 所示。

图 3-26　标高控制垫块

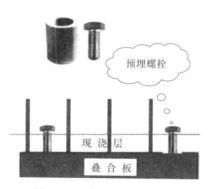

图 3-27　预埋高度调节螺栓

　　② 压条放置。根据基层构件定位放线与分仓防线，放置压条。用作封缝时，压条宽度应为 15 ~ 20 mm；用作分仓时，压条宽度应不小于 20 mm，如图 3-28 所示。

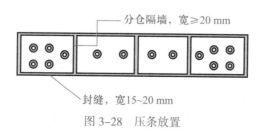

图 3-28　压条放置

（4）预制剪力墙吊装

根据预制构件形状、尺寸及重量要求选择适宜的吊具。在吊装过程中采用两点起吊,吊索与构件水平夹角不宜小于 60°,不应小于 45°;尺寸较大或形状复杂的预制剪力墙应选择设置横吊梁等吊具,采用专用横吊梁确保墙体构件整体受力均匀,避免出现内压力和附加弯矩,同时保证构件吊装平稳。吊装过程中保证吊车主钩位置、吊具及构件重心在竖直方向重合。

起吊构件吊装采用慢起、快升、缓放的操作方式。起重机缓慢持力,将构件吊离存放架,然后快速运至安装施工层。预制墙体对中安装位置下放,距楼板面 1 000 mm 处减缓下落速度,由操作人员引导墙体降落,操作人员观察连接钢筋是否对孔,直至确认下方连接钢筋均准确插入构件的灌浆套筒内,如图 3-29 所示。

图 3-29　平稳就位

（5）预制剪力墙校核与固定

安装斜向支撑及底部限位装置。预制墙体吊装就位后,先安装斜向支撑,斜向支撑用于固定调节预制墙体安装垂直度;在预制墙板上部 2/3 高度处,用斜支撑通过连接对预制构件进行固定,斜撑底部与楼面用地脚螺栓锚固连接,其与楼面的水平夹角不应小于 60°,墙体构件用不少于 2 根斜支撑进行固定（临时斜撑宜设置调节装置,支撑点位置距离底板不宜大于板高的 2/3,且不应小于板高的 1/2 ）。

预制构件下部可安装限位装置七字码（底部限位装置不少于 2 个,间距不宜大于 4 m ）或安装 2 根短斜支撑,用于加固墙体与主体结构的连接,确保后续灌浆与暗柱混凝土浇筑时预制墙体不发生位移。在确保两个墙板斜撑安装牢固后方可解除吊钩。

完成初步固定之后,进行预制构件校核与调整,预制墙板校核与调整按下列规定进行。

① 预制墙板安装垂直度应以满足外墙板面垂直为主。

② 预制墙板拼缝校核与调整应以竖缝为主,横缝为辅。

③ 预制墙板阳角位置相邻的平整度校核与调整,应以阳角垂直度为基准。

预制墙体通过靠尺校核其垂直度,通过靠尺＋塞尺校核墙体之间平整体,如有偏位,通过调整两个斜撑上的螺纹套管来实现,调整时两边要同时调整;通过水准仪观测墙身500 mm 水平控制线校核标高。最终确保构件的水平位置、垂直度均及标高达到表 3-8 的规定,最后固定斜向支撑,如图 3-30、图 3-31 所示。

图 3-30　垂直检查

图 3-31　固定完成

（6）工完料清

① 拆除构件并将构件存放至原位置。

② 工具入库,并对工具进行清理维护,清理施工场地垃圾。

③ 操作清理设备进行施工面清理。

5. 套筒灌浆施工

预制剪力外墙板套筒灌浆施工详见"任务 3.3　构件连接"下"3. 预制外墙板连接施工"。

6. 外墙板安装质量检查

外墙板安装质量的检查按照现行标准规范执行,在项目已完成安装的构件中,按楼层、结构缝或施工段划分检验批。在同一检验批内,对安装就位的预制剪力墙,应按有代表性的自然间抽查 10%,且不少于 3 间;对大空间结构,墙可按相邻轴线间高度 5 m 左右划分检查面,板可按纵、横轴线划分检查面,抽查 10%,且均不少于 3 面。

具体检查项目如下。

① 位置。采用尺量检查,检查水平放线(轴线)与构件弹线(施工前弹制的中线等),外墙板构件中心线对轴线位置偏差控制在 10 mm 以内。

② 标高。采用水准仪或尺量检查构件 500 mm 水平控制线标高,外墙板构件标高偏差控制在 ±5 mm 以内。

③ 垂直度。采用靠尺、经纬仪或全站仪量测,预制墙垂直度偏差控制要求:5 mm 以内(构件高度 <5 m)、10 mm 以内(5 ≤构件高度 <10 m)、20 mm 以内(构件高度 >10 m)。

④ 相邻构件平整度。采用靠尺与塞尺组合量测相邻预制剪力墙平整度,要求表面外露情况下偏差控制在 5 mm 以内,表面不外露情况下偏差控制在 10 mm 以内。

⑤ 外墙板支座中心线位置。采用尺量检查,偏差控制在 10 mm 以内。

⑥ 墙板接缝宽度和中心线位置。采用尺量检查,预制外墙板之间的接缝宽度和中心线位置偏差控制在 ±5 mm 以内。

任务拓展

1. 常见吊装器具

(1)钢丝绳

钢丝绳是起重吊装作业中重要的工具,同时也是多种吊装机械设备必需的配套工具。

钢丝绳通常由多层钢丝捻成绳股,再由多股绳股绕绳芯为中心捻成绳,能卷绕成盘,因具有自重轻、强度高、弹性大、韧性好、耐磨、耐冲击、在高速下平稳运动且噪声小、安全可靠等特点,被广泛应用于起重机及捆绑物体的起升、牵引、固定等吊装操作中,如图 3-32 所示。

(2)吊钩

吊钩按制造方法可分为锻造吊钩和片式吊钩,在建筑工程施工中,通常采用锻造吊钩,这类吊钩采用优质低碳镇静钢或低碳合金钢锻造而成,继而又可分为单钩和双钩(图 3-33),单钩一般用于较小的起重量,双钩多用于较大的起重量。

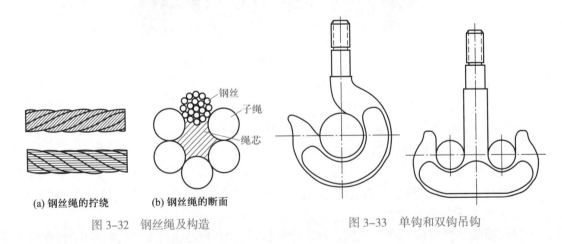

(a) 钢丝绳的拧绕　(b) 钢丝绳的断面	
图 3-32　钢丝绳及构造	图 3-33　单钩和双钩吊钩

(3)倒链

倒链是一种使用简单、携带方便的手动起重机械,也称"环链葫芦"或"手动葫芦",如图 3-34 所示。倒链在预制构件吊装中使用比较广泛,适用于小型设备或物体的短距离吊装,常用于拉紧缆风绳及拉紧捆绑构件的绳索等。由于装配整体式混凝土结构吊装起重机只能进行初步就位,无法进行预制构件精确就位,因此可在预制构件吊装中初步就位后,由人工操作倒链使预制构件精确就位,弥补大型机械精度准确性不足的问题。

（4）横吊梁

横吊梁俗称铁扁担、扁担梁,常用于梁、柱、墙板、叠合板等构件的吊装,用横吊梁吊运构件时,可以防止因起吊受力,对构件造成的破坏,便于构件更好地安装、校正,常用的横吊梁有框架吊梁、单根吊梁,如图 3-35 所示。

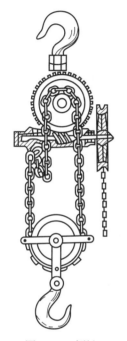

图 3-34　倒链

图 3-35　横吊梁

（5）吊装带

吊装带一般采用高强度聚酯长丝制作,根据外观分为环形穿芯、环形扁平、双眼穿芯、双眼扁平四类,吊装能力分别为 1～300 t,对其起吊吨位一般采用国际色标来区分吊装带的吨位,紫色为 1 t、绿色为 2 t、黄色为 3 t、灰色为 4 t、红色为 5 t、橙色为 10 t、橘红色为大于12 t,同时带体上均有荷载标识标牌,如图 3-36 所示。

（6）卸扣

卸扣是由 20 号低碳合金钢锻造后经热处理而制成,是起重吊装中普遍使用的连接工具,用于吊索之间或吊索与构件吊环之间的连接。由弯环与销子两部分组成,如图 3-37 所示。

（7）预制构件专用吊件

专门用于连接新型吊点（圆形吊钉、鱼尾形吊钉、螺纹吊钉）的连接吊钩,注重吊钩与吊点预埋件的配套性,或用于快速接驳传统吊钩的新型吊点预埋件,具有接驳快速、使用安全等特点,如图 3-38 所示。

图 3-36　吊装带

213

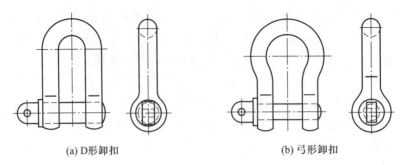

(a) D形卸扣 (b) 弓形卸扣

图 3-37 卸扣

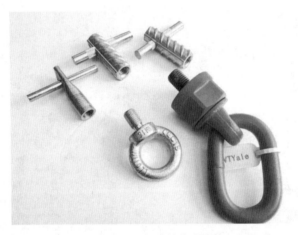

图 3-38 新型吊装连接件

2. 预制柱的安装

（1）预制柱安装工艺与流程

预制柱安装工艺与流程：测量放样与构件弹线→标高找平→竖向预留钢筋校正→预制柱吊装→柱安装及校正→灌浆施工。

（2）预制柱的安装前准备及吊装就位

① 预制柱安装前准备工作。

a. 吊装前清理基层面，备齐安装所需的设备和器具，如斜撑、固定用铁件、螺栓、柱底高程调整铁片、起吊工具、垂直度测定仪器等。

b. 检查预制柱外观质量，检查预埋套灌浆筒质量，完成埋套灌浆套筒内部、注浆孔的清理。确认预制立柱的吊装方向、构件编号、水电预埋管、吊点与构件重量等内容。

c. 采用特制钢模具对下层预留钢筋位置、数量、规格进行复核，用钢筋校正器（钢管）对有弯折的预留插筋进行校正，以确保预制柱连接的质量。

d. 进行吊装位置测量放样，预制构件弹线。

e. 对安装高程进行复核，安放高程调整铁片，铁片安装时应考虑以完成立柱吊装后立柱的稳定性及垂直度可调为原则。

② 预制柱的吊装就位。

柱的吊装流程包括绑扎→起吊→就位→临时固定。

214

绑扎：柱的起吊方法应根据柱的重量、长度、起重机的性能和现场情况而定,使用的索具有吊索、卡环、柱销,现场一般采用直吊吊装。

起吊：预制柱吊装采用慢起、快升、缓放的操作方式。起重机缓慢持力,将预制柱吊离存放架,然后快速运至预制柱安装施工层。在预制柱就位前,应再次清理柱安装部位基层,然后将预制柱缓慢吊运至安装部位的正上方。

对位：柱脚插入预留钢筋后,并不立即降至设计标高,而是停在离设计标高 300 mm 处进行对位,柱四侧中心线对准楼面上的定位线,套筒位置与地面预留钢筋位置对准后,将柱缓慢下降,预留钢筋插入灌浆套筒内,使之平稳就位,如图 3-39 所示。

图 3-39　平稳就位

（3）预制柱的临时支撑与校核

柱吊装到位后,将斜撑及时固定在预制柱上方和楼板的预埋件上,每根预制立柱的固定至少在不同两个垂直侧面设置斜撑。

柱的标高校正和平面位置的校正在柱对位时已完成,因此在柱临时固定后,仅需对柱进行垂直度的校正。采用两架经纬仪从柱相邻的两边（视线应基本与柱面垂直）去检查柱吊装准线的垂直度,垂直度校核也可采用靠尺进行,如偏差超过表 3-8 所示的规定值,则应对柱的垂直度进行校正,通过斜撑可调节装置进行垂直度调整,直至垂直度满足规定的要求后进行锁定。

预制柱的临时支撑,应在套筒连接器内的灌浆料强度达到设计要求后拆除,当设计无具体要求时,混凝土或灌浆料达到设计强度的 75% 以上方可拆除。

3. 水平构件的安装

（1）水平构件安装工艺与流程

装配式钢筋混凝土结构水平构件主要包括预制叠合梁、预制叠合楼板。

① 预制叠合梁的安装工艺与流程。

预制梁施工流程：预制梁进场、验收→放线→设置梁底支撑→预制梁起吊→预制梁就位→接头连接。

a. 预制梁进场、验收。预制梁安装前应复核竖向构件（预制柱、预制剪力墙）钢筋与梁钢筋位置、尺寸,对梁钢筋与柱钢筋安装有冲突的,按经设计部门确认的技术方案进行调整。

b. 定位放线。用水平仪测定并修正竖向构件（预制柱、预制剪力墙）顶部与梁底标高,确保标高一致,然后在竖向构件上弹出梁边控制线。

c. 支撑架搭设。梁底支撑采用钢立杆支撑 + 可调顶托,可调顶托上铺设长 × 宽为 100 mm × 100 mm 的方术,预制梁的标高通过支撑体系顶部的可调顶托来调节。临时支撑位置应符合设计要求,设计无要求时,预制梁长度小于或等于 4 m 时应设置不少于 2 道垂直支撑,长度大于 4 m 时应设置不少于 3 道垂直支撑。根据预制梁构件类型、跨度确定支撑件的拆除时间,确保后浇混凝土强度达到设计要求后方可承受全部设计荷载。

d. 预制梁起吊就位。梁吊装顺序应遵循 "先主梁后次梁,先低后高" 的原则。预制梁安装时,主梁和次梁伸入支座的长度与搁置长度应符合设计要求。预制梁安装就位后应对水平度、安装位置、标高进行检查。再次检查梁底支撑,保证下部支撑充分受力后方可松开吊钩。

预制次梁的吊装一般应在一组预制主梁吊装完成后进行,本项目采用主次梁搭接,预制次梁与预制主梁之间的凹槽应在预制楼板安装完成后,采用不低于预制梁混凝土强度等级的材料填实。

② 预制叠合板的安装工艺与流程。

预制叠合楼板的安装工艺与流程:预制叠合楼板进场、验收→放线→搭设板底独立支撑→预制叠合楼板吊装→预制叠合楼板就位→预制叠合楼板校正定位。

预制叠合楼板安装应符合下列要求。

a. 架设支撑系统,支撑架体宜采用可调工具式支撑系统,首层支撑架体的地基必须坚实,架体必须有足够的强度、刚度和稳定性。板底支撑间距不应大于 2 m,每根支撑之间高差不应大于 2 mm,标高偏差不应大于 3 mm,悬挑板外端比内端支撑宜调高 2 mm。

b. 吊装就位,预制楼板安装前,应复核预制板构件端部和侧边的控制线以及支撑搭设情况是否满足要求。预制叠合楼板起吊时,吊点不应少于 4 点,预制楼板吊至梁、墙上方 300 ~ 500 mm 后,作业人员调整板位置使板锚固筋与梁箍筋错开,根据梁、墙上已放出的板边、板端控制线,准确就位,偏差不得大于 2 mm,累计误差不得大于 5 mm。板就位后调节支撑立杆确保所有立杆全部受力。

c. 位置与标高校核,根据预制剪力墙已弹出的 500 mm 水平控制线、墙顶弹出的板安放位置线,控制叠合板安装标高和平面位置。预制楼板安装应通过微调垂直支撑来控制水平标高。

d. 其他工艺要求,预制楼板安装时,应保证水电预埋管(孔)位置准确。预制叠合楼板吊装顺序依次铺开,不宜间隔吊装。在混凝土浇筑前,应校正预制构件的外露钢筋,外伸预留钢筋伸入支座时,且不得弯折。相邻叠合楼板间拼缝及预制楼板与预制墙板位置拼缝应符合设计要求并有防止裂缝的措施。施工集中荷载或受力较大部位应避开拼接位置。

(2)水平构件的吊装就位

① 预制叠合梁的吊装就位。

a. 绑扎起吊。钢丝绳的绑扎要求牢固可靠,绑扎方便,保证构件在起吊过程中不发生永久变形,不出现裂缝,并便于安装。

预制梁一般用两点吊,两个吊点分别位于梁顶两侧距离两端 0.2L 梁长位置,由生产构件厂家预留,起吊预制梁采用专用钢扁担,用卸扣将钢丝绳梁上端的预埋件相连接,并确认连接紧固后,梁起吊离地时要预防梁的边角不被撞坏。并应注意起吊过程中,梁不得与堆放架发生碰撞。

起重机缓缓将梁吊起,待梁的底边升至距地面 500 mm 时略做停顿,再次检查吊挂是否牢固,确认无误后,继续提升使之慢慢靠近安装作业面,人工通过预制梁工要用绳索辅助梁就位。

b. 就位。在距作业层上方 300 mm 左右略做停顿,施工人员可以手扶梁,控制梁下落方向。梁在此缓慢下降,梁两侧挂线坠对准地面上的控制线,将梁缓慢下降,使之平稳就位,然后将之临时固定。

② 预制叠合板的吊装就位。

a. 叠合板起吊时,要尽可能减小在非预应力方向因自重产生的弯矩,采用预制构件横吊梁进行吊装,4 个吊点均匀受力,保证构件平稳吊装,吊装示意图如图 3-40、图 3-41 所示。

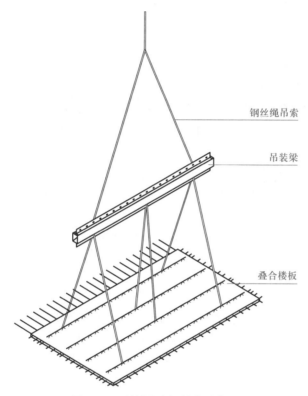

钢丝绳吊索

吊装梁

叠合楼板

图 3-40 预制叠合板吊装示意图

图 3-41 预制叠合板吊装工况示意图(4 个吊点)

b. 起吊时要先试吊,先吊起并在距地 500 mm 处停止,检查钢丝绳、吊钩的受力情况,使叠合板保持水平,然后吊至作业层上空。

c. 就位时叠合板要从上垂直向下安装,在作业层上空 300 mm 处略做停顿,施工人员手扶楼板调整方向,将板的边线与墙上的安放位置线对准,注意避免叠合板上的预留钢筋与墙体钢筋碰触,放下时要停稳慢放,严禁快速猛放,以避免冲击力过大造成板面震折裂缝。

d. 调整板位置时,要垫以小木块,不要直接使用撬棍,以避免损坏板边角,保证板在梁或墙上的搁置长度,其允许偏差不大于 5 mm。

e. 楼板安装完后进行标高校核,调节板下的可调支撑。

（3）水平构件的标高与位置复核

① 预制叠合梁的校正。

当预制梁初步就位后,两侧借助柱上的梁定位线将梁精确校正。梁的标高通过支撑体的顶丝来调节,调平时需将下部可调支撑上紧,这时方可松去吊钩。梁的校正包括平面位置校正、标高校正及垂直度校正三方面的内容,三项校正工作应同时进行。

a. 梁的平面位置校正。根据测量放好的支座轴、边线,在预制梁中心线上拉线,也可距预制梁中心线一整数尺寸距离处拉线,用工具调整预制梁。

b. 梁的标高校正。钢筋混凝土预制梁在就位前,根据梁支座表面标高与梁端尺寸情况用垫板找平。

c. 梁的垂直度校正。从预制梁上翼缘挂线锤,量腹部上下两点与线锤的距离,超过允许误差时,加垫块调整。

梁的最终加固:校正合格后,应按设计要求将预制梁进行固定。

② 预制叠合板的校正。

根据预制墙体上水平控制线及竖向板缝定位线,校核叠合板水平位置及竖向标高情况,通过调节竖向独立支撑,确保叠合板满足设计标高要求;通过撬棍（撬棍配合垫木使用,避免损坏板边角）调节叠合板水平位移,确保叠合板满足设计图纸水平分布要求。

4. 特殊构件的安装

（1）预制楼梯安装

① 施工流程。

预制楼梯进场、验收→放线→垫片及坐浆料施工→预制楼梯吊装→预制楼梯校正→预制楼梯固定。

a. 检查吊索具、吊装设备,确保其保持正常工作性能,吊具螺栓出现裂纹、部分配件损坏时,应立即进行更换,确保吊装安全。

b. 放控制线。在楼梯洞口外的板面放样楼梯上、下梯段板控制线,在楼梯平台上划出安装位置（左右、前后控制线）,在竖向构件上划出标高控制线。楼梯侧面距结构墙体预留 10 ~ 20 mm 空隙,为墙面砂浆抹灰层预留空间。

c. 在梯段上下口梯梁处铺水泥砂浆找平层,找平层标高要控制准确。

d. 起吊。预制楼梯梯段采用水平吊装,吊装时,应使踏步平面呈水平状态,便于就位,因此吊装可采用横吊梁进行（图 3-42）,也可在一边绳索上安装倒链用于调整绳索长度,确保踏步水平。构件吊装前进行试吊,先吊起距地 500 mm 停止,检查钢丝绳、吊钩的受力情况,检查吊具与预制楼梯的 4 个预埋件连接是否扣牢。使楼梯保持水平,然后吊至作业层上空。

e. 楼梯就位。就位时楼梯板要从上垂直向下安装,在作业层上空 300 mm 左右处略做停顿,施工人员手扶楼梯板调整方向,将楼梯板的边线与梯梁上的安放位置线对准,放下时要停稳慢放,严禁快速猛放,以避免冲击力过大造成板面震折裂缝。

f. 校正。基本就位后再用撬棍微调楼梯板,直到位置正确,搁置平实。就位后再次符合标高。

g. 楼梯段与平台板连接部位施工。楼梯段校正完毕后,将梯段上口预埋件处采用灌浆料进行灌浆处理,如图 3-43 所示。

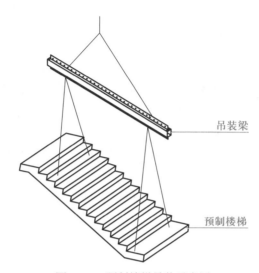

图 3-42　预制楼梯吊装示意图

图 3-43　预制楼梯

② 注意事项。

a. 构件安装前组织详细的技术交底,使施工管理和操作人员充分明确安装质量要求和技术操作要点,构件起吊前检查吊索具,同时进行试吊。

b. 安装前应对构件安装的位置准确放样,安装标高、搁置点位置等,确保构件安装质量。安装前检查并核对构件的质量与型号及方向,安装时严格控制安装构件的位置和标高,安装误差尺寸控制在规范允许范围内。

c. 预制楼梯起吊、运输、码放和翻身注意平衡,轻起轻放,防止碰撞,保护好楼梯阴阳角。安装完后用废旧模板制作护角,避免装修阶段对楼梯阳角的损坏。

（2）预制阳台板安装

① 施工流程。

预制阳台板分为叠合类与非叠合类,施工过程为定位放线→核对检查构件→预制阳台板吊装起吊→就位→校正轴线位置及标高→临时固定措施→支撑固定→松钩。

a. 放线,预制阳台板安装前,测量人员根据阳台板宽度,放出竖向独立支撑定位线,并安装独立支撑,同时在预制叠合板上,放出阳台板控制线。

b. 起吊时同一构件上吊点高低有不同的,低处吊点采用倒链进行拉接,起吊后调平。

c. 就位校核,当预制阳台板吊装至作业面上空 500 mm 时,减缓降落,由专业操作工人稳住预制阳台板,根据叠合板上控制线,引导预制阳台板降落至独立支撑上,根据预制墙体上水平控制线及预制叠合板上控制线,校核预制阳台板水平位置及竖向标高情况,通过调节竖向独立支撑,确保预制阳台板满足设计标高要求;通过撬棍调节预制阳台板水平位移,确保预制阳台板满足设计图纸水平分布要求。

d. 固定,预制阳台板定位完成后,将阳台板钢筋与叠合板钢筋可靠连接固定,预制构件固定完成后,方可摘除吊钩。

② 注意事项。

a. 悬挑阳台板吊装前应设置防倾覆支撑架,并应在结构楼层混凝土达到设计强度要求时,方可拆除支撑架。

b. 悬挑阳台板施工荷载不得超过楼板的允许荷载值。

c. 预制阳台板预留锚固钢筋应伸入现浇结构内,并应与现浇混凝土结构连成整体。

任务 3.3　构件连接

▶ **任务陈述**

本工程由 1 层整体地下室和地上部分 12 幢 25～29 层单体及物管公共用房、配电房等组成,总建筑面积 206 872.82 m²,其中地上建筑面积 158 422.82 m²,地下 48 450 m²。地上为剪力墙结构,其中 5 层至顶层为预制结构,预制构件包括外墙、阳台板、空调板、外凸窗、楼梯,为装配整体式混凝土结构,其中部分外墙竖向板采用高强灌浆施工技术,地下为现浇钢筋混凝土框架结构,建筑类别为 I 类,建筑耐火等级为 I 级,抗震设防烈度为 6 度,设计使用年限为 50 年。

主楼 5～24/29 层为装配整体式剪力墙结构,预制外墙板（剪力墙）采用钢筋半灌浆套筒灌浆连接,在预制混凝土构件下部中预埋金属套筒,上部预留锚固钢筋,安装时套筒插入下层预留的锚固钢筋,安装完毕后灌注水泥基灌浆料从而实现连接,其余填充墙墙板采用坐浆的施工方法,墙板两侧为湿作业连接。

> **知识准备**

1. 预制构件连接施工方案编制要求

预制构件连接施工方案包含分项工程概述,方案编写依据,质量目标、进度目标,材料计划、机械计划、劳动力计划,分项工程施工工艺,特别是预制构件吊装连接要点,冬、雨期施工措施,安全施工措施,绿色施工或文明施工及环境保护措施。

预制构件连接施工方案编制要求如下。

① 分项工程说明、编写依据、参照的规范、标准及规程。该项目预制构件连接施工情况说明,预制构件连接参照的标准、规范具体的做法要求,注意事项。

② 分项工期质量目标,明确该分项工程所应该达到的质量标准、质量保证措施,提出分部分项工程的质量评定的目标计划等。保证和提高工程质量的组织措施,如现场管理机构的设置、人员培训、建立质量检查制度等;保证主体结构等关键部位施工质量的措施,对采用新工艺、新材料、新技术和新结构制定有针对性的技术措施;常见的构件连接质量问题与解决质量通病的措施。

③ 分项工程施工进度计划,工程形象进度控制点。结合项目整体进度安排,具体落实预制构件连接施工的进度要求,确定进度控制点。

④ 施工部署及准备,技术准备,劳动力组织及安排,主要材料计划,主要施工吊装机械工具型号、数量及进场计划。确定起重机械类型、型号和数量;确定结构安装方法,安排吊装顺序、机械位置和开行路线及构件的制作、拼装场地;确定构件运输、装卸、堆放方法和所需机具设备的规格、数量和运输道路要求。

⑤ 分项工程施工工艺,预制构件,特别是预制构件连接要点。

⑥ 确保施工安全措施。保证安全的关键是贯彻安全操作规程,对施工中可能发生的安全问题提出预防措施并加以落实。如在预制构件连接施工阶段脚手架、吊篮、安全网的设置和防止人员坠落各类洞口的防范措施;外用电梯、井架及塔吊等垂直运输机具的拉结要求和防倒塌措施;安全用电和机电设备防短路、防触电措施;易燃、易爆、有毒作业场所的防火、防爆、防毒措施;季节性安全措施;防洪防雨、防暑降温、防滑、防火、防冻措施;特殊天气发生前后的安全检查措施及安全维护制度;现场周围通行道路及居民安全保护、隔离措施。

⑦ 降低工程成本措施。降低成本措施包括提高劳动生产率、节约劳动力、节约材料、节约机械设备费用、节约临时设施费用等方面的措施,它是根据施工预算和技术组织措施计划进行编制的。如综合利用吊装机械,减少吊次,以节约台班费。

⑧ 文明施工及环境保护措施。施工现场设置围栏与标牌,保证出入口交通安全、道路畅通、场地平整、安全与消防设施齐全;临时设施的规划与搭设应符合生产、生活和环境卫生的要求;各种建筑材料、半成品、构件的堆放与管理有序;散碎材料、施工垃圾的封闭运输及防止各种环境污染;及时进行成品保护及施工机具保养等。

2. 构件连接技术交底

预制构件连接施工方案实施前进行的技术交底环节,主要体现在分部分项工程交底、工序交底上。

① 分部分项工程交底。专项施工方案实施前,编制人员或项目技术负责人应当向施工现场管理人员进行方案交底,施工现场管理人员应当向作业人员进行安全技术交底。交底

内容包括构件连接安全技术措施、构件连接工艺工法、施工中可能出现的风险因素、安全施工注意事项和紧急避险措施等。

② 工序交底。工序交底采用层级交底制,主要工序和特殊工序由项目技术负责人对主管施工员进行交底,主管施工员再向班组长进行交底,班组长还应对作业人员进行技术交底。一般工序由施工单位技术员直接向各施工班组进行交底。交底内容包括工序作业内容、工序操作方法和安全操作规程及标准要求、过程风险预防与应对措施等。

此外,当施工出现施工条件或作业环境发生变化、停工复工、设计变更、组织机构变更等情况,现场还涉及补充交底、重新交底、变更交底。

3. 预制外墙板连接施工

装配整体式结构中的连接主要指预制构件之间的接缝及预制构件与现浇及后浇混凝土之间的结合面,包括梁端接缝、柱顶底接缝、剪力墙的竖向接缝和水平接缝等。装配整体式结构中,连接是影响结构受力性能的关键部位。这里重点介绍预制外墙板的连接。

（1）预制剪力墙板之间的连接施工

预制剪力墙板因考虑参与抵抗结构使用阶段的地震作用,故构件与构件之间的连接要求有足够的保障,按照目前等同现浇的思路,采用装配式整体结构体系,在设计、制作和施工等环节要求连接施工具备足够的可靠性。现场实现预制剪力墙板连接做法有灌浆套筒连接（处理竖向连接）、在剪力墙边缘构件处设置后浇区域（处理水平连接）、采用特定形式的墙体（预制叠合剪力墙、下部预留后浇区剪力墙、预制圆孔剪力墙等）的连接。

① 灌浆套筒连接施工。灌浆套筒是由专门加工的套筒、配套灌浆料和钢筋组装的组合体,在连接钢筋时通过注入快硬无收缩灌浆料,依靠材料之间的黏结咬合作用连接钢筋与套筒,最终实现预制构件之间的连接。

套筒灌浆施工,预制剪力墙板采用全灌浆或半灌浆套筒连接方式的,所采取的灌浆工艺基本为分仓灌浆法和坐浆灌浆法。采用分仓法灌浆可采用坐浆料或封浆条进行分仓,分仓长度不应大于规定的限值,分仓时应确保密闭空腔,不应漏浆;采用坐浆法灌浆是采用坐浆料将构件与楼板之间的缝隙填充密实,然后对预制竖向构件进行逐一灌浆,坐浆料强度应大于预制墙体混凝土强度。

安装钢垫片:预制剪力墙板与楼板之间通过钢垫片调节预制构件竖向标高,钢垫片一般选择 50 mm × 50 mm,厚度为 2 mm、3 mm、5 mm、10 mm 的规格。

预制构件吊装:预制竖向构件吊装就位后对水平度、安装位置、标高进行检查。

灌浆作业:灌浆料从下排孔开始灌浆,待灌浆料从上排孔流出时,封堵上排流浆孔,直至封堵最后一个灌浆孔后,持压 30 s,确保灌浆质量。

② 现浇连接施工。预制剪力墙板之间水平方向上的连接,一般考虑为后浇暗柱连接,其整体性及抗震性能主要依靠后浇暗柱的约束作用来保证,后浇暗柱的尺寸按照受力以及装配施工的便捷性的要求确定,其内部的配筋量参照配筋砌块结构的构造柱及现浇剪力墙结构的构造边缘构件确定。

预制墙体吊装就位、校核固定之后,即可进行后浇暗柱的钢筋、模板、混凝土工序。此部分钢筋包含预制墙体预留水平钢筋、下层预留竖向钢筋、新增钢筋（竖向钢筋、水平箍筋）,此区域钢筋连接宜根据接头受力、施工工艺、施工部位等要求选用灌浆钢筋套筒接头、浆锚搭接接头、机械连接、焊接连接、绑扎搭接等连接方式,并应符合国家现行有关标准的规定,接头位置应设置在受力较小处。构件吊装时,对此处的钢筋应该予以关注,预留钢筋准确的位置有助于后期竖向钢筋的接长、水平箍筋的绑扎;后浇区模板工程与混凝土工程与常规现浇结构类似,但施工期间需要注意对已就位的预制剪力墙的影响,如图 3-44 所示。

(a)   (b)

图 3-44 预制剪力墙后浇区域

③ 其他连接施工。

a. 预制叠合剪力墙连接施工。预制叠合剪力墙是指一侧或两侧均为预制混凝土墙板,在另一侧或中间部位现浇混凝土从而形成共同受力的剪力墙结构。预制叠合剪力墙的施工工艺在吊装就位阶段和预制实心剪力墙一致,只是下部预留钢筋直接插入预制叠合剪力墙的空腔内,在完成预制构件校核后、后浇区钢筋绑扎工序、模板工序之后对预制叠合剪力墙空腔进行混凝土浇筑,如图 3-45 所示。

b. 底部预留后浇区的预制剪力墙施工。底部预留后浇区的预制剪力墙是一种在底部预留一段后浇筑区域,墙体吊装就位后,在预制墙体内预留孔洞,由顶端浇注混凝土,实现下部构件与预留钢筋的连接,如图 3-46 所示。

图 3-45 预制叠合剪力墙   图 3-46 底部预留后浇区的预制剪力墙

（2）预制剪力墙板与水平构件的连接施工

预制剪力墙板与水平构件的连接主要处理其与预制叠合板、预制叠合梁的连接。在预制剪力墙就位并校核固定之后,开始吊装水平构件,具体流程参见"3 水平构件的安装"。

（3）预制外挂板连接施工

预制外墙还包括一类预制外挂墙板,这类墙板无须参与结构整体受力计算,在主体结构完工后或主体结构施工的同时,通过点式或线式方式与主体结构相连。

① 预制外挂板连接施工流程。

结构标高复核→预埋连接件复检→预制外挂板起吊及安装→安装临时承重铁件及斜撑→调整预制外挂板位置、标高、垂直度→安装永久连接件→吊钩解钩。

② 预制外挂板安装要求。构件起吊时,先将预制外挂板吊起距离地面 300 mm 的位置后停稳 30 s,相关人员要确认构件是否垂直无倾斜,连接吊装绳索、吊具连接是否牢靠,钢丝绳有无交错等。确认无误后,可以起吊,所有人员退开构件 3 m 以外。

构件吊至预定位置附近后,缓慢下放,在距离作业层上方 500 mm 处停止,吊装人员用手扶预制外挂板,配合起吊设备将构件水平移动至构件吊装位置,就位后缓慢下放,吊装人员通过地面上的控制线,将构件尽量控制在边线上。若偏差较大,需重新吊起距地面 50 mm 处,重新调整后再次下放,直到基本达到吊装位置为止。

构件就位后,需要进行测量确认,测量指标主要有高度、位置、倾斜。预制墙体的调整按"高度—位置—倾斜"的顺序进行调整。

4. 预制外墙板接缝防水施工

装配式建筑屋面部分、地下结构部分多采用现浇混凝土结构,在防水施工中的具体操作方法可参照现浇混凝土建筑的防水方法,故其防水重点是预制构件间的防水处理,主要包括外挂预制板、剪力墙结构建筑外立面防水,重点落在预制构件的接缝处处理。预制外墙板接缝防水采用"导水优于堵水,排水优于防水"的设计理念,通过合理的构造与工艺,在封堵的同时设置排水路径,将可能突破外侧防水层的水流引导进入排水通道再排出室外。

（1）预制剪力墙接缝防水施工

采用装配式剪力墙结构时,外立面防水主要有胶缝防水、空腔构造、后浇混凝土三部分组成（图 3-47、图 3-48）。剪力墙结构后浇带应加强振捣,确保后浇混凝土的密实性。弹性密封防水材料、填充材料及密封胶使用前,均应确保界面和板缝清洁干燥,避免胶缝开裂,密封材料嵌填应饱满密实、均匀顺直、表面光滑连续。

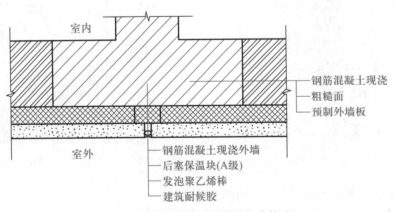

图 3-47　预制剪力墙竖直缝防水构造

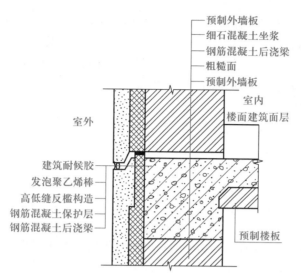

图 3-48 预制剪力墙水平缝防水构造

（2）预制外挂板防水施工

采用外挂板时,可以分为封闭式防水和开放式防水。常见的封闭式防水构造如图 3-49 所示,封闭式防水最外侧为耐候密封胶,中间部分为高低缝构造、减压空腔,内侧为互相压紧的止水带,墙体每竖向相隔 3 块左右设一处排水管将渗入减压空间的水引导到室外。

预制外挂板进场时,应检查止水条的牢固性和完整性,吊装过程中保护防水空腔、止水条、橡胶条与水平接缝等部位。密封胶施工在外墙板校核固定后进行,施工前清理、干燥板缝及空腔,按设计要求控制胶宽度和厚度,密封胶应均匀顺直、饱满密实、表面平滑连续。

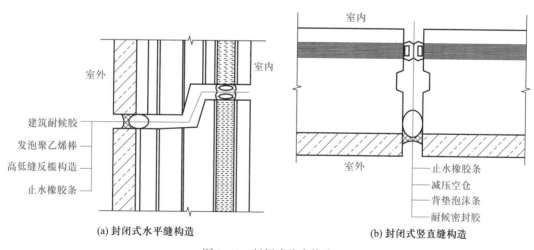

(a) 封闭式水平缝构造　　　(b) 封闭式竖直缝构造

图 3-49 封闭式防水构造

5. 构件连接质量检查及常见质量问题处理

（1）构件连接质量检查

① 预制构件机械连接质量检查。

预制构件机械连接质量检验与验收要求纵向钢筋采用套筒灌浆连接时,接头应满足行业标准《钢筋机械连接技术规程》(JGJ 107—2016)中Ⅰ级接头的要求,并应符合国家现行有关标准的规定;钢筋套筒灌浆连接接头采用的套筒应符合现行行业标准《钢筋连接用灌浆套筒》(JG/T 398—2019)的规定;钢筋套筒灌浆连接接头采用的灌浆料应符合现行行业标准《钢筋连接用套筒灌浆料》(JG/T 408—2019)的规定。

质量验收规定如下。

a. 钢筋套筒灌浆连接及浆锚搭接连接的灌浆应密实饱满。

检查数量:全数检查。

检验方法:检查灌浆施工质量检查记录。

b. 钢筋套筒灌浆连接及浆锚搭接连接用的灌浆料强度应满足设计要求。

检查数量:按批检验,以每层为一检验批;每工作班应制作一组且每层不应少于 3 组40 mm × 40 mm × 160 mm 的长方体试件,标准养护 28 d 后进行抗压强度试验。

检验方法:检查灌浆料强度试验报告及评定记录。

c. 剪力墙底部接缝坐浆强度应满足设计要求。

检查数量:按批检验,以每层为一检验批;每工作班应制作一组且每层不应少于 3 组边长为 70.7 mm 的立方体试件,标准养护 28 d 后进行抗压强度试验。

检验方法:检查坐浆材料强度试验报告及评定记录。

d. 钢筋采用焊接连接时,其焊接质量应符合现行行业标准《钢筋焊接及验收规程》(JGJ 18—2012)的有关规定。

检查数量:按现行行业标准《钢筋焊接及验收规程》(JGJ 18—2012)的规定确定。

检验方法:检查钢筋焊接施工记录及平行加工试件的强度试验报告。

e. 钢筋采用机械连接时,其接头质量应符合现行行业标准《钢筋机械连接技术规程》(JGJ 107—2016)的有关规定。

检查数量:按现行行业标准《钢筋机械连接技术规程》(JGJ 107—2016)的规定确定。

检验方法:检查钢筋机械连接施工记录及平行加工试件的强度试验报告。

f. 预制构件采用焊接连接时,钢材焊接的焊缝尺寸应满足设计要求,焊缝质量应符合现行国家标准《钢结构焊接规范》(GB 50661—2011)和《钢结构工程施工质量验收规范》(GB 50205—2020)的有关规定。

检查数量:全数检查。

检验方法:按现行国家标准《钢结构工程施工质量验收规范》(GB 50205—2020)的要求进行。

g. 预制构件采用螺栓连接时,螺栓的材质、规格、拧紧力矩应符合设计要求及现行国家标准《钢结构设计规范》(GB 50017—2017)和《钢结构工程施工质量验收规范》(GB 50205—2020)的有关规定。

检查数量:全数检查。

检验方法:按现行国家标准《钢结构工程施工质量验收规范》(GB 50205—2020)的要求进行。

② 预制构件现浇连接质量检验与验收。

预制构件现浇连接质量检验与验收要求装配式结构的外观质量除设计有专门的规定外,尚应符合现行国家标准《混凝土结构工程施工质量验收规范》(GB 50204—2015)中有关现浇混凝土结构的规定;在连接节点及叠合构件浇筑混凝土之前,应进行隐蔽工程验收,其内容应包括:现浇结构的混凝土结合面;后浇混凝土处钢筋的牌号、规格、数量、位置、锚固长度等;抗剪钢筋、预埋件、预留专业管线的数量、位置;构件连接部位后浇混凝土及灌浆料的强度达到设计要求后,方可拆除临时固定措施。

质量验收规定如下。

a. 后浇混凝土强度应符合设计要求。

检查数量:按批检验,检验批应符合以下要求。

- 预制构件结合面疏松部分的混凝土应剔除并清理干净。
- 模板应保证后浇混凝土部分形状、尺寸和位置准确,并应防止漏浆。
- 在现浇混凝土前应洒水润湿结合面,混凝土应振捣密实。
- 同一配合比的混凝土,每工作班且建筑面积不超过 1 000 m² 应制作一组标准养护试件,同一楼层应制作不少于 3 组标准养护试件。

检验方法:按现行国家标准《混凝土强度检验评定标准》(GB/T 50107—2010)的要求进行。

b. 承受内力的接头和拼缝,当其混凝土强度未达到设计要求时,不得吊装上一层结构构件,当设计无具体要求时,应在混凝土强度不小于 10 N/mm²(10 MPa)或具有足够的支承时方可吊装上一层结构构件,已安装完毕的装配式结构应在混凝土强度到达设计要求后,方可承受全部设计荷载。

检查数量:全数检查。

检验方法:检查施工记录及试件强度试验报告。

③ 外墙板接缝的防水施工的质量检查。预制墙板接缝防水施工质量是保证装配式外墙防水性能的关键,施工时应按设计要求进行选材和施工,并采取严格的检验验证措施。

a. 预制构件外墙板连接板缝的防水止水条,其品种、规格、性能等应符合现行国家产品标准和设计要求。

检查数量:全数检查。

检验方法:检查产品的质量合格证明文件、检验报告和隐蔽验收记录。

b. 防水性施工的质量检查按照以下要求进行。

检查数量:按批检验。每 1 000 m² 外墙面积应划分为一个检验批,不足 1 000 m² 时也应划分为一个检验批;每个检验批每 100 m² 应至少抽查一处,每处不得少于 10 m²。

检验方法:检查现场淋水试验报告。现场淋水试验应满足下列要求:淋水流量不应小于 5 L/(m·min),淋水试验时间不应小于 2 h,检测区域不应有遗漏部位,淋水试验结束后,检查背水面有无渗漏。

(2)常见预制构件连接质量问题及处理

① 预制构件现浇部位钢筋错位。预制构件的预留钢筋在与现浇结构连接时,因预留钢筋尺寸有偏差,导致现场预留钢筋与现浇结构的钢筋会发生碰撞且很难调节,对后续钢筋的绑扎施工产生很大影响。

常见原因:深化设计不到位、预制构件制作精度不够、构件运输与堆放不符合要求使钢筋变形、预制构件吊装不规范、安装未按照要求程序进行。

预防措施:构件在设计和生产时应充分考虑此原因调整钢筋尺寸及预留位置或采取预

留钢筋接驳器后植筋的办法;加强构件运输、堆放与安装的管理。

② 预制构件灌浆不密实问题。预制构件灌浆出现不密实,导致钢筋锚固连接失效,进而影响构件与结构传力。

常见原因:灌浆料配置不合理;波纹管干燥;灌浆管道不畅通、嵌缝不密实造成漏浆;操作不符合要求、操作人员无质量意识。

预防措施:严格按照说明书的配比及放料顺序进行配制,搅拌方法及搅拌时间根据说明书进行控制。构件吊装前应仔细检查注浆管、拼缝是否通畅,灌浆前半小时可适当洒少量水对灌浆管进行湿润,但不得有积水。使用压力注浆机,一块构件中的灌浆孔应一次连续灌满,并在灌浆料终凝前将灌浆孔表面压实抹平;灌浆料搅拌完成后保证 30 min 以内将料用完。加强操作人员培训与管理,提高操作人员施工质量意识。

③ 后浇区域模板工程缺陷。预制构件后浇区尺寸精度差,观感质量差,出现露筋、蜂窝麻面,其他影响连接质量的缺陷。

常见原因:后浇部分模板周转次数过多,板缝较大不严密易漏浆,尤其节点处模板尺寸的精确性差,连接困难,后浇混凝土养护时间不足就拆卸模板和支撑,造成构件开裂,影响观感和连接质量。预制墙板与相邻后浇混凝土墙板缝隙及高差大、错缝等,连接处缝隙封堵不好,影响观感和连接质量。

预防措施:加强模板管理,提高安装质量,及时更换变形、损坏的模板,采用新型铝模板。

任务实施

1. 编制预制外墙板连接施工方案

(1)工程概述

概要描述工程名称、位置、建筑面积、结构形式、层高、预制装配率、起重吊装部位、预制构件的重量和数量、形状、几何尺寸、预制构件就位的楼层等。

(2)施工依据

概要描述相关法律、法规、规范性文件、标准、规范及图纸、国标图集、施工组织设计、计算软件等。

(3)施工部署

组织架构及人员职责、材料及堆放、施工设备及器具要求、技术要求、施工进度计划、预制构件生产及分批进场计划、周转模板及支设工具计划、劳动力计划、预制构件安装计划。

(4)施工方法

工艺原理、工艺流程、施工步骤,重点说明预制外墙的连接的原理、具体工序及相应的质量保证措施。

(5)质量保证措施

根据质量计划,明确原材料进场质量验收要点与程序,现场施工质量管理要求,验收质量管理要求,常见的质量问题分析与处理。

(6)安全文明措施

描述施工安全组织措施和技术安全措施,描述危险源辨识及安全应急预案内容。

2. 预制外墙板连接施工技术交底

依照预制外墙板连接施工方案,将主要工序和特殊工序由项目技术负责人对主管施工员进行交底,主管施工员再向班组长进行交底,班组长还应对作业人员进行技术交底。一般工序由施工单位技术员直接向各施工班组进行交底。

交底内容:采用的施工方法、施工机械、实施方案应注意的问题,要求达到的安全、质量、进度及文明施工目标;有关班组的配合与支持,人员的管理办法与措施;有关施工机械的性能、进场及运行路线要求,原材料数量要求、质量要求、进场时间等;主要劳动力、主要技术工种人员的技能要求、进场时间要求;施工工艺要求,工艺标准等。

交底人员在预制外墙板连接施工技术交底表上签字。

3. 预制外墙板连接施工

这里重点介绍预制外墙板竖向连接,目前采用较多的仍是套筒灌浆连接方式,作为一种实践时间较长的连接方式,虽然积累了大量的经验,但碍于结构抗震理论、建筑构造、工艺工法、施工组织管理、人员操作技术等多方面因素,使此种连接在整个装配式建造中成为关键施工点,关系到装配式建筑后期承载力、抗震性能、结构延性及正常使用等多项能力,应该予以特别关注。

构件灌浆主要工序:施工前准备→灌浆机具选择→封缝料制作与封缝操作→灌浆料制作→灌浆料流动度检测→构件灌浆→工完料清。

具体实施步骤如下。

(1)施工前准备

工作开始前首先进行以下施工前准备工作。

① 正确佩戴安全帽,正确穿戴劳保工装、防护手套等。

② 正确检查施工设备,如灌浆泵、搅拌器等。

③ 对施工场地进行卫生检查及清扫。

④ 材料准备,包括灌浆料准备与证明材料检查、封缝料准备与证明材料检查。

(2)灌浆机具选择

根据灌浆过程所需工具,从工具库领取相应工具,如测温仪、电子秤和刻度杯、不锈钢制浆桶、水桶、手提变速搅拌机、灌浆枪或灌浆泵、流动度检测、截锥试模、玻璃板(500 mm×500 mm)、钢板尺(或卷尺)、强度检测三联模等。

(3)封缝料制作与封缝操作

① 构件吊装。构件吊装前,先进行垫块标高找平,然后进行构件吊装。

② 封浆料制作。根据工作任务及封浆料说明配比计算所需封缝料用量,并领取对应用量的原料进行封缝料搅拌制作。制作过程中,需要注意原料的成本控制、配比及操作步骤。

③ 封边操作。首先放置封边内衬,然后操作封边设备(封缝枪)将构件四周进行封缝密封操作。

要求:填抹深度控制在 15～20 mm,确保不堵套筒孔,一段抹完后抽出内衬进行下一段填抹;段与段结合的部位、同一构件或同一仓要保证填抹密实;填抹完成后确认干硬强度达到要求(常温 24 h,约 30 MPa)后再灌浆;最后填写施工检查记录表。

④ 封边清理。封边操作完毕,配合质检人员检查封边质量,操作清理工具清理施工面封缝砂浆。

(4)灌浆料制作

① 进行室温检测。

② 严格按照产品使用说明书要求的水料比(拌和物比例为 1∶0.12～1∶0.13,即干料∶水)用电子秤分别称量灌浆料和水,也可用刻度量杯计量水。

③ 先将 80% 左右的水倒入搅拌桶中,然后加入全部的料,用专用搅拌桶搅拌 1～2 min,再将剩余水倒入搅拌桶中再搅拌 5～7 min 至彻底均匀,搅拌均匀后,静置 2～3 min,使浆内气泡自然排出后再使用。

(5)灌浆料流动度检测

① 选择截锥圆模等合适的仪器。

② 操作仪器设备,根据灌浆料配比制作适当灌浆料样品进行灌浆料流动度检测,操作方法如下。

灌浆前应首先测定灌浆料的流动度。

主要设备及工具:圆截锥试模、钢化玻璃板。

检测方法:将制备好的灌浆料倒入钢化玻璃板上的圆截锥试模,进行振动排出气体,提起圆截锥试模,待砂浆流动扩散停止,测量两方向扩展度,取平均值。

要求初始流动度大于或等于 300 mm,30 min 流动度大于或等于 260 mm。

③ 依据检测结果判断灌浆料制作是否符合标准,并填写灌浆料流动度检测记录。

(6)构件灌浆

① 灌浆孔检查。在正式灌浆前,逐个检查各接头的灌浆孔和出浆孔内有无影响浆料流动的杂物,确保孔路畅通。套筒内不畅通会导致灌浆料不能填充满套筒,造成钢筋连接不符合要求。

检查方法:使用细钢丝从上部灌浆孔伸入套筒,如从底部可伸出,并且从下部灌浆孔可看见细钢丝,即畅通。如果钢丝无法从底部伸出,说明里面有异物,需要清除异物直到畅通为止。

② 构件灌浆操作。把灌浆枪枪嘴对准套筒下部的胶管,操作灌浆枪注入灌浆料,直至溢浆孔连续出浆且无气泡时,通过木塞进行封堵。待全部出浆口封堵完毕后,构件灌浆完毕。

灌浆注意事项:灌浆料要在自加水搅拌开始 20～30 min 内灌完,以尽量保留一定的操作应急时间。

同一仓只能在一个灌浆孔灌浆,不能同时选择两个以上孔灌浆。

同一仓应连续灌浆,不得中途停顿。如果中途停顿,再次灌浆时,应保证已灌入的浆料有足够的流动性后,还需要将已经封堵的出浆孔打开,待灌浆料再次流出后逐个封堵出浆孔。

出浆孔出浆料后,及时用专用橡胶塞封堵,待所有的灌浆套筒的出浆孔均排出浆体并封堵后,调低灌浆设备的压力,开始保压,小墙板保压 30 s,大墙板保压 1 min(保压期间随机拔掉少数出浆孔橡胶塞,观察到灌浆料从出浆孔喷涌出时,要迅速封堵),经保压后拔除灌浆管。拔掉灌浆管到封堵橡胶塞时间,间隔不得超过 1 s,避免灌浆仓内经过保压的浆体溢出灌浆仓,造成灌浆不实。

③ 灌浆接头充盈度检验。灌浆料凝固后,取下灌排浆孔封堵胶塞,检查孔内凝固的灌浆料上表面应高于排浆孔下缘 5 mm 以上,如图 3-50 所示。

④ 填写灌浆施工记录。灌浆完成后,填写套筒灌浆作业施工报告书,如表 3-10 所示。

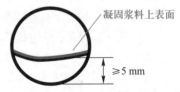

图 3-50　接头充盈度检验

表 3-10　套筒灌浆施工报告书

工程名称			施工部位（构件编号）	
施工日期	年　月　日　时		灌浆料批号	
环境温度			使用灌浆料总量	kg
灌浆料制作				
材料温度	℃		搅拌时间	min
水温	℃		流动度	mm
浆料温度	℃（不高于 30℃）		水料比	水　　kg；料　　kg
工作界面完成检查情况描述				
项目名称			是	否
界面检查	套筒内杂物、垃圾是否清理干净			
	灌浆孔、出浆孔是否完好、整洁			
分仓封堵	封堵材料：是否封堵密实			
	分仓材料：是否按要求分仓			
通气检查	是否通畅			
施工单位	灌浆作业人员	施工专项检验人员	监理单位	监理人员

⑤ 灌浆后节点保护。

灌浆后灌浆料同试块强度达到 35 MPa 后方可进入下一道工序施工（扰动），通常环境温度在 15℃以上，24 h 内构件不得受扰动；5～15℃，48 h 内构件不得受扰动；5℃以下，需对构件接头部位加热保持在 5℃以上至少 48 h，期间构件不得受扰动，拆支撑要根据后续施工荷载情况确定。

（7）工完料清

① 拆除构件并将构件存放原位置。

② 工具入库，并对工具进行清理维护，清理施工场地垃圾。

③ 操作清理设备进行施工面清理。

4. 预制外墙板间十字缝接缝防水施工操作

预制外墙板间十字缝接缝防水施工工艺与流程：基层清理→打胶厚度、范围确定→设置背衬材料→粘贴防护胶带→涂刷基层处理剂→密封胶检验、混料、装填→打胶施工→表面修理及处理→胶体养护→现场检验→检验合格后清理防护胶带→工完料清。

（1）施工前准备工作

① 检查需要做接缝防水施工的预制混凝土外墙板，确保竖向及横向的预留凹槽清理干净并保持畅通；橡胶空心气密条粘贴前，先扫净混凝土表面灰尘，并涂刷专用胶黏剂然后压入，吊装前，检查气密条粘贴的牢固性和完整性；缺棱掉角及损坏处应在吊装就位前进行修复。

② 密封作业前,检查接缝的外观质量,确保满足以下要求:接缝的宽度除设计另有规定外应为 10 ~ 30 mm,并应保持畅通;吊装过程中造成的缺棱掉角等破损部位应修补;堵塞处进行清理,错台部位应打磨平整。严禁采用剔凿的方式增加接缝宽度。

③ 检查接缝两侧的混凝土基层,确保满足以下要求:基层坚实、平整,不得有蜂窝、麻面、起皮起砂现象;表面清洁、干燥,无油污、无灰尘;接缝两侧基层高度偏差不宜大于 2 mm。

④ 嵌填密封材料前,做好施工机具、安全防护设施、材料准备等工作。

⑤ 按照施工方案,确定打胶厚度、范围。

（2）嵌填密封

① 在接缝中设置连续的背衬材料,背衬材料与接缝两侧基层之间不得留有空隙,预留深度应与密封胶设计厚度一致。

② 接缝两侧基层表面防护胶带粘贴应连续平整,宽度不应小于 20 mm。

③ 处理剂宜单向涂刷,涂刷均匀,不得漏涂。

（3）密封打胶

① 待基层处理剂表面干后嵌填密封胶。

② 单组分密封胶可直接使用,双组分密封胶应按比例准确计量,并应搅拌均匀。双组分密封胶应随拌随用,拌和时间和拌和温度等应符合产品说明书的要求。混匀的密封胶应在适用期内用完,超过适用期的胶料不应再与新混合的密封胶一起使用。

③ 应根据接缝的宽度选用口径合适的挤出嘴,挤出应均匀。

④ 宜从一个方向进行打胶,并由背衬材料表面逐渐充满整条接缝。

⑤ 新旧密封胶的搭接应符合产品施工工艺要求。

⑥ 密封胶厚度控制在接缝宽度的 0.5 ~ 0.7 且不应小于 8 mm。

⑦ 密封胶嵌填应密实、连续、饱满,应与基层粘结牢固;胶体表面应平滑,缝边应顺直,不得有气泡、孔洞、开裂、剥离等现象。

（4）修理养护

① 嵌填密封胶后,应在密封胶表面干前用专用工具对胶体表面进行修整,溢出的密封胶应在固化前进行清理。

② 胶体养护,密封胶胶体固化前应避免损坏及污染,不得泡水。

③ 检验合格后清理防护胶带。

（5）工完料清

① 拆除构件并将构件存放原位置。

② 工具入库,并对工具进行清理维护,清理施工场地垃圾。

③ 操作清理设备进行施工面清理。

5. 预制外墙板连接施工质量检查

外墙作为建筑物的围护结构,除要求具有足够的承载能力外,还要具有良好的保温、隔热、隔声、防水等物理性能。对预制外剪力墙、预制外挂墙板,因其连接机理不同,在连接质量的检测上有不同之处。

（1）预制剪力墙板连接施工质量检查

① 钢筋套筒灌浆连接质量检查。

灌浆套筒质量检查,灌浆套筒进场时,应抽取同一批号、同一类型、同一规格的灌浆套筒,不超过 1 000 个为一批,每批随机抽取 10 个灌浆套筒,检验外观质量、标识、尺寸偏差、质量证明文件和抽样检验报告,检验结果应符合现行行业标准《钢筋连接用灌浆套筒》(JG/T 398—2019)及《钢筋套筒灌浆连接应用技术规程》(JGJ 355—2015)的有关规定。

灌浆料质量检查,进场时,应对灌浆料拌和物 30 min 流动度、泌水率及 3 d 抗压强度、28 d 抗压强度、3 h 竖向膨胀率、24 h 与 3 h 竖向膨胀率差值进行检验,检验结果应符合规程《钢筋套筒灌浆连接应用技术规程》(JGJ 355—2015)的有关规定;同一成分、同一批号的灌浆料,不超过 50 t 为一批,每批按现行行业标准《钢筋连接用套筒灌浆料》(JG/T 408—2019)的有关规定随机抽取灌浆料制作试件。

全数检查钢筋套筒灌浆连接及浆锚搭接连接的灌浆应密实饱满,检验方法:检查灌浆施工质量检查记录。

② 后浇区钢筋混凝土质量检查。

钢筋采用机械连接时,其接头质量应符合国家现行标准《钢筋机械连接技术规程》(JGJ 107—2016)的要求。检查钢筋机械连接施工记录及平行加工试件的强度试验报告。

钢筋采用焊接连接时,按现行行业标准《钢筋焊接及验收规程》(JGJ 18—2012)规定的检查数量,检查质量证明文件及平行加工试件的检验报告,其接头质量应符合《钢筋焊接及验收规程》(JGJ 18—2012)的规定。

按现行国家标准《混凝土强度检验评定标准》(GB/T 50107—2010)的要求,在后浇混凝土施工的时候,对后浇混凝土按批检验进行检查,检验批应符合以下要求:预制构件结合面疏松部分的混凝土应剔除并清理干净;模板应保证后浇混凝土部分形状、尺寸和位置准确,并应防止漏浆;在浇筑混凝土前应洒水润湿结合面,混凝土应振捣密实;同一配合比的混凝土,每工作班且建筑面积不超过 1 000 m² 应制作一组标准养护试件,同一楼层应制作不少于 3 组标准养护试件。

后浇部分结构实体检验时,结构实体检验的内容应包括混凝土强度、钢筋保护层厚度及工程合同约定的项目。

(2)预制外挂板连接施工质量检查

外挂板预制构件采用焊接、螺栓等连接方式时,按照国家现行标准《钢结构工程施工质量验收规范》(GB 50205—2020)和《钢筋焊接及验收规程》(JGJ 18—2012)的相关规定,检查施工记录及平行加工试件的检验报告,其材料性能及施工质量应符合标准要求。

全数检查外墙板连接板缝的防水止水条,检查质量合格证明文件、检验报告和隐蔽验收记录,其品种、规格、性能等应符合现行国家产品标准和设计要求。

防水性施工的质量检查,按批检验现场淋水试验报告,每 1 000 m² 外墙面积应划分为一个检验批,不足 1 000 m² 时也应划分为一个检验批;每个检验批每 100 m² 应至少抽查一处,每处不得少于 10 m²。现场淋水试验应满足下列要求:淋水流量不应小于 5 L/(m·min),淋水试验时间不应小于 2 h,检测区域不应有遗漏部位,淋水试验结束后,检查背水面有无渗漏。

> **任务拓展**

1. 套筒灌浆施工

(1)套筒灌浆原理

① 竖向构件钢筋灌浆套筒连接原理。带肋钢筋插入套筒,向套筒内灌注无收缩或微膨

胀的水泥基灌浆料,充满套筒与钢筋之间的间隙,灌浆料硬化后与钢筋的横肋和套筒内壁凹槽或凸肋紧密齿合,钢筋连接后所受外力能够有效传递。

　　实际应用在竖向预制构件时,通常将灌浆连接套筒现场连接端固定在构件下端部模板上,另一端即预埋端的孔口安装密封圈,构件内预埋的连接钢筋穿过密封圈插入灌浆连接套筒的预埋端,套筒两端侧壁上灌浆孔和出浆孔分别引出两条灌浆管和出浆管连通至构件外表面,预制构件成型后,套筒下端为连接另一构件钢筋的灌浆连接端。构件在现场安装时,将另一构件的连接钢筋全部插入该构件上对应的灌浆连接套筒内,从构件下部各个套筒的灌浆孔向各个套筒内灌注高强灌浆料,至灌浆料充满套筒与连接钢筋的间隙从所有套筒上部出浆孔流出,灌浆料凝固后,即形成钢筋套筒灌浆接头,从而完成两个构件之间的钢筋连接。

　　② 竖向构件钢筋灌浆套筒连接工艺。钢筋套筒灌浆连接分2个阶段进行:第1阶段在预制构件加工厂;第2阶段在结构安装现场。

　　预制剪力墙、柱在工厂预制加工阶段,是将一端钢筋与套筒进行连接或预安装,再与构件的钢筋结构中其他钢筋连接固定,套筒侧壁接灌浆、排浆管并引到构件模板外,然后浇筑混凝土,将连接钢筋、套筒预埋在构件内。其连接钢筋和套筒的布置如图3-51所示。

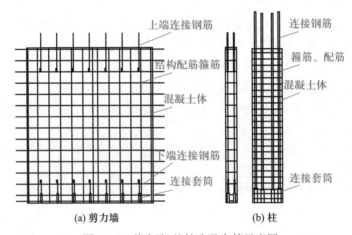

(a) 剪力墙　　　　　　(b) 柱

图3-51　剪力墙、柱接头及布筋示意图

（2）钢筋灌浆套筒接头的组成

　　钢筋套筒连接接头由带肋钢筋、套筒和灌浆料三个部分组成,如图3-52所示。

图3-52　钢筋灌浆套筒接头组成

连接钢筋:《钢筋连接用灌浆套筒》(JG/T 398—2019)规定了灌浆套筒适用直径为 $\phi 12 \sim 40$ mm 的热轧带肋或余热处理钢筋。

灌浆套筒:钢筋套筒灌浆连接接头采用的套筒应符合现行行业标准《钢筋连接用灌浆套筒》(JG/T 398—2019)的规定。

灌浆套筒分类:灌浆套筒按加工方式分为铸造灌浆套筒和机械加工灌浆套筒,如图 3-53 所示。

灌浆套筒按结构形式分为全灌浆套筒和半灌浆套筒。全灌浆套筒接头两端均采用灌浆方式连接钢筋,适用于竖向构件(墙、柱)和横向构件(梁)的钢筋连接,如图 3-54 所示。

(a) 铸造灌浆套筒　(b) 机械加工灌浆套筒

图 3-53　灌浆套筒按加工方式分类

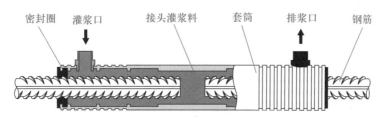

图 3-54　全灌浆套筒

半灌浆套筒接头一端采用灌浆方式连接,另一端采用非灌浆方式(通常采用螺纹连接)连接钢筋,主要适用于竖向构件(墙、柱)的连接,如图 3-55 所示。半灌浆套筒按非灌浆一端连接方式还分为直接滚轧直螺纹灌浆套筒、剥肋滚轧直螺纹灌浆套筒和墩粗直螺纹灌浆套筒。

灌浆套筒内径与锚固长度:灌浆套筒灌浆端的最小内径与连接钢筋公称直径的差值不宜小于表 3-11 规定的数值,用于钢筋锚固的深度不宜小于插入钢筋公称直径的 8 倍。

(3)灌浆料拌制与检测方法

灌浆料钢筋连接用套筒灌浆料是以水泥为基本材料,配以细骨料,以及混凝土外加剂和其他材料组成的干混料,加水搅拌后具有良好的流动性、早强、高强、微膨胀等性能,填充于套筒和带肋钢筋间隙内,简称套筒灌浆料。

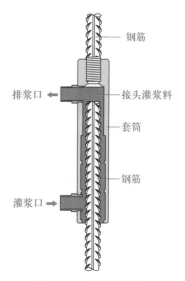

图 3-55　半灌浆套筒

表 3-11　灌浆套筒内径最小尺寸要求　　　　单位:mm

钢筋直径	套筒灌浆端最小内径与连接钢筋公称直径差最小值
12 ~ 25	10
28 ~ 40	15

① 灌浆料性能指标。《钢筋连接用套筒灌浆料》(JG/T 408—2019)中规定了灌浆料在标准温度和湿度条件下的各项性能指标的要求(表 3–12)。其中抗压强度值越高,对灌浆接头连接性能越有帮助;流动度越高,对施工作业越方便,接头灌浆饱满度越容易保证。

表 3–12　钢筋连接用套筒灌浆料主要性能指标

检测项目		性能指标
流动度 /mm	初始	≥ 300
	30 min	≥ 260
抗压强度 /MPa	1 d	≥ 35
	3 d	≥ 60
	28 d	≥ 85
竖向膨胀率 /%	3 h	≥ 0.02
	24 h 与 3 h 差值	0.02 ~ 0.5
氯离子含量 /%		≤ 0.03
泌水率 /%		0

② 灌浆料主要指标测试方法。流动度试验应按下列步骤进行。

a. 称取 1 800 g 水泥基灌浆材料,精确至 5 g;按照产品设计(说明书)要求的用水量称量好拌和用水,精确至 1 g。

b. 湿润搅拌锅和搅拌叶,但不得有明水。将水泥基灌浆材料倒入搅拌锅中,开启搅拌机,同时加入拌和水,应在 10 s 内加完。

c. 按水泥胶砂搅拌机的设定程序搅拌 240 s。

d. 湿润玻璃板和截锥圆模内壁,但不得有明水;将截锥圆模放置在玻璃板中间位置。

e. 将水泥基灌浆材料浆体倒入截锥圆模内,直至浆体与截锥圆模上口平;徐徐提起截锥圆模,让浆体在无扰动条件下自由流动直至停止。

f. 测量浆体最大扩散直径及与其垂直方向的直径(图 3–56),计算平均值,精确到 1 mm,作为流动度初始值;应在 6 min 内完成上述搅拌和测量过程。

g. 将玻璃板上的浆体装入搅拌锅内,并采取防止浆体水分蒸发的措施。自加水拌和起 30 min 时,将搅拌锅内浆体按 c ~ f 步骤试验,测定结果作为流动度 30 min 保留值。

抗压强度试验步骤:抗压强度试验试件应采用尺寸为 40 mm × 40 mm × 160 mm 的棱柱体。

a. 称取 1 800 g 水泥基灌浆材料,精确至 5 g;按照产品设计(说明书)要求的用水量称量拌和用水,精确至 1 g。

b. 按照流动度试验的有关规定拌和水泥基灌浆材料。

图 3–56　灌浆料流动度测定

c. 将浆体灌入试模,至浆体与试模的上边缘平齐,成型过程中不应震动试模。应在 6 min 内完成搅拌和成型过程。

d. 将装有浆体的试模在成型室内静置 2 h 后移入养护箱。

e. 灌浆料抗压强度的试验按水泥胶砂强度试验有关规定执行。

竖向膨胀率试验步骤:

a. 仪表安装(图 3-57)应符合下列要求。

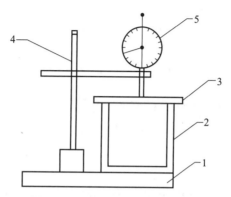

图 3-57 竖向膨胀率装置示意图

1- 钢垫板;2- 试模;3- 玻璃板;

4- 百分表架(磁力式);5- 百分表

● 钢垫板。表面平装,水平放置在工作台上,水平度不应超过 0.02。

● 试模。放置在钢垫板上,不可摇动。

● 玻璃板。平放在试模中间位置。其左右两边与试模内侧边留出 10 mm 空隙。

● 百分表架。固定在钢垫板上,尽量靠近试模,缩短横杆悬臂长度。

● 百分表。百分表与百分表架卡头固定牢靠。但表杆能够自由升降。安装百分表时,要下压表头,使表针指到量程的 1/2 处左右。百分表不可前后左右倾斜。

b. 按流动度试验的有关规定拌和水泥基灌浆材料。

c. 将玻璃板平放在试模中间位置,并轻轻压住玻璃板。拌和料一次性从一侧倒满试模,至另一侧溢出并高于试模边缘约 2 mm。

d. 用湿棉丝覆盖玻璃板两侧的浆体。

e. 把百分表测量头垂直放在玻璃板中央,并安装牢固。在 30 s 内读取百分表初始读数 h_0;成型过程应在搅拌结束后 3 min 内完成。

f. 自加水拌和时起分别于 3 h 和 24 h 读取百分表的读数 h_t。整个测量过程中应保持棉丝湿润,装置不得受震动。成型养护温度均为 20℃ ±2℃。

g. 竖向膨胀率应按式(3-1)计算:

$$\varepsilon_t = \frac{h_t - h_0}{h} \times 100\%$$

（3-1）

式中:ε_t——竖向膨胀率;

h_t——试件龄期为 t 时的高度读数,mm;

h_0——试件高度的初始读数,mm;

h——试件基准高度100，mm。

注：试验结果取一组三个试件的算术平均值，计算精确至 10^{-2}。

③ 灌浆料使用注意事项。灌浆料是通过加水拌和均匀后使用的材料，不同厂家的产品配方设计不同，虽然都可以满足《钢筋连接用套筒灌浆料》（JG/T 408—2019）所规定的性能指标，但却具有不同的工作性能，对环境条件的适应能力不同，灌浆施工的工艺也会有所差异。

为确保灌浆料使用时达到其产品设计指标，具备灌浆连接施工所需要的工作性能，并能最终顺利地灌注到预制构件的灌浆套筒内，实现钢筋的可靠连接，操作人员需要严格掌握并准确执行产品使用说明书规定的操作要求。实际施工中需要注意以下要点。

a. 灌浆料使用时应检查产品包装上印制的有效期和产品外观，无过期情况和异常现象后方可开袋使用。

b. 加水。浆料拌和时严格控制加水量，必须执行产品生产厂家规定的加水率。

加水过多时，会造成灌浆料泌水、离析、沉淀，多余的水分挥发后形成孔洞，严重降低灌浆料抗压强度。加水过少时，灌浆料胶凝材料部分不能充分发生水化反应，无法达到预期的工作性能。

灌浆料宜在加水后30 min内用完，以防后续灌浆遇到意外情况时灌浆料可流动的操作时间不足。

c. 搅拌。灌浆料与水的拌和应充分、均匀，通常是在搅拌容器内先后依次加入水及灌浆料并使用产品要求的搅拌设备，在规定的时间范围内，将浆料拌和均匀，使其具备应有的工作性能。

灌浆料搅拌时，应保证搅拌容器的底部边缘死角处的灌浆料干粉与水充分拌和搅拌均匀后，需静置2~3 min排气，尽量排出搅拌时卷入浆料的气体，保证最终灌浆料的强度性能，如图3-58所示。

图3-58　搅拌灌浆料

d. 流动度检测。灌浆料流动度是保证灌浆连接施工的关键性能指标，灌浆施工环境的温、湿度差异，影响着灌浆的可操作性。在任何情况下，流动度低于要求值的灌浆料都不能用于灌浆连接施工，以防止构件灌浆失败造成事故。

因此在灌浆施工前，应首先进行流动度的检测，在流动度值满足要求后方可施工，施工中注意灌浆时间应低于灌浆料具有规定流动度值的时间（可操作时间）。

每工作班应检查灌浆料拌和物初始流动度不少于 1 次，确认合格后，方可用于灌浆；留置灌浆料强度检验试件的数量应符合验收及施工控制要求。

e. 灌浆料的强度与养护温度。灌浆料是水泥基制品，其抗压强度增长速度受养护环境的温度影响。

冬期施工灌浆料强度增长慢，后续工序应在灌浆料满足规定强度值后方可进行；而夏季施工灌浆料凝固速度加快，灌浆施工时间必须严格控制。

f. 散落的灌浆料拌和物成分已经改变，不得二次使用；剩余的灌浆料拌和物由于已经发生水化反应，如再次加灌浆料、水后混合使用，可能出现早凝或泌水，故不能使用。

（4）灌浆操作的步骤与方法

竖向构件灌浆施工工艺及要求如下。

① 灌浆施工工艺流程。现场预制构件灌浆连接施工作业工艺如图 3-59 所示。

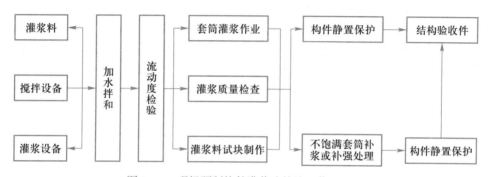

图 3-59 现场预制构件灌浆连接施工作业工艺

② 竖向构件灌浆施工要点。灌浆施工需按施工方案执行灌浆作业。全过程应有专职检验人员负责现场监督并及时形成施工检查记录。

a. 灌浆施工方法。竖向钢筋套筒灌浆连接，灌浆应采用压浆法从灌浆套筒下方灌浆孔注入，当灌浆料从构件上本套筒和其他套筒的灌浆孔、出浆孔流出后应及时封堵。

竖向构件宜采用连通腔灌浆，并合理划分连通灌浆区域，每个区域除预留灌浆孔、出浆孔与排气孔（有些需要设置排气孔）外，应形成密闭空腔，且保证灌浆压力下不漏浆；连通灌浆区域内任意两个灌浆套筒间距不宜超过 1.5 m。采用连通腔灌浆方式时，灌浆施工前应对各连通灌浆区域进行封堵，且封堵材料不应减小结合面的设计面积。竖向钢筋套筒灌浆连接用连通腔工艺灌浆时，采用一点灌浆的方式，即用灌浆泵从接头下方的一个灌浆孔处向套筒内压力灌浆，在该构件灌注完成之前不得更换灌浆孔，且需连续灌注，不得断料，严禁从出浆孔进行灌浆。当一点灌浆遇到问题而需要改变灌浆点时，各套筒已封堵灌浆孔、出浆孔应重新打开，待灌浆料拌和物再次流出后进行封堵。竖向预制构件不采用连通腔灌浆方式时，构件就位前应设置坐浆层或套筒下端密封装置。

b. 灌浆施工环境温度要求。灌浆施工时，环境温度应符合灌浆料产品使用说明书要求；环境温度低于 5℃时不宜施工，低于 0℃时不得施工；当环境温度高于 30℃时，应采取降低灌浆料拌和物温度的措施。

c. 灌浆施工异常的处置。接头灌浆时出现无法出浆的情况时，应查明原因，采取补救施工措施：对未密实饱满的竖向连接灌浆套筒，当在灌浆料加水拌和 30 min 内时，应首选在灌浆孔补灌；当灌浆料拌和物已无法流动时，可从出浆孔补灌，并应采用手动设备结合细管压力灌浆，但此时应制定专门的补灌方案并严格执行。

2. 其他连接方式的原理与操作步骤

（1）浆锚灌浆连接原理

① 技术要点。浆锚灌浆连接将从预制构件表面外伸一定长度的不连续钢筋插入所连接的预制构件对应位置的预留孔道内，钢筋与孔道内壁之间填充无收缩、高强度灌浆料，形成钢筋浆锚连接，目前主要有约束浆锚连接和金属波纹管浆锚连接，构造如图 3-60、图 3-61 所示。

其中，约束浆锚连接在接头范围预埋螺旋箍筋，并与构件钢筋同时预埋在模板内；通过抽芯制成带肋孔道，并通过预埋 PVC 软管制成灌浆孔与排气孔用于后续灌浆作业；待不连续钢筋伸入孔道后，从灌浆孔压力灌注无收缩、高强度水泥基灌浆料；不连续钢筋通过灌浆料、混凝土，与预埋钢筋形成搭接连接接头。

金属波纹管浆锚搭接连接采用预埋金属波纹管成孔，在预制构件模板内，波纹管与构件预埋钢筋紧贴，并通过扎丝绑扎固定；波纹管在高处向模板外弯折至构件表面，作为后续灌浆料灌注口；待不连续钢筋伸入波纹管后，从灌注口向管内灌注无收缩、高强度水泥基灌浆料；不连续钢筋通过灌浆料、金属波纹管及混凝土，与预埋钢筋形成搭接连接接头。

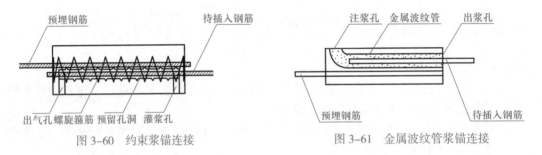

图 3-60　约束浆锚连接　　　　　　图 3-61　金属波纹管浆锚连接

② 技术原理。无论约束浆锚连接还是金属波纹管浆锚连接，其不连续钢筋应力均通过灌浆料、孔道材料（预埋管道成孔）及混凝土之间的黏结应力传递至预制构件内预埋钢筋，实现钢筋的连续传力。根据其传力方式，待连接钢筋与预埋钢筋之间形成搭接连接接头。考虑到钢筋搭接连接接头的偏心传力性质，一般对其连接长度有较严格的规定。约束浆锚连接采用的螺旋加强筋，可有效加强搭接传力范围内混凝土的约束，延缓混凝土的径向劈裂，从而提高钢筋搭接传力性能。而对金属波纹管浆锚连接，也可借鉴其做法，在搭接接头外侧设置螺旋箍筋加强，但应尤其注意控制波纹管与螺旋箍筋之间的净距离，以免影响该关键部位混凝土浇筑质量。

（2）浆锚灌浆连接施工要点

因设计上对抗震等级和高度上有一定的限制，此连接方式在预制剪力墙体系中预制剪力墙的连接使用较多，预制框架体系中的预制立柱的连接一般不宜采用。约束浆锚搭接连接主要缺点是预埋螺旋棒必须在混凝土初凝后取出来，须将取出时间、操作规程掌握得非常好，时间早了易塌孔，时间晚了预埋棒取不出来，因此成孔质量很难保证，如果孔壁出现局部混凝土损伤(微裂缝),对连接质量有影响。比较理想做法是预埋棒刷缓凝剂,成型后冲洗预留孔,但应注意孔壁冲洗后是否满足约束浆锚连接的相关要求。

注浆时可在一个预留孔上插入连通管,可以防止由于孔壁吸水导致灌浆料的体积收缩,连通管内灌浆料回灌,保持注浆部位充满。此方法套筒灌浆连接时同样适用。

3. 后浇节点混凝土施工

装配式整体式结构现场钢筋、模板、混凝土施工主要集中在预制梁柱节点、墙墙连接节点、墙板现浇节点部位及楼板、阳台叠合层部位,如图 3-62 所示。

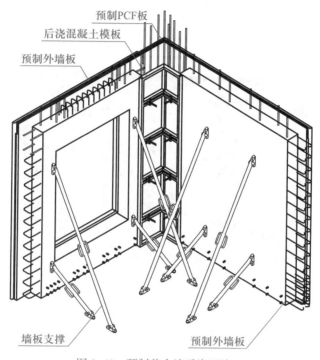

图 3-62 预制剪力墙后浇区施工

(1)钢筋工程

根据《装配式混凝土结构技术规程》(JGJ 1—2014)、《装配式混凝土建筑技术标准》(GB/T 51231—2016)要求,后浇区域钢筋连接宜根据接头受力、施工工艺、施工部位等要求选用灌浆钢筋套筒接头、浆锚搭接接头、机械连接、焊接连接、绑扎搭接等连接方式,并应符合国家现行有关标准的规定,接头位置应设置在受力较小处。

① 预制剪力墙暗柱钢筋施工。装配式剪力墙结构暗柱节点主要有一字形、L 形、T 形、十字形,由于两侧的预制墙板均有外伸钢筋,因此暗柱钢筋的安装难度较大。需要在深化设计阶段及构件生产阶段就进行暗柱节点钢筋穿插顺序分析研究,发现无法实施的节点,应与设计单位进行沟通,避免现场施工时出现箍筋安装困难或临时切割钢筋的现象。

钢筋的安装按照"套暗柱箍筋→连接竖向受力筋→绑箍筋"的顺序进行,在预制板上标定暗柱箍筋的位置,预先把箍筋交叉放置就位;先对预留竖向连接钢筋位置进行校正,然后再连接上部竖向钢筋,最后绑扎箍筋与竖向钢筋。

② 水平构件叠浇层钢筋施工。

a. 叠合楼板。叠合层钢筋绑扎前应清理干净叠合楼板上的杂物,根据钢筋间距道道弹线绑扎,上部受力钢筋带弯钩时,弯钩向下摆放,应保证钢筋搭接和间距符合设计要求;安装预制墙板用的斜支撑预埋件应及时埋设,预埋件定位应准确,并采取可靠的防污染措施;钢筋绑扎过程中,避免局部钢筋堆载过大;为保证上皮钢筋的保护层厚度,可利用叠合板的桁架钢筋作为上皮钢筋的马凳。

b. 叠合梁。预制梁箍筋分为整体封闭箍和组合封闭箍,整体封闭箍适用于抗震等级为一、二级的框架梁端部加密区、承受扭矩等情况,封闭部分将不利于纵筋的穿插,现场工人被迫从预制梁端部将纵筋插入,增加施工难度,可将上部纵向钢筋提前放置在叠合梁上部便于后期施工操作,如图 3-63 所示。

(a)　　　　　　　　　　　　　　(b)

图 3-63　整体封闭箍式叠合梁

c. 节点。水平预制构件(尤其是叠合梁)与竖向预制构件(预制柱、预制剪力墙)的连接形成建筑结构中较为关键的部位——节点,建筑节点连接构造、施工质量的优劣将直接关系到结构后期的结构性能。国内外常用的连接方式包括以预留钢筋 - 后浇混凝土节点为代表的湿连接,以预应力连接、牛腿连接、对拉螺栓杆连接为代表的一类干连接,具体又有世构连接、润泰连接、鹿岛连接等多种连接模式。

目前国内装配式混凝土结构体系正处于发展的重要阶段,应用最多的构件连接方式仍为预留钢筋 - 后浇混凝土节点模式。按照等同现浇原理,在满足"强节点、弱构件"的设计要求下,预制构件预留钢筋与节点处现场绑扎钢筋形成钢骨架,进一步保证梁柱节点核心区域具有足够的强度、刚度及延性,如图 3-64 所示。

(2)模板安装

在装配式建筑中,现浇节点的形式与尺寸重复较多,可采用铝模或钢模。

后浇区采用铝模板时应注意以下事项:安装和拼接墙柱铝合金模板之前,整理好全部的板面,涂上脱模剂,涂刷遵循薄且均匀的原则,不得漏刷。按照试拼装的图纸编号次序进行墙柱铝合金模板的拼装工作,安放拉螺杆时套好胶杯与胶管,使其与墙的两边模板面紧密连接。模板安装完后,质检人员应做验收处理,验收合格签字确认后方可进行下一工序,如图 3-65 所示。

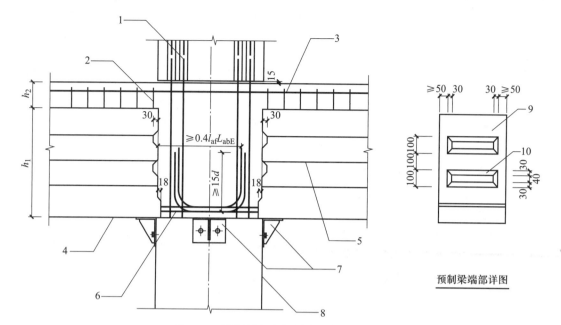

图 3-64　预制梁与中间层中柱的连接节点

1- 柱主筋；2- 梁箍筋；3- 梁上层筋；4- 预制梁；5- 梁腰筋；6- 梁下层主筋；

7- 施工牛腿（临时）；8- 预制柱；9- 预制梁端部；10- 预制梁端面抗剪键槽

（3）混凝土浇筑

为使后浇混凝土与预制构件之间具有良好的黏结性能，在混凝土浇筑前应对预制构件做粗糙面处理并对浇筑部位做清理润湿处理，同时，对浇筑部位的密封性进行检查验收，对缝隙处做密封处理，避免混凝土浇筑后的水泥浆溢出对预制构件造成污染。

预制剪力墙之间的连接处一般水平长度短、竖向高度高、钢筋密集，混凝土浇筑振捣难度大，混凝土浇筑时要边浇筑边振捣，此处的混凝土浇筑需重视，否则很容易出现蜂窝麻面。

水平构件叠合层混凝土浇筑，叠合层厚度较薄，应当使用平板振捣器振动，要尽量使混凝土中的气泡逸出，以保证振捣密实，叠合板混凝土浇筑应考虑叠合板受力均匀，可按照先内后外的浇筑顺序。

图 3-65　预制剪力墙后浇区采用铝模板

小结

通过本模块构件生产、构件安装、构件连接三个任务的学习，能够进行构件生产、安装、连接的施工方案编制并进行交底，能对成品进行质量检查，并能够及时发现施工中的问题，以合理的措施予以解决。

习题

简答题

1. 简述预制构件生产的主要工序。

2. 简述构件装车、布模方案的主要内容。

3. 简述预制构件钢筋绑扎的步骤及要点。

4. 简述竖向预制构件安装工艺和竖向钢筋连接方式的关系，并分别指出其吊装工艺。

5. 总结竖向预制构件吊装质量检测要点和检测方法。

6. 简述水平预制构件安装工艺流程。

7. 简述套筒灌浆连接原理并分析其利弊。

8. 简述竖向预制构件采用套筒灌浆连接的工艺流程。

模块 4　项目管理

学习目标

本模块包含项目策划、设计管理、项目采购、生产与施工管理、BIM 技术应用五个任务，通过五个任务的学习，学习者应达到以下目标：

任务	知识目标	能力目标
项目管理	1. 了解项目前期策划内容及流程。 2. 了解装配式建筑设计管理要求及优化方法。 3. 了解材料、设备采购基本流程及注意事项。 4. 了解施工管理要点及方案优化。 5. 了解物联网技术与 BIM 技术的结合应用	1. 能够编制施工组织计划，进行投标准备工作梳理。 2. 了解主要设计参数，明确设计任务书并优化设计工作。 3. 能够编制采购计划，组织建立供应商库。 4. 能够合理组织施工计划，落实协同实施方案。 5. 能够统一对人员、工序、设备、材料、构件和部品等进行编码，用信息化手段，同步反馈工厂生产和现场施工状态，实现即时管控

项目概述（重难点）

重点：编制施工组织计划；对项目全过程关键节点进行管控；了解主要设计参数，对投资进行总体把控；能够编制采购计划，合理组织材料、设备进场；编制并落实人、材、机等协同实施方案；可以对 BIM 模型进行基本操作，了解物联网及项目管理平台与 BIM 的协同作用。

难点：编制施工组织计划；组织设计优化；编制采购计划；控制项目关键节点，实现协同管控；优化施工方案。

任务 4.1   项目策划

任务陈述

① 能够按照装配式建筑工程总承包的要求,组织招标前期准备工作和编制投标文件。

② 能够依据构件生产计划,编制控制性和实施性生产进度计划。

③ 能够编制施工组织计划,确定施工工艺、技术方案以及资源配置要求等内容。

④ 能够对装配式建筑全过程管理的关键节点进行进度、成本、质量和安全等目标的管控。

⑤ 能够统一对人员、工序、设备、材料、构件和部品等进行编码,用信息化手段,同步反馈工厂生产和现场施工状态,实现即时管控。

知识准备

1. 招标文件与投标文件的编制要求

（1）工程施工招标应当具备的条件

① 按照国家有关规定需要履行项目审批手续的,已经履行审批手续。

② 工程资金或资金来源已经落实。

③ 有满足施工招标需要的设计文件及其他技术资料。

④ 法律、法规、规章规定的其他条件。

（2）招标文件应当包括的内容

① 投标须知,包括工程概况,招标范围,资格审查条件,工程资金来源或落实情况（包括银行出具的资金证明）,标段划分,工期要求,质量标准,现场踏勘和答疑安排,投标文件编制,提交、修改、撤回的要求,投标报价要求,投标有效期,开标的时间和地点,评标的方法和标准等。

② 招标工程的技术要求和设计文件。

③ 采用工程量清单招标的,应当提供工程量清单。

④ 投标函的格式及附录。

⑤ 拟签订合同的主要条款。

⑥ 要求投标人提交的其他材料。

（3）投标文件应包括的内容

① 投标函。

② 投标书附录。

③ 投标保证金。

④ 法定代表人资格证明书。

⑤ 授权委托书。

⑥ 具有标价的工程量清单与报价表。

⑦ 辅助资料表。

⑧ 资格审查表（资格预审的不采用）。

⑨ 对招标文件中的合同协议条款内容的确认和响应。

⑩ 招标文件规定提交的其他资料。

2. 构件控制性和实施性生产计划的编制要求

（1）控制性和实施性生产计划的内容

① 施工作业的工程量。

② 工作持续时间，施工作业相应的日历天的安排。

③ 各施工作业的施工顺序。

④ 所需的工种，安排每天的出勤人数和工作班次，确定每日工效。

⑤ 所需的施工机械种类和数量，确定每日机械的产量。

⑥ 施工材料的进场安排和现场存放。

（2）控制性和实施性计划的管理任务

① 根据项目的特点和施工进度控制的需要，编制深度不同的控制性和实施性计划。为确保控制性和实施性计划的实施，还应编制相应的劳动力需求计划、物资需求计划及资金需求计划。

② 按控制性和实施性计划的要求组织人力、物力和财力进行施工。在实施过程中，应进行下列工作：跟踪检查，收集实际进度数据；将实际数据与进度计划进行对比；分析计划执行的情况；对产生的进度变化，采取措施予以纠正或调整计划；检查措施的落实情况；计划的变更须与有关单位和部门及时沟通。

③ 按控制性和实施性计划的检查应按统计周期的规定定期进行，并应根据需要进行不定期的检查。控制性和实施性计划检查后应编制检查报告。控制性和实施性计划的调整包括工程量的调整、工作起止时间的调整、工作关系的调整、资源提供条件的调整、必要的目标的调整。

3. 施工组织计划的编制内容

（1）施工组织计划的编制准备

① 施工组织计划编制前应对项目进行调查，掌握项目工程数量、设计特点、技术标准、项目管理目标、项目环境、市场状况等。

② 熟悉项目管理的机构、施工管理措施、运转体系、施工段划分、资源配置及人员组成。

③ 分析并推广新技术的应用，为项目提质增效。

（2）施工组织计划的内容

① 工程概况，可用效果图来丰富"工程概况"，用 3D 立体模型形象化"工程特征"，让内容更直观、通俗易懂。

② 工程特点、重难点分析及施工对策，突出重点、抓住关键，分析与对策一一对应，切忌泛泛而谈；描述设计中是否采用新技术、新工艺、新材料、新设备。

③ 施工部署，明确项目部主要成员的姓名、行政职务、技术职称或执业资格。

④ 施工工艺流程及施工组织安排，包括划分施工任务、落实施工队伍、明确总分包职责，施工段划分、确定工程展开顺序及施工流向，流水施工、交叉作业及季节性施工措施的安排，可利用 BIM 模型形象化"工艺流程及组织安排"。

⑤ 施工进度计划图。

⑥ 施工平面布置图,包含垂直运输设备位置,生产和生活性设施的布置,场内道路的布置,临时给排水管线、供电线路等布置。

> **任务实施**

1. 项目的招投标管理

（1）招标方式

招标分为公开招标和邀请招标。公开招标也称无限竞争性招标,是指招标人以招标公告的方式邀请不特定的法人或其他组织投标,建设工程项目一般采用公开招标方式。邀请招标也称有限招标,是指招标人以投标邀请书的方式邀请特定的法人或其他组织投标。

（2）投标管理

① 投标前期阶段。为在投标竞争中获胜,应设置经营投标组,掌握市场动态,积累有关的信息资料等;取得招标信息,通过资格审查后应立即组织人员研究招标文件、决定投标策略;报价的策略研究不仅要考虑质量、工期、安全等投标文件的要求,还要平衡中标概率、预期利润、项目风险等因素。

② 资格预审阶段。编制资格预审申请书时,要针对资格预审文件的要求进行编制;本阶段要与建设单位加强联系、沟通,可以邀请建设单位参观、考察本企业及类似工程业绩。

③ 编制投标文件阶段。领取招标文件后,立即组织有关人员熟悉、研究招标文件,要记录、收集疑问,以便在标前会上向招标方提问;同时也要进行评分办法的研究,若发现有显失公平且对己不利的地方,要及时向招标方、招标办及建设主管部门提出,争取消除不利因素;仔细分析并弄清承包者的责任和报价范围,各项技术要求,需使用的特殊材料和设备,充分考虑工期、误工赔偿、保险、付款条件、税收等因素,针对已发现的漏洞,在报价时相应压低报价,在施工过程中利用这些漏洞进行索赔,提高获取利润的机会。

④ 开标阶段。开标之前,要根据招标文件要求及评分办法,将须核验的原件备齐;若要求答辩,事先准备好答辩大纲;若公布出来的评分结果与我方测算的结果有误差,要及时提出。

⑤ 招标后期阶段。若中标,要随时和招标人保持联系,及时知道中标结果在公示期间有无质疑,若有,要及时做出处理,尽快获取中标通知书;若不中标,要及时将投标保证金从招标人处要回,尽量减少损失。

2. 构件生产的进度控制

构件生产的进度控制的措施主要包括组织措施、管理措施、经济措施和技术措施。

组织措施包括:在项目组织结构中应有专门的工作部门和符合进度控制岗位资格的专人负责进度控制工作;进度控制的管理职能应在项目管理组织设计的任务分工表和管理职能分工表中标示并落实;编制进度控制的工作流程;进行有关进度控制会议的组织。

管理措施涉及管理的思想、管理的方法、管理的手段、承发包模式、合同管理和风险管理等。借助工程网络计划的方法编制进度计划必须很严谨地分析和考虑工作之间的逻辑关系,根据承发包模式的特点进行各单位的组织协调,规避常见的影响工程进度的风险(包括组织风险、管理风险、合同风险、资源风险、技术风险等),重视信息技术(包括 BIM 技术、局域网、互联网及数据处理设备等)在进度控制中的应用。

经济措施涉及工程资金需求计划和经济激励措施等。

技术措施涉及对实现进度目标有利的设计技术和施工技术的选用。

3. 构件安装的组织管理

（1）构件安装组织机构的设计和建立

组织机构是根据项目管理目标通过科学设计而建立的组织实体。机构是由有一定的领导体制、部门设置、层次划分、职责分工、规章制度、信息管理系统等构成的有机整体。一个以合理有效的组织机构为框架所形成的权力系统、责任系统、利益系统、信息系统是实施项目管理及实现最终目标的组织保证。

根据管理目标及任务和管理层次选定合理的组织系统(含生产指挥系统、职能部门等)。

根据责权对等原则,科学确定管理跨度、管理层次,合理设置部门、岗位,明确各层次、各单位、各部门、各岗位的职责和权限。

根据分工协作原则明确各层次、各单位、各部门、各岗位的职责、权限和信息管理原理。

根据信息管理原则规定组织机构中各部门之间的相互联系、协调原则和方法,建立各种信息流通、反馈的渠道,形成信息网络。

（2）构件安装组织的运行

制定激励措施:经常对在岗人员进行培训、考核和激励,提高人员素质和士气。

划分业务性质:做好人员配置、业务衔接,职责、权力、利益明确。

做好分工协作:各部门、各层次、各岗位人员各司其职、各负其责、协同工作,保证信息沟通的准确性、及时性,达到信息共享。

（3）构件安装组织的调整

根据动态管理原则,根据工作需要和环境条件变化,及时分析组织体系的适应性,运行效率,及时发现不足与缺陷;有针对性地对原组织设计进行改革、调整或重新组合,对原组织运行进行调整或重新安排。

4. 过程中的目标管理

① 加强对工作人员的管理。工作人员是目标管理成功的关键因素,是施工的主体,是影响工程质量的主要因素。因此,在施工过程中要加强对工作人员的管理,成立一个管理小组,坚持以人为本的原则,积极发挥人在施工中的作用,不断地挖掘人的潜力,强化人员的安全意识,提高工作人员技术水平,提高建筑施工的工作效率。

② 制定科学的管理目标。目标管理涉及很多的内容,要制定科学的管理目标,发挥构成要素的作用。要根据实际情况加强对材料的管理和控制,合理分配物力、人力资源,保证材料质量。

③ 将质量目标同经济责任进行紧密结合。目标管理要严格按照合同进行,在施工的过程中要受到合同的制约,遵守合同的规定。应当将目标管理与经济责任联系起来,完善目标责任制,明确检查标准,降低工程成本,控制施工质量,提高企业经济效益。

5. 过程中的动态控制

（1）动态控制的工作程序

① 项目目标动态控制的准备工作。将项目的目标进行分解，以确定用于目标控制的计划值。

② 在项目实施过程中对项目目标进行动态跟踪和控制。收集项目目标的实际值，定期进行项目目标的计划值和实际值的比较，如有偏差，则采取纠偏措施进行纠偏。如有必要，进行项目目标的调整。

③ 项目目标动态控制的纠偏措施。主要包括组织措施、管理措施、经济措施、技术措施。组织是目标能否实现的决定性因素，应充分重视组织措施对项目目标控制的作用。项目目标动态控制的核心是，在项目实施的过程中定期地进行项目目标的计划值和实际值的比较，当发现项目目标偏离时采取纠偏措施。为避免项目目标偏离的发生，还应重视事前的主动控制。

（2）造价控制的动态管理

① 决策阶段造价控制的动态管理。项目的决策一般处于一种连续变动的状态，各方面因素都会造成决策的变化，这一时期的工程造价必须采用动态调整的策略，进而确保决策中工程造价的科学性和可控性。决策中必须要有工程造价工作的主动参与，提供给决策更多准确的信息和科学的建议，以便决策单位和个人能够准确进行建筑工程估算，做好投资和效益的全面分析，进而提升决策的有效性和科学性。对决策中不同的方案和不同的意见，工程造价要有连续、动态的管控能力和意识，帮助决策人员明确投资的方向，做到对决策系统性和完整性的保障，在决策阶段实现工程造价的基础性价值和功能，做到对工程造价的全面控制和系统管理。

② 设计阶段造价控制的动态管理。为更好地控制工程造价水平，必须在持续波动和连续转换的设计活动中坚持动态管理和控制工程造价，发挥工程造价的专业职能，有效控制工程的成本。造价控制要建立全范围的大局观和动态控制工程造价的理念，全面地将管理和控制工程造价融入设计工作中，在确保工程质量、进度和安全目标的同时，有效实现工程造价的科学控制和管理。在筛选工程备选设计时，工程造价要有连续、动态的思想，平衡经济发展、工程投入、工程造价的深层次关系，将经济合理性和成本可操作性作为基础，确保高水平、高质量的设计能够在评定过程中得到充分展现，并做到对工程造价先决性和专业性的控制。在设计规划中工程造价要将限定额度这一指标动态化管理，通过对工程数据、施工技术参数的全面分析，有效确定建筑工程的成本和额度，进而能够有效做到对设计方案的优化，减少工程建设产生不合理、不科学问题而导致的造价增加可能性。工程造价工作还应在设计规划时期建立起跟踪和覆盖建筑工程设计的体系，明确控制成本、降低浪费的基本原则，使建筑工程资金、人员得到合理分配，在动态性和过程性上确保工程造价的管理和控制职能的稳定发挥。

③ 施工阶段造价控制的动态管理。施工既是工程造价形成的重要时期，也是工程建设的关键阶段，应以动态的工程造价管理和科学的工程造价控制，做到对施工阶段成本、质量等关键目标的保障。工程造价要注意施工实施中合同的科学管理，特别对相关主体的施工中行为和操作展开全面控制，优化工程造价的过程和细节，控制工程施工实施中的浪费和重复，达到科学工程造价管理、合理工程造价控制的目标。工程造价要将职能在材料采购方面

动态强化,利用市场竞争和波动的有利条件进行工程材料的造价控制,使工程材料价格进一步下降,工程造价的水平进一步合理,用动态的手段实现工程造价的科学管控。施工实施中材料的应用处于连续、动态的状态,因此工程造价也必须进行动态化和系统化的自我完善,要严格控制施工实施中材料的使用要求、使用数量,避免出现大宗材料积压、不足、浪费等现象,控制好材料的库存、运输和使用环节,有效降低工程施工实施中材料的成本,动态而全面地提升工程造价的管理和控制水平。施工实施过程跨度大,很容易受到来自政府政策、产业规划、建设单位改变等方面不可控因素的影响,因此工程造价要建立动态的控制体系和科学管理机制,抑制影响工程造价和工程实施的负面因素,扩大促进工程造价管理和控制的动态要素,避免不稳定的外部条件对工程造价产生的意外、不连贯、突发性影响。

④ 竣工验收阶段造价控制的动态管理。根据系统控制理论,竣工验收对整个工程建设会产生系统性的直接影响,并且实质性地对工程造价产生制约作用,因此要高度重视竣工验收中工程造价,要以动态的管理和控制作为工程造价的切入点,要仔细审核工程造价的相关资料和数据,将市场因素、施工因素和政策因素列为工程造价的控制与管理新目标,重点对税费、工程量清单、材料单价等信息加以掌控,通过实际施工情况的把握和合同变更检验,形成工程造价对工程建设的全面覆盖,确保结算信息的准确性,实现施工过程的真实性,进而动态地控制工程造价,科学地管理工程造价,避免工程造价出现错误,造成工程建设资金浪费和成本增加。

> **任务拓展**

建立样板引路制度,进行质量管理策划。

(1)样板引路质量策划的有关要求

① 实施建筑工程质量样板引路工作,要求在原材料、半成品加工,结构工程,装饰装修工程,屋面工程,机电安装工程,通风与空调工程,成品保护措施,建筑节能工程,绿色施工等分部工程和关键环节推行。

② 所有专业分包单位(含半成品制作单位)进场施工前,必须进行样板制作,项目(经理)部组织样板验收,合格后方能进行工序施工;施工样板不能满足规范验收要求,分包队伍无条件退场。

③ 劳务分包单位的样板制作根据项目部的统一策划和要求进行。

(2)样板引路制度各部门工作职责和验收工作的策划

① 工程技术部负责编制工程质量样板引路工作策划书、样板制作技术指导文件,负责样板引路工作的实施、工序样板资料的收集整理等;负责收集专业分包单位样板引路策划书、样板工序作业指导书等技术文件,负责工序展示样板的管理。

② 质检部负责工序样板的监督和验证,检查样板工序报验需要提供样板验收表。

③ 物资设备部负责工程材料样板的策划、编制、实施、复检和管理工作,负责和工程技术部一起检查专业分包单位材料样板的展示、资料验证等。物资设备部对各种原材料复检报告的真实性、完整性、有效性负责,建立材料样板台账;供应商对其供应原材料合格证的真实性、材料质量负责。工程技术部对工程材料的使用管理负责,质量部门对材料样板制的执行情况负有监督检查责任。

④ 经营部负责查验工序合格证明材料后,核定工序量单。

⑤ 资料管理部门负责样板工序检验批验收资料的收集。

⑥ 专业分包单位的样板检查和验收工作由工程技术部组织,质检站、物资设备部、经营部和办公室参加,工程技术部组织制定专业分包单位样板检查验收的工作流程、管理办法和样板资料管理要求。进入施工现场的专业分包单位作业前必须上报样板作业指导书,工程技术部审核,项目技术负责人审批。

任务 4.2 设计管理

任务陈述

① 能够根据建设单位的需求、环境条件、装配率要求,确定采购、生产、施工、运输、使用环节的主要设计技术参数。

② 能够明确设计任务,划分职责界面。

③ 能够对装配式建筑设计的进度、质量及项目投资进行管控。

④ 能够组织建筑设计优化工作。

知识准备

1. 设计管理概论

① 工程建设项目的设计是指根据建设工程的要求,对建设工程所需的技术、经济、资源、环境等条件进行全面与详细的安排。它是一个分析、论证、编制设计文件的综合活动。设计是工程建设的"龙头",是工程采购和施工的基础。设计工作的好坏对工程的质量、费用及进度起着决定性的作用。

② 设计管理是工程项目管理的一个重要组成部分,它的职责范围根据各单位的性质和分工的差异有所不同。一般来说,设计管理的职责范围包括设计单位的选定、对设计进度进行跟踪管理、设计图纸的审查、严格控制设计变更,从而实现对工程项目三大目标(投资、进度和质量)的控制。

2. 设计管理的里程碑和重点管控问题

第一个里程碑:投标阶段。

第二个里程碑:中标签约阶段。

第三个里程碑:项目开工,设计开始实施。

第四个里程碑:工程设计审核会(方案设计阶段)。

第五个里程碑:施工图设计阶段(详细工程设计阶段)。

第六个里程碑:项目现场技术指导和质量服务阶段。

重点管控问题:设计工作与采购工作的交叉问题,设计变更与优化问题。

3. EPC 项目设计管理的工作要求

① 设计必须满足施工实际的需要,做到详尽、准确;设计交底多听取发包人、监理及施工单位的意见,完善设计。

② 设计应对全部设计基础数据和资料进行检查和验证,并经发包人确认后使用。

③ 设计应建立设计协调程序,并按本承包人有关专业之间互提条件的规定,协调和控制各专业之间的接口关系。

④ 编制的设计文件应当满足招标文件的要求,满足材料设备采购、施工的需要。

⑤ 设计优化,使设计满足发包人的功能要求,符合设计的合理性、经济性和可靠性要求。

⑥ 设计应负责提供请购文件,在采购过程中进行技术评审和质量检验,进行可施工性分析并满足其要求。

⑦ 设计工作应按设计计划与采购、施工等进行有序的衔接并处理好接口关系。

⑧ 设计应与发包人沟通建立设计变更程序,并在实施中认真履行,有效控制由于设计变更引起的费用增加。

⑨ 设计计划应满足合同约定的质量目标与要求、相关的质量规定和标准,同时满足本承包人的质量方针与质量管理体系以及相关管理体系的要求;应明确项目费用控制指标、限额设计指标;设计进度应符合项目总进度计划的要求、充分考虑设计工作的内部逻辑关系及资源分配、外部约束等条件,并应与工程勘察、采购、施工、验收等的进度协调;制定目标的依据确切,保证措施落实、可靠。

⑩ 编制的设计文件应当满足设备材料采购、非标准设备制作和施工及试运行的需要;设计选用的设备材料,应在设计文件中注明其型号、规格、性能、数量等,其质量要求必须符合现行标准的有关规定;施工图设计的深度应满足施工要求,并可据此进行验收和移交发包人。

⑪ 确保合同约定的设计出图时间表和各阶段审批环节。

⑫ 拟定项目设计阶段的投资、质量和进度目标,控制项目总投资,确保质量和进度。

⑬ 及时与图审单位沟通,完善和修改施工图,尽早通过图审,获得施工图审批机构意见并取得合格证书或审图报告。

⑭ 组织施工图设计的会审,纠正图纸中的错、漏、碰、缺。

⑮ 在施工前,应进行设计交底,说明设计意图,解释设计文件,明确设计要求。

⑯ 施工阶段设计人员要到现场指导、服务,发现问题及时解决,保证工程顺利进行。

4. EPC 项目中需要注意的设计责任

① 承包单位对建设单位前期设计成果承担审核责任。

② 除特殊说明外,承包单位应对建设单位招标前所做的相关设计成果的正确性负责。

③ 建设单位对设计文件的审批不解除承包单位的责任。

④ 若承包单位的设计文件出现错误,承包单位应自费改正。

5. 设计管理工作计划的编制要求

① 研究和消化 EPC 合同的设计要求,确定设计工作的范围。

② 确定设计原则,主要涉及安全原则、经济原则、质量保证原则、设计进度与总工期匹配原则。

③ 根据项目总工期确定总体的设计进度计划。

④ 确定设计阶段的人工时与设施、设备投入量。

⑤ 工程设计采用的规范和标准。

⑥ 法律法规在环境保护等方面对设计的要求及应对措施。

⑦ 设计工作分工,确定要对外分包的设计工作,界定各接口部门的分工与责任。

6. 深化设计管理的要求和重点问题

（1）深化设计需要解决的重点问题

① 根据项目建筑与结构条件,结合已批准使用的材料或设备产品对各专业设施进行合理或优化布局、精确定位,使工程满足使用功能和美观要求,为承包商创造合理效益。

② 对各专业设施及支撑与固定件综合排布,明确细部工艺,确定各专业之间流水工序,有效指导现场施工作业,满足工程全生命周期的安全要求,科学有效地降低建造成本。

③ 在满足规范的前提下,经济、合理、紧凑地布置设施,优化系统,为建设单位提供最大的使用空间。

④ 根据合约规定补充、完善原设计不足或甩项,保证项目顺利履约。

⑤ 通过对系统详细计算和校核,优化原设计方案,节约建设单位投资。

（2）深化设计的要求

① 基本要求。深化设计图纸应格式规范、清晰简洁,满足相关的条件图、现行规范、规程和图集要求。深化设计图纸应以准确指导施工为原则。应准确注明所有部件、构件的规格型号等参数。一般总承包商应统一项目深化设计图的绘图原则及深化设计图纸出图版次编号,包括图层、图块、颜色、线型、线宽、图框、会签栏等的设置要求。深化设计图纸应注明所依据的相关图纸的图号、图名、版号、出图日期及其他主要提资文件;在图框中清晰标示项目、专业、系统名称,图纸序列号、版次、出图日期等。应统一规定本项目深化设计所使用的软件类型与版本号。

深化设计文件内容应包括:图纸目录;图纸总说明(包括参考的相关图纸的图号、图名、版本号及出图日期,参考规范图集,图例,与施工总说明一致,通用信息、重点说明事项等);平面、立面、剖面图及详图;必要的设计计算书等。涉及效果、观感控制的深化设计图纸或样品宜统一附带彩色图片。

② 质量要求。深化设计图纸应符合相关国家规范、行业标准等的规定。深化设计图纸必须具有可执行性。同时确保建设工程全生命周期的安全性和功能性。深化设计图纸应布局合理、安全可靠,细部工艺质量体现质感与美感。对材料、设备采购、运输及现场组装等全部环节有针对性和指导意义。深化设计图纸必须符合合约对出图深度、范围、时间的要求。

（3）深化设计审核原则

审核深化图纸时,主要从设计明确的施工工艺是否满足现场要求;材料、设备选用是否符合合约文件规定;各专业设施布局是否合理,间距满足操作和检修空间需求;大型设备或构件的水平和垂直运输通道选择及吊装工艺是否合理并安全可行;各专业支撑及固定设施布置是否合理美观、安全可靠、经济可行,净高是否满足建设单位功能划分要求等方面考虑。

▶ **任务实施**

1. 组建设计管理的组织机构

（1）项目组建原则

项目启动,即在项目投标策划时,应按中标后人员能够就位的原则,确定拟任设计管理经理及相应的设计管理人员,如图 4-1 所示。

拟任设计管理经理及设计管理人员由项目管理部牵头,会同人力资源部及相关部门进行会商或领导推荐,填写项目部设计管理人员审批表,报总经理后予以初步确定。项目设计管理经理及设计管理人员应积极配合投标工作。

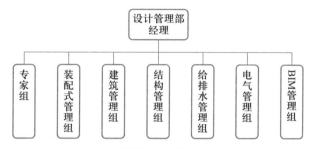

图 4-1　设计管理岗位设置一览表

工程中标后,由公司正式任命设计管理部。设计管理部人员如有变动,必须提前与相关方沟通,征得相关方同意。

（2）组织职能和职权关系的制定

合理制定组织职能和职权关系结构使设计管理和设计单位的工作协同一致。

① 组织设计。包括选定一个合理的组织系统,划分各部门的权限和职责,确立各种基本的规章制度。

② 组织联系。就是规定组织机构中各部门的相互关系,明确信息流通和信息反馈的渠道,以及它们之间的协调原则和方法。

③ 组织运行。就是按分担的责任完成各自的工作,规定各组织体的工作顺序和业务管理活动的运行过程。组织运行要抓好三个关键性问题:一是人员配置;二是业务交圈;三是信息反馈。

④ 组织行为。就是指应用行为科学、社会学及社会心理学原理来研究、理解和影响组织中人们的行为、言语、组织过程、管理风格及组织变更等。

⑤ 组织调整。组织调整是指根据工作的需要、环境的变化,分析原有的项目组织系统的缺陷、适应性和效率性,对原组织系统进行调整和重新组合,包括组织形式的变化、人员的变动、规章制度的修订或废止、责任系统的调整及信息流通系统的调整等。

（3）项目组织机构的设置

公司项目管理部根据新开工程项目建筑面积及工程造价并参照项目部定员标准,确定新建项目部人员的数量。

设计管理部的职务设置层级为部门经理、部门副经理、业务主管、见习生。部门人数由项目部根据公司核定项目部总人数在满足最低配置的要求和符合法律法规的条件下结合项目部实际情况,自行分配,并填写项目部定员核定表后报公司项目管理部审批,作为日后项目部核定现场经费及人员招聘、调配的依据。

根据公司管理办法和项目特点制定设计管理经理及设计管理部人员的岗位职责和任职资格。设计管理部人员可由项目部根据项目自身特点进行细分,如表 4-1、表 4-2所示。

表 4-1　项目部定员标准表

项目级别	特大型	大型 （1 级）	大型 （2 级）	中型 （3 级）	中型 （4 级）	小型 （5 级）	小型 （6 级）
建筑面积 / 万平方米	≥ 50	≥ 25 且 <50	≥ 15 且 <25	≥ 10 且 <15	≥ 5 且 <10	≥ 2 且 <5	<2
工程造价 / 亿元	≥ 10	≥ 5 且 <10	≥ 3 且 <5	≥ 2 且 <3	≥ 1 且 <2	≥ 0.5 且 <1	<0.5
项目部人员 配置标准 / 人	50	30> 建筑面积 ≥ 25 : 30； 35> 建筑面积 ≥ 30 : 35； 40> 建筑面积 ≥ 35 : 40； 50> 建筑面积 ≥ 40 : 45	20> 建筑面积 ≥ 15 : 23； 25> 建筑面积 ≥ 20 : 28	20	16	8	5

表 4-2　项目部定员调增系数表

群体工程的 单体数量 / 个	3 ~ 4	5 ~ 6	7 ~ 8	9 ~ 10	11 ≤；≥ 15	16 ≤；≥ 20	20 以上	30 以上
调增系数	1.05	1.10	1.15	1.20	1.25	1.30	1.35	1.40

2. 确定设计管理工作范围

（1）设计任务的委托方式及合同结构的研究

① 平行委托。这种方式是承包方将设计任务同时分别委托给多个设计单位，各设计单位之间的关系是平行的。它的优点在于：可以加快设计进度；承包方可以直接对设计分包发出修改或变更的指令。其缺点在于：承包方对各设计单位的协调工作量很大；分包合同较多，合同管理工作也较为复杂；由于各设计单位分别设计，因此较难进行总体的投资控制；参与单位众多也对整体设计进度控制造成相当的难度。因此，它适用于承包方有设计项目管理经验和相关资源。

② 总设计。该方式中，承包方只与一家设计单位签约。其优点在于：只有一家设计单位的参与，设计协调的工作量大大减少；由于设计合同只有一个，因此合同管理较为有利。其缺点在于：设计单位的选取很重要，如果由主要承担施工图设计的单位承担，很难对方案设计单位进行有效控制，如果由承担方案设计的设计单位承担，对后期控制也不利，必须慎重考虑；承包方对设计分包单位的指令是间接的，直接指令必须通过设计单位，管理程序比较复杂。

③ 设计合作体。在这种方式中，承包方与由两家以上设计单位组成的设计合作体签署一个设计委托合同，各家设计单位按照合作协议分别承担设计任务，通常是按照设计阶段分别承担的。其优点在于：设计协调的工作量大大减少；由于承包方只有一个设计合作体的合同，因此合同管理较为有利。其缺点在于：缺乏一家设计单位对设计成果的总体质量负责；缺乏有利的激励手段促进各家设计单位相互沟通和协调。这种方式通常用于中外合作

设计以及本地和外地设计单位的合作设计中。近年来,使用较为广泛,但在合作单位界面管理上存在一定的障碍。

当前,中外合作设计正成为设计委托的一种主要趋势,其中大部分都是以组成设计合作方式进行的,在中外合作设计中,为获得一个优秀的方案,往往都是由外方负责方案设计,方案优化、初步设计和施工图设计由中外双方的哪一方负责,工作内容和任务如何进行分工,主要存在 3 种模式:外方负责方案优化、初步设计和施工图设计,中方提供咨询服务;外方负责方案优化,中方负责初步设计和施工图设计;外方负责方案优化和初步设计,中方参与方案优化和初步设计,最后施工图设计由中方负责,如图 4-2 所示。

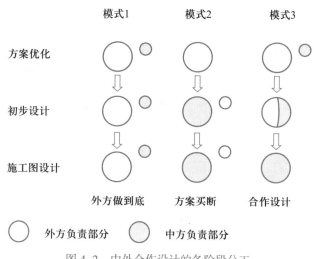

图 4-2　中外合作设计的各阶段分工

（2）合同研究的工作任务

设计管理与项目的投资、进度和质量有关,因此,设计管理中应该充分重视合同研究。合同研究的工作任务主要包括以下方面:分析、论证项目实施的特点及环境,编制项目合同管理的初步规划;分析项目实施的风险,编制项目风险管理的初步方案;从合同管理的角度为设计文件的编制提出建议;根据方案竞赛的结果,提出并确定设计合同的结构;选择标准合同文本,起草设计合同及特殊条款,进行设计合同的谈判、签订;从目标控制的角度分析设计合同的条款,分析合同执行过程中可能出现的风险以及如何进行风险转移,制定设计合同管理方案;进行设计合同执行期间的跟踪管理,包括合同执行情况检查,以及合同的修改、签订补充协议等事宜;分析可能发生索赔的原因,制定防范性对策,编制索赔管理初步方案,以减少索赔事件的发生;如发生索赔事件,对合同纠纷进行处理;编制设计合同管理的各种报告和报表。

设计阶段合同管理的任务还可以按照设计阶段的划分来进一步分解,分别分解归类到方案设计阶段、初步设计阶段(或扩初设计阶段)和施工图设计阶段。

根据合同要求和项目特点,设计管理类型主要有三种形式。

① 完全自管式设计管理。它是承包单位组织项目管理人员组成设计管理团队。这种形式的设计管理组织工作比较完善和全面,但要求承包单位自身具有较强的设计管理力量,适用于拥有足够丰富经验的项目管理人员的承包单位,目前大部分 EPC 项目的设计管理都采用这种形式。

② 委托式设计管理。分为两种形式,即完全委托式和部分委托式。这两种委托方式又有很大不同。其中,完全委托式是把设计管理完全委托给专业的项目管理公司,代替承包方进行设计管理。委托式的设计管理适用于承包方缺少经验丰富的设计管理人员,仅靠自己的力量难以完成设计管理任务的情况。

③ 混合式设计管理。是指由承包方设计管理人员与委托的项目管理公司的管理人员,共同组成混合式的设计管理团队。

设计管理从根本上来说,是为保证建设项目目标的实现而进行的。因此管理工作是围绕着建设项目管理的核心任务"三控""三管"和"一协调"展开的。按照设计阶段和建设项目管理的特点,确定不同阶段设计管理的工作内容,如表 4-3 所示。

表 4-3　设计管理的工作内容

实施阶段	安全管理	投资控制	进度控制	质量控制	合同管理	信息管理	组织协调
方案设计阶段							
初步设计阶段							
施工图设计阶段							
招投标阶段							
施工阶段	对施工单位和监理单位做好必要的配合						

3. 设计控制

（1）设计阶段投资控制

建设项目投资控制的目标是使项目的实际总投资不超过项目的计划总投资。建设项目投资控制贯穿于建设项目管理的全过程,即从项目立项决策直至工程竣工验收,在项目进展的全过程中,以循环控制的理论为指导,进行计划值和实际值的比较,发现偏离及时采取纠偏措施。设计阶段投资控制的主要任务应按照阶段划分,如表 4-4 所示。

表 4-4　设计过程各阶段投资控制任务

设计阶段	设计阶段投资控制任务
设计方案 优化阶段	① 编制设计方案优化任务书中有关投资控制的内容; ② 对设计单位方案优化提出投资评价建议; ③ 根据优化设计方案编制项目总投资修正估算; ④ 编制设计方案优化阶段资金使用计划并控制其执行; ⑤ 比较修正投资估算与投资估算,编制各种投资控制报表和报告
扩初设计 阶段	① 编制、审核扩初设计任务书中有关投资控制的内容; ② 审核项目设计总概算,并控制在总投资计划范围内; ③ 采用价值工程方法,挖掘节约投资的可能性; ④ 编制本阶段资金使用计划并控制其执行; ⑤ 比较设计概算与修正投资估算,编制各种投资控制报表和报告

设计阶段	设计阶段投资控制任务
施工图 设计阶段	① 根据批准的总投资概算,修正总投资规划,提出施工图设计的投资控制目标; ② 编制施工图设计阶段资金使用计划并控制其执行,必要时对上述计划提出调整建议; ③ 跟踪审核施工图设计成果,对设计从施工、材料、设备等多方面做必要的市场调查和技术经济论证,并提出咨询报告,如发现设计可能会突破投资目标,则协助设计人员提出解决办法; ④ 审核施工图预算,如有必要调整总投资计划,采用价值工程的方法,在充分考虑满足项目功能的条件下进一步挖掘节约投资的可能性; ⑤ 比较施工图预算与投资概算,提交各种投资控制报表和报告; ⑥ 比较各种特殊专业设计的概算和预算,提交投资控制报表和报告; ⑦ 控制设计变更,注意审核设计变更的结构安全性、经济性等; ⑧ 编制施工图设计阶段投资控制总结报告; ⑨ 审核、分析各投标单位的投标报价; ⑩ 审核和处理设计过程中出现的索赔和与资金有关的事宜; ⑪ 审核招标文件和合同文件中有关投资控制的条款

设计阶段投资控制的方法:设计阶段投资控制的基本工作原理是动态控制原理,即在项目设计的各个阶段,分析和审核投资计划值,并将不同阶段的投资计划值和实际值进行动态跟踪比较,当其发生偏离时,分析原因,采取纠偏措施,使项目设计在确保项目质量的前提下,充分考虑项目的经济性,使项目总投资控制在计划总投资范围之内。

价值工程是对现有技术的系统化应用策略,它通过辨识产品或服务的功能,确定其经济成本,进而在可靠地保障必要功能前提下实现全寿命周期成本最小化三个主要步骤来完成的。它于 20 世纪 60 年代应用于建筑业,并逐步从施工、采购阶段拓展到设计、运营和维护阶段,甚至向前延伸到项目前期的策划和决策阶段。

价值工程对项目的意义在于为建设单位增值,不仅是经济方面。根据美国著名 VE 专家 Dell' Isola 对 500 个项目进行的跟踪调查结果表明,VE 研究可节约建设成本 5%~35%,每年可节约费用 5%~20%。Dell' Isola 本人 35 年的经验表明,VE 研究与应用的成本仅占建设成本的 0.1%~0.3%,而结果却可节约 5%~10%,每年节约运营成本 5%~10%。由于 VE 投入的不同和项目之间的差异,VE 的效果也不一定相同,通常大型复杂的项目节约潜力较大。

（2）设计进度控制

设计进度控制的主要任务应按照阶段划分,如表 4-5 所示。

表 4-5 设计过程各阶段进度控制任务

设计阶段	设计阶段进度控制任务
设计方案 优化阶段	① 编制设计方案优化进度计划并控制其执行; ② 比较进度计划值与实际值,编制本阶段进度控制报表和报告; ③ 编制本阶段进度控制总结报告

续表

设计阶段	设计阶段进度控制任务
扩初设计阶段	① 编制扩初设计阶段进度计划并控制其执行； ② 审核设计单位提出的设计进度计划； ③ 比较进度计划值与实际值，编制本阶段进度控制报表和报告； ④ 审核设计进度计划和出图计划，并控制执行，避免发生因设计单位推迟进度而造成施工单位要求的索赔； ⑤ 编制本阶段进度控制总结报告
施工图设计阶段	① 编制施工图设计进度计划，审核设计单位的出图计划，如有必要，修改总进度规划，并控制其执行； ② 协助建设单位编制甲供材料、设备的采购计划，协助建设单位编制进口材料、设备清单，以便建设单位报关； ③ 督促建设单位对设计文件尽快做出决策和审定，防范建设单位违约事件的发生； ④ 协调主设计单位与分包设计单位的关系，协调主设计与装修设计、特殊专业设计的关系，控制施工图设计进度满足招标工作、材料及设备订货和施工进度的要求； ⑤ 比较进度计划值与实际值，提交各种进度控制报表和报告； ⑥ 审核招标文件和合同文件中有关进度控制的条款； ⑦ 控制设计变更及其审查批准实施的时间； ⑧ 编制施工图设计阶段进度控制总结报告

设计阶段进度控制的方法：设计进度控制的方法仍是规划、控制和协调。规划是指编制、确定项目设计阶段总进度规划和分进度目标；控制是指在设计阶段，以控制循环理论为指导，进行计划进度与实际进度的比较，发现偏差，及时采取纠偏措施；协调是指协调参加单位之间的进度关系。

对进度控制工作，应明确一个基本思想：计划的不变是相对的，变是绝对的；平衡是相对的，不平衡是绝对的，为针对变化采取措施，要利用计算机作为工具定期、经常地调整进度计划。

（3）设计阶段质量控制

设计质量目标分为直接效用质量目标和间接效用质量目标两方面，这两种目标表现在建设项目中都是设计质量的体现。直接效用质量目标和间接效用质量目标及其表现形式共同构成了设计质量目标体系，如图 4-3 所示。

设计阶段质量控制的主要任务应按照阶段划分，如表 4-6 所示。

设计阶段质量控制的方法：设计阶段质量控制与投资控制、进度控制一样，也应该进行动态控制。通常是通过事前控制和设计阶段成果优化来实现的。其最重要的方法就是在各个设计阶段前编制一份好的设计要求文件，分阶段提交给设计单位，明确各阶段设计要求和内容，在各阶段设计过程中和结束后及时对设计提出修改意见，或对设计进行确认。

（4）设计协调

① 设计协调的内涵和内容。中方设计单位与外方设计单位的协调，设计内部各专业间的协调，主设计方与其他参与方的协调，设计方与施工方的协调，设计方与材料设备供应方的协调。

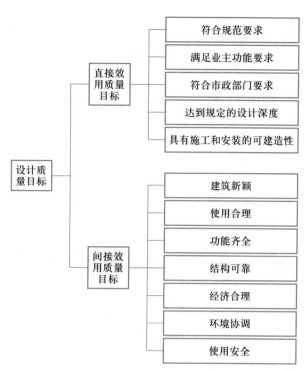

图 4-3 设计质量目标体系

表 4-6 设计过程各阶段质量控制任务

设计阶段	设计阶段质量控制任务
设计方案优化阶段	① 编制设计方案优化任务书中有关质量控制的内容; ② 审核优化设计方案是否满足建设单位的质量要求和标准; ③ 审核优化设计方案是否满足规划及其他规范要求; ④ 组织专家对优化设计方案进行评审; ⑤ 在方案优化阶段进行设计协调,督促设计单位完成设计工作; ⑥ 从质量控制角度对优化设计方案提出合理化建议
扩初设计阶段	① 编制扩初设计任务书中有关质量控制的内容; ② 审核扩初设计方案是否满足建设单位的质量要求和标准; ③ 对重要专业问题组织专家论证,提出咨询报告; ④ 组织专家对扩初设计进行评审; ⑤ 分析扩初设计对质量目标的风险,并提出风险管理的对策与建议; ⑥ 若有必要,组织专家对结构方案进行分析论证; ⑦ 对智能化总体方案进行专题论证及技术经济分析; ⑧ 对建筑设备系统技术经济等进行分析、论证,提出咨询意见; ⑨ 审核各专业工种设计是否符合规范要求; ⑩ 审核各特殊工艺设计、设备选型,提出合理化建议; ⑪ 在扩初设计阶段进行设计协调,督促设计单位完成设计工作; ⑫ 编制本阶段质量控制总结报告

续表

设计阶段	设计阶段质量控制任务
施工图 设计阶段	① 跟踪审核设计图纸,发现图纸中的问题,及时向设计单位提出; ② 在施工图设计阶段进行设计协调,督促设计单位完成设计工作; ③ 审核施工图设计与说明是否与扩初设计要求一致,是否符合国家有关设计规范,有关设计质量要求和标准,并根据需要提出修改意见,确保设计质量达到设计合同要求及获得政府有关部门审查通过; ④ 审核施工图设计是否有足够的深度,是否满足施工要求,确保施工进度计划顺利进行; ⑤ 审核特殊专业设计的施工图纸是否符合设计任务书的要求,是否符合规范及政府有关规定的要求,是否满足施工的要求; ⑥ 协助智能化设计和供货单位进行建设项目智能化总体设计方案的技术经济分析; ⑦ 审核招标文件和合同文件中有关质量控制的条款; ⑧ 对项目所采用的主要设备、材料充分了解其用途,并做出市场调查报告;对设备、材料的选用提出咨询报告,在满足功能要求的条件下,尽可能降低工程成本; ⑨ 控制设计变更质量,按规定的管理程序办理变更手续; ⑩ 编制施工图设计阶段质量控制总结报告

② 设计协调的工作任务。编制和及时调整设计进度计划;督促各工种人员参加相关设计协调会和施工协调会;及时进行设计修改,满足施工要求;协助和参与材料、设备采购以及施工招标;如有必要,出综合管线彩色安装图,确保各专业工种的协调;如有必要,进行现场设计,及时提供施工所需图纸;成立工地工作组,及时解决施工中出现的问题。

③ 设计协调的方法。设计协调会议制度,项目管理函件,设计报告制度。

（5）设计信息管理

设计信息管理任务:建立设计阶段的工程信息的编码体系;建立设计阶段信息管理制度,并控制其执行;进行设计阶段各类工程信息的收集、分类归档和整理;运用计算机作为项目信息管理的手段,随时向建设单位方提供有关项目管理的各类信息,并提供各类报表和报告;协助建设单位建立有关会议制度,整理各类会议记录;督促设计单位整理工程技术经济资料和档案;填写项目管理工作记录,每月向建设单位递交设计阶段的项目管理工作月报。

4. 深化设计的管理

（1）深化设计的目的

深化设计是施工单位根据设计蓝图、标准图集、施工规范的要求。凭借自身的施工经验及人才优势,结合施工现场的实际情况,对原设计进行优化、调整、完善。针对目前存在的一些设备安装图纸过粗,过分依赖专业设计,且专业设计之间缺乏沟通,加上一些专业设备在施工过程中的变化,因此如果一味地按照设计图纸施工,则会造成返工浪费,不仅延误工期,也造成物质、人力的损失。

（2）深化设计的方向

在过去的施工中,虽未提及深化设计,但也做了部分深化设计的工作。例如在单项工程开工前,都要召开几次现场协调会,召集各专业工长,对所有的管线进行大致的排布并按此图施工。这种现场协调会不能达到深化设计的深度。而在真正实施的深化设计中,要求将各专业设备、管线根据设计原图纸在同一张图纸上进行综合布置,且综合布置的管线图要达到施工图标准,交建设单位、监理、设计单位签认后才能施工。大部分问题因此得以在深化设计中解决,保证施工顺利进行。对各专业的管线进行综合排布,提高或保证一定吊顶标高,使各类管线排列有序、美观简洁。结合本工程的创优计划要求,对设计图纸进行细化,标注出部分节点的具体做法,保证工程的实施效果。对设计蓝图进行优化、对使用功能进行完善,这是目前正在逐步拓展的方向。

（3）深化设计的基本步骤

深化图纸设计贯穿整个建筑施工过程,涉及工程前期投资控制、工程的施工图设计阶段至施工过程中的各方单位配合等问题,也涉及建筑的某些使用功能的局部调整,各种材料设备的选型,部分精装修的方案确定,如图 4-4 所示。项目进场后,项目积极与建设单位沟通,并指出以往工程施工过程中存在的质量问题往往与设计缺陷有关。使建设单位正确认识到深化设计图纸的重要性,会同各分包单位同项目一道进行深化图纸设计。

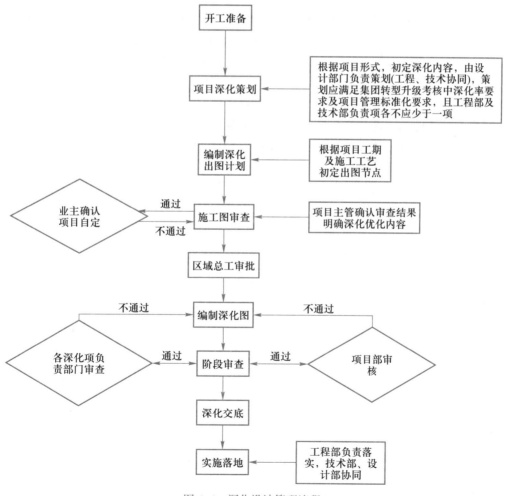

图 4-4　深化设计管理流程

成立深化图纸设计小组,实行人员分工。具体分工为负责通风空调、给排水及采暖、自动喷淋系统、电气工程火灾及自动报警系统、气体灭火系统、弱电及安防门禁系统、结构、建筑方面。人员落实后,开始着手宏观地深化图纸设计,并把深化图纸设计得出的问题进行汇总归档。

用深化设计图纸来指导现场施工,使现场的施工过程严格按深化图纸的内容进行,并把现场施工中发现深化设计图纸存在的不足重新反映到深化设计图纸上来,从而进一步完善深化设计图纸。

（4）深化设计的具体内容

① 绘制预留预埋管线的平面布置图。工程前期的预留预埋质量直接影响工程后期的安装质量。项目根据设计院的图纸电子版,结合土建的建筑、结构图,认真分析大楼的建筑结构梁、板及墙体位置。设计院电气图纸中灯具、探头及各种模块无具体的安装尺寸,项目在深化图纸中,特别对明装部分的预留预埋安装结合梁、柱、墙的实际尺寸重新进行布置并调整。做到所有的灯具、感烟探头的位置在楼板面分布合理均匀,保证灯具、感烟探头布置横平竖直。同时将调整后的管线分段进行尺寸标注,并在分段标注的管段进行编号,保证能做到定尺定长进行批量下料并施工。

② 绘制各种管线的综合平面图。首先核对各专业图纸自身是否有相互冲突、矛盾的地方,进行本专业的图纸自查,发现问题并在深化图纸中进行二次设计。普查各专业图纸,将水、电、设施图纸中的各种水管、风管、桥架采用不同颜色的线条叠加绘制在一起。对发现的施工交叉矛盾或无法施工的部位,会同各单位进行协商,按照施工规范和管道避让的一般原则（风管—自流管—压力管—强电管—弱电管）进行管线平面调整,对调整部位的管线需标明管线平移或翻转的位置尺寸、高度及角度。必要时需对调整部位采取大样分解说明。在管线平面图中进行标注各种管线的安装尺寸（指距结构的梁、墙、柱的距离）及各种管线安装之间的相互距离,在管线的剖面图中标注好各种管线间的安装高度。对有较大功能变更的设计部分需争取建设单位的认可。

③ 绘制内走道、管道井及强弱电井的管线平、剖面图。移动项目地下室的内走道管线纵横交叉密集,包括风管,强弱电桥架,喷淋支、干管,消防支、干管。建设单位要求吊顶的安装高度尽可能提高,这对工程的施工及对管线的排布有很高要求。项目各专业一起进行多次商议、会诊并到现场进行实地测量,认真核对设计图中的各种风、水管、强弱电桥架、设备的安装方式、标高。经过多方认证最后确定采用管道支架共用及部分管线移出走道部分的安装方式,保证管线按操作及施工规范要求的距离进行布置。

④ 绘制剪力墙预埋套管、预留洞、穿楼板预留洞、各配电间、竖井桥架、配电箱的预留洞及平面布置图。预埋套管及预留洞是否准确直接影响后面的安装工程质量。主楼地下室剪力墙防水套管,涉及多个专业,项目先将各专业的管道套管分别在不同的图纸上确定安装高度、平面位置、管径,再将图纸相互叠加在一起,同时分别在套管位置旁标注套管长度、套管的使用部位;对套管及孔洞密集的位置,需绘制施工大样图,将套管与套管、套管与洞口的位置进行标注,做到套管定位、安装一目了然。结合土建建筑结构图对风管、桥架穿剪力墙体,暗装在剪力墙、砖墙内的消防箱、配电箱、风口等,分楼层进行平面位置、管径、洞口大小及标高的标注。

⑤ 绘制吊顶安装布置图。根据装修吊顶及平面分格图,进行灯具、风口、喷淋头、探头、检修口的平面定位。由于移动项目部分装修的吊顶平面布置未确定,项目在各设备满足使用功能的前提下,力争保证外观美观大方,灯具、风口喷淋头、探头、检修口布置纵横成线并

尽可能居中;同时分系统、分段进行标注尺寸。让建设单位按照安装的平面布置图进行装修设计,大大减少了工程的返工。吊顶确定的部分,按吊顶的排版图进行合理布置,其中嵌入式灯具、风口定位尺寸应考虑避开吊顶龙骨,同时与吊顶的造型相结合,保证工程施工质量。

⑥ 绘制管线分解图和细部处理图。各种管线的平面布置图完成后,项目对属于自身施工范围的桥架安装支架、消防管卡箍连接位置进行分解。按照设计图纸、施工验收规范标准图集要求,参照桥架厂家的产品样本进行选型,确定支架的样式。同时结合现场在深化图上进行变架间距的定位对电气竖井的桥架、配电箱的位置进行重新布置,对桥架特殊件进行大样分解细化,将细化后的图纸交厂家生产产品和队伍严格按图纸施工,保证其施工质量和提高劳动效率。消防管卡箍连接时,将管道卡箍连接件在图中用尺寸进行定位。以系统为单位,对各管段分节编号,根据分节编号内容在加工车间批量制作安装。另外进行消防管管道自重验算,确定支架型钢的规格,根据管道安装部位的不同确定支架的长度、固定端的做法。深化管理工作表如表 4-7 所示。

表 4-7 深化管理工作表

序号	分类		责任部门	主要完成人
1	土建	建筑、结构深化综合	设计管理部	建筑、结构设计师
2		预留预埋深化		
3		一次、二次混凝土结构施工深化		
4		地下室工程深化		
5	机电	机电综合		水暖电设计师
6		给排水工程深化		
7		电气工程深化		
8		暖通工程深化		
9		市政管综		

> **任务拓展**

编制设计部、采购部和施工部等部门的接口管理规定

(1)设计、采购和施工之间的逻辑关系分析

与施工总承包模式相比较而言,EPC 模式的优势是解决了工程项目中连续的项目管理过程相互分离在不同管理主体下进行管理可能出现协调困难和大量索赔的问题。具体表现为 EPC 总承包能够充分利用自身的市场、技术、人力资源和商业信誉、融资能力等业务优势来缩短工程建设周期、提高工程运作效率、降低工程总造价。从项目全寿命周期的价值来看,EPC 项目总承包不仅实现了工程项目实施期间的高效率,而且工程的运行创造了潜在的价值。简而言之,EPC 模式通过创造项目全寿命周期的价值使总承包商获得了"超额利润"(相对于施工总承包而言)。EPC 承包模式的核心问题是施工和设计的整合,这种模式的有效性的关键取决于项目实施过程中每个环节的协调效率,尤其是采购在设计和施工的衔接

中起着非常重要的作用。大型设备和大宗材料或特殊材料的供货质量和工作效率直接影响到项目的目标控制,包括成本控制、进度控制和质量控制等。

采购工作在 EPC 总承包模式下发挥着重要作用,在设计、采购和施工之间逻辑关系中居于承上启下的中心位置。设计、采购和施工有序地深度交叉,在进行设计工作(寻找适当的产品)的同时也展开了采购工作(了解产品的供货周期和价格),采购纳入设计程序,对设计进行可施工性分析,设计工作结束时采购的询价工作也同时基本结束。在 EPC 工程的项目管理中将设计阶段与采购工作相融合,不仅在保证各自合理周期的前提下可以缩短总工期,而且在设计中就需要确定工程使用的全部大宗设备和材料,所以,深化设计的完成之日项目的建造成本也就出来了,总承包商与分包商可事先对成本做到心中有数。因此,尽管 EPC 总承包项目中设计是龙头,但工程设计的方案和结果最终要通过采购来实现,采购过程中发生的成本、采购的设备和材料的质量最终影响设计蓝图的实现和实现程度;土建施工安装的输入主要为采购环节的输出,它需要使用通过采购环节获得的原材料,需要安装所采购的设备和大型机械。采购管理在工程实施中起着承上启下的核心作用。

工程项目管理中,采购和建造阶段是发生项目成本的主要环节,也是项目建造阶段降低(或控制)项目总成本的最后一个过程;项目实施过程是项目过程中投入最大的过程,而项目实施过程中的采购和建造则各自占有重要地位,其中设备和材料采购在 EPC 工程中占主要地位。

(2)设计与采购工作接口关系的处理

开展初设时,采购分公司提供设备、材料的大致价格区间支持造价中心进行报价工作。项目部成立后,设计组开展详细设计,提出设备清单;采购组进行市场调查,将选定的设备资料反馈给设计组以完成相关设计;设计进行综合计算,结合造价中心意见,适度调整设计参数。如需设备变更,须通知采购组及时开展与供货商的沟通,并再次确认供货商反馈的相关设备参数。

(3)设计与施工工作接口关系的处理

设计阶段所采用的规范、标准、施工方法等要与施工组沟通,确保施工组有能力按要求完成。如果偏差过大,经项目经理确认后采取设计调整或施工调整以满足工程需要。施工开始后进行技术交底,在施工过程中根据需要对关键工序的开展进行现场指导,对有关方提出的设计变更要求及时与施工组沟通。

(4)采购和施工工作接口关系的处理

施工准备阶段,施工组提出物资材料到场计划,交由采购组按计划采购。对发现的物资质量等问题,施工组须及时与采购组沟通。采购组因进度问题无法满足施工组需求,经项目经理确认后,做出修改施工计划或加大资源投入以保证物资供应。

任务 4.3　项目采购

▶ **任务陈述**

① 能够编制采购计划。

② 能够对到场材料、设备、预制构件、部品进行验收,做好验收记录,办理入库手续。

③ 能够组织专用设备和特种材料的制造。

④ 能够根据供应商履约评估报告确立供应商选择标准,建立供应商库,提高采购效率。

知识准备

1. 供应商的基本要求

① 满足相应的资质要求。

② 有能力满足产品设计技术要求。

③ 有能力满足产品质量要求。

④ 符合质量、职业健康安全和环境管理体系要求。

⑤ 有良好的信誉和财务状况。

⑥ 有能力保证按合同要求准时交货。

⑦ 有良好的售后服务体系。

2. 建立完善的供应商档案

建立供应商档案是一个长期的过程,建立供应商档案不是针对某一个项目进行的,而是为公司的长期发展所必须实施的一项工作,可以帮助我们快速、全面了解供应商的相关信息,减少重复调研,并为初步划定供应商范围提供依据。供应商档案通常情况下包括以下几点:供应商的地址、经营状况、资金情况、设备技术、诚信情况、产品质量情况、服务水平等。通过对以上信息的汇总,制定出一套完善的档案,这样就可以方便企业更加合理地选择供应商,同时还能够对比分析各个供应商的基本情况。

合格供应商评价办法如下。

① 采购员调查了解各供应商的情况,并填写物资供方调查表。

② 物资采购部进行审核,编制合格的档案。

③ 经过公司主管领导审批后,供物资采购部使用。

判断供应商合格与否的依据有以下几点。

① 供应商是否提供营业执照。

② 供应商是否具备各种资质证书。

③ 供应商目前经营状况。

④ 供应商在同行中口碑及质保能力。

⑤ 供应商的材料是否取得第三方的质量认证。

⑥ 供应商是否能够提供产品生产许可证。

采购员需要经常到项目现场进行了解,多关注供货商的供货情况和项目部的反馈信息,需要记录合格的供应商的供货质量情况。召开对供应商的评价会议,并将不合格的供应商及时删除,重新选择新的合格的供应商。

3. 物资采购质量管理要点

(1)物资的检验和验收

在选择合适的供应商之后,要对供应商提供的物资进行检验。检验由采购部、项目部及工程质检公司共同进行,检验环节如表 4-8 所示。

表4-8 采购物资检验步骤

检验环节	检验内容
检验范围	供应商提供的所有产品逐一检验；供应商资产状况
检验内容	供应商提供产品的包装、商标等；供应商提供产品数量是否充足；供应商产品的质量状况；供应商提供产品的检测和技术资料；供应商提供的实际产品是否与样品品质相同
检验依据	对供应商所提供的产品提出质量、技术等要求，采用国家规定的检测方法进行检测、验收
检验实施	采购部可以将拟采购的物资送到工程质量检测公司或委托国家认可的机构进行检验和试验，合格后方可进行采购

（2）物资的验收程序

① 核对凭证。就是确认各种凭证的符合性。包括供货合同、协议、发货票，出厂检验合格证、技术说明书，供货方的装箱单，承运单位的运输凭证、货运记录及物资的相应技术标准等有效凭证。如发现不符，要查明原因，分清责任。

物资部门应对随货而至的质量证明文件、账单进行收集、整理和编号记录，并按要求进行归档、保管。质量证明文件不全的，要及时联系供方补齐。

② 实物验收。实物验收分为数量验收和质量验收。管库员一般负责外观质量和数量验收；对需要进行理化试验的物资应按"进货检验和试验"相关规定执行。

a. 数量验收。仓储管理人员按供货合同中供需双方约定的计量方式，采取过磅计重、理论换算、点数计件、量方求积等方法认真清点，检查数量与到货清单是否一致。如数量在国家标准规定的允差范围内的（钢材为 ±2‰，水泥为 ±3‰）可按实点收。超出允差范围的，要查明原因，及时与供方交涉处理。

计重物资一般按净重计量验收。以理论换算计重交货的物资，按标准单位重量进行换算和验收，并要记录换算依据、尺寸和件数，以标准计量单位登账。

计件物资可采取全检和抽检。大批量带包装按件标明重量的物资和计件物资，按规定抽验比例为5%～15%。对形体规格相同的散装物资，可按"检斤定数"法计数（如小五金、标准件）；按复合单位（组、套、对）验收的应注明其包含的内容及数量。

b. 质量验收。管库员负责物资外观质量的检验，对照合同及包装标志，核对来料品名、规格型号、材质、等级；对照产品质量标准，核对技术证件。

4. 仓储管理的基本要求

（1）物资仓库管理的基本任务

① 因地制宜，合理布局，并有效利用仓库及各种仓储设施。

② 科学地完成以物资收发、保管为中心的物资验收、进货检验和试验、入库、保管、出库、物资技术档案、单据、账卡、计量器具、仓库安全的管理。

③ 强化服务观念，自觉遵守职业道德，为现场施工生产任务的完成和超额完成提供优质服务。

（2）仓储管理人员的基本要求

① 应熟知仓库技术管理标准、业务流程、所管物资的性能和保管保养等知识。

② 达到"四懂",即懂材料名称、性能、规格和用途;懂保管保养常识;懂业务手续;懂消耗规律。

③ 具备"三会",即会换算、会保管保养、会识别常用标志。

④ 做到"十过硬",即收发、识料、写算、报表、保管保养、四对口、五五堆码、四号定位、使用度量衡、执行制度过硬。

⑤ 应具有一定的计算机操作能力,能熟练运用物资管理软件处理日常业务。

（3）对库房的要求

① 执行国家法规和标准,满足物资保管的基本要求。一般库房应具有良好的防水、防潮、防风吹日晒、防尘、防有害气体、防盗等功能。对专用库房,应根据存放物资的性能而定。如油库、火工品库要考虑隔热、防爆、防虫鼠啃咬等性能。

② 满足仓库作业要求。工地仓库的大小、空间要满足各种材料的收发、装卸和搬运作业。如水泥库的修建要根据工程项目大小和特点及水泥保管期限的要求,考虑其大小容量。

③ 满足防火安全要求。修建各类库房时,应以库房储存物品发生火灾危险程度的不同确定采用不同的耐火等级的建筑物。

▶ 任务实施

采购管理是装配式建筑构件制作与安装职业技能等级考核的重要模块之一,其主要工作为编制项目采购计划、采买、催交与检验、运输与交付、仓储管理、现场服务管理、采购收尾。具体实施步骤如下。

1. 编制项目采购计划

采购计划应包括以下内容:

① 编制依据;

② 项目概况;

③ 采购原则,包括标包划分策略及管理原则,技术、质量、安全、费用和进度控制原则,设备、材料分交原则等;

④ 采购工作范围和内容;

⑤ 采购岗位设置及其主要职责;

⑥ 采购进度的主要控制目标和要求,长周期设备和特殊材料专项采购执行计划;

⑦ 催交、检验、运输和材料控制计划;

⑧ 采购费用控制的主要目标、要求和措施;

⑨ 采购质量控制的主要目标、要求和措施;

⑩ 采购协调程序;

⑪ 特殊采购事项的处理原则;

⑫ 现场采购管理要求。

采购组应按采购执行计划开展工作。采购经理应对采购执行计划的实施进行管理和监控。

2. 采买

① 采购执行计划包括采购进度计划、物流计划、检验计划和材料控制计划。

② 可采用招标、询比价、竞争性谈判和单一来源采购等方式进行采买。

③ 采买工作应包括接收请购文件、确定采买方式、实施采买和签订采购合同或订单等内容。

④ 采购组应按批准的请购文件组织采买。

⑤ 项目合格供应商应同时符合下列基本条件：

a. 满足相应的资质要求；

b. 有能力满足产品设计技术要求；

c. 有能力满足产品质量要求；

d. 符合质量、职业健康安全和环境管理体系要求；

e. 有良好的信誉和财务状况；

f. 有能力保证按合同要求准时交货；

g. 有良好的售后服务体系。

⑥ 采买工程师应根据采购执行计划确定的采买方式实施采买。

⑦ 根据工程总承包企业授权，可由项目经理或采购经理按规定与供应商签订采购合同或订单。采购合同或订单应完整、准确、严密、合法，宜包括下列主要内容：

a. 采购合同或订单正文及附件；

b. 技术要求及补充文件；

c. 报价文件；

d. 会议纪要；

e. 涉及商务和技术内容变更所形成的书面文件。

3. 催交与检验

① 采购经理应组织相关人员，根据设备、材料的重要性划分催交与检验等级，确定催交与检验方式和频度，制订催交与检验计划并组织实施。

② 催交方式应包括驻厂催交、办公室催交和会议催交等。

③ 催交工作宜包括下列主要内容：

a. 熟悉采购合同及附件；

b. 根据设备、材料的催交等级，制订催交计划，明确主要检查内容和控制点；

c. 要求供应商按时提供制造进度计划，并定期提供进度报告；

d. 检查设备和材料制造、供应商提交图纸和资料的进度符合采购合同要求；

e. 督促供应商按计划提交有效的图纸和资料供设计审查和确认，并确保经确认的图纸、资料按时返回供应商；

f. 检查运输计划和货运文件的准备情况，催交合同约定的最终资料；

g. 按规定编制催交状态报告。

④ 依据采购合同约定，采购组应按检验计划，组织具备相应资格的检验人员，根据设计文件和标准规范的要求确定其检验方式，并进行设备、材料制造过程中以及出厂前的检验。重要、关键设备应驻厂监造。

⑤ 对有特殊要求的设备、材料，可与有相应资格和能力的第三方检验单位签订检验合同，委托其进行检验。采购组检验人员应依据合同约定对第三方的检验工作实施监督和控制。合同有约定时，应安排项目发包人参加相关的检验，图 4-5 所示为预制混凝土楼梯的性能试验。

图 4-5　预制混凝土楼梯的性能试验

⑥ 检验人员应按规定编制驻厂监造及出厂检验报告。检验报告宜包括下列主要内容：

a. 合同号、受检设备、材料的名称、规格和数量；

b. 供应商的名称、检验场所和起止时间；

c. 各方参加人员；

d. 供应商使用的检验、测量和试验设备的控制状态并应附有关记录；

e. 检验记录；

f. 供应商出具的质量检验报告；

g. 检验结论。

4. 运输与交付

① 采购组应依据采购合同约定的交货条件制订设备、材料运输计划并实施。计划内容宜包括运输前的准备工作、运输时间、运输方式、运输路线、人员安排和费用计划等。

② 预制构件采用低平板车或大吨位卡车运输。

梁、柱、楼板、楼梯板构件采用平放运输，墙板宜采用竖直翻转后运输。不同构件应按尺寸分类叠放和安排装车。装车时先在车厢底板上做好支撑与减震措施，以防构件在运输途中因震动而受损，上下构件之间必须有防滑垫块、垫木，上部构件必须绑扎牢固，结构构件必须有防滑支垫；预制构件与架身、架身与运输车辆都要进行可靠的固定；运输过程必须低速慢行。

③ 采购组应依据采购合同约定，对包装和运输过程进行监督管理。

④ 对超限和有特殊要求设备的运输，采购组应制定专项运输方案，可委托专门运输机构承担。

⑤ 对国际运输，应依据采购合同约定、国际公约和惯例进行，做好办理报关、商检及保险等手续。

⑥ 采购组应落实接货条件，编制卸货方案，做好现场接货工作。

⑦ 设备、材料运至指定地点后，接收人员应对照送货单清点、签收、注明设备和材料到货状态及其完整性，并填写接收报告并归档。图 4-6 所示为预制构件的运输与堆放。

图 4-6　预制构件的运输与堆放

5. 仓储管理

① 项目部应在施工现场设置仓储管理人员,负责仓储管理工作。

② 设备、材料正式入库前,依据合同约定应组织开箱检验。

③ 开箱检验合格的设备、材料,具备规定的入库条件,应提出入库申请,办理入库手续。入库手续包括填写收料单,挂料签或材料标识牌。

a. 入库料账的种类。

物资入库需登记的料账有物资卡片、低值易耗品动态管理登记卡片、周转材料及小型机具动态管理卡片。

b. 进项凭证。

仓储管理人员按收料单分材料品种、规格填制物资卡片或低值易耗品动态管理登记卡片和周转材料及小型机具动态管理卡片。内部调拨物资按调拨单进账入库;其中工程材料填入物资卡片,低值易耗品填制低值易耗品动态管理登记卡片。

c. 产品标识。

仓储管理人员应按物资品名、规格型号设立标签和标识牌,进行产品标识和检验试验标识;料签或标识牌应标明物资的名称、规格、数量、批/炉号、供方等内容,对规范或设计文件要求进行检验和试验的物资还应标明产品的检验试验状态;在保管和发放物资过程中注意识别和保护标识,防止不同类型的产品混用。

d. 技术证件的管理。

对预制构件等,入库验收时要建立材料质量记录,对技术证件、产品合格证等做详细记录,做到一物一单或一批材料一单。由材料部门将技术证件统一编号登入账卡,妥善保存以备查。发料时将复印件传递至用料单位。

④ 仓储管理工作应包括物资接收、保管、盘库和发放,以及技术档案、单据、账目和仓储安全管理等。仓储管理应建立物资动态明细台账,所有物资应注明货位、档案编号和标识码等。仓储管理员应登账并定期核对,使账物相符。

⑤ 采购组应制定并执行物资发放制度,根据批准的领料申请单发放设备、材料,办理物资出库交接手续。

6. 现场服务管理

现场服务管理包括采购技术服务、供货质量问题的处理、供应商专家服务的协调等。

7. 采购收尾

采购收尾包括订单关闭、文件归档、剩余材料处理、供应商评价、采购完工报告编制及项目采购工作总结等。

下面主要介绍供应商评价相关内容。

① 对供应商的调查评价由实施项目物资采购部进行,并报请上级管理部门确认;合格供应商实行定期评价,动态管理。

② 评价内容及方式。

供应商评价一般应包括以下主要内容:营业执照、经营范围;产品所使用或依据的质量标准;生产条件、运输条件;产品检测机构和检测设备情况;履约情况及服务质量方面情况;属于行政许可和强制认证的产品,应查验行政许可或强制认证证书;试验室出具的取样试验报告,或具有相关资质的检测机构出具的最新产品检测报告;产品质量管理体系及环保、安全法规和标准的执行情况,如表 4-9 所示。

表 4-9 供应商调查评价表

1. 企业名称:		地址	
2. 负责人或联系人姓名		电话	
		传真	
3. 经营范围		营业执照号	
		生产许可证号	
4. 产品使用或依据的质量标准:			
5. 生产或供应能力:			
6. 质量体系认证情况:			
7. 产品质量保证体系情况:			
8. 近期产品质量检测结果		检测报告号	
检测单位		检测日期	
9. 类似工程的客户名称			
用户评价意见			
10. 安全环保情况:			
11. 其他:			
12. 参评人员:		评审结果: 评审时间: 批准人:	

根据工程物资对随后输出过程及最终工程的影响不同,各类物资的评价内容和方式具体如下。

a. A类物资(构成最终产品的主要部分和关键部分,直接影响最终产品交付使用或安全性能,对环境影响甚大,可能导致顾客投诉的物资。如钢材、水泥、商品混凝土、预制构件等)的评价。应对供应商的产品资质、供应能力、供应表现、管理体系、顾客满意程度、服务和支持能力等进行调查,详细填写供应商调查评价表。

b. B类物资(大堆料、防水材料、土工材料及施工周转材料,包括工程用砂、石料、砖、混凝土添加剂、电焊条等)的评价。应对供应商营业执照、生产许可证(实行生产许可证制度的)或专业机构出具的最新检测报告等进行查验,同时对产品抽样检验或小批量试用合格后,填写供应商调查评价表。

c. C类物资(产品起辅助作用的物资,包括五金材料、施工工具、一般的防护、包装用料)的评价。采购员采购和验证的过程即视为对供应商的评价。

d. D类物资(危险化学品及其他影响环保、安全类物资,如火工品、燃油类、化学品、危险品及劳保用品等)供应商的评价。应按以下要求填写供应商调查评价表(表4-9)。

- 查验供方的营业执照、生产或经营许可证、产品合格证等。
- 危险品、化学品应能提供材料安全数据表(MSDS)或有关化学品的性能说明。
- 供方提供的危险品、化学品等应有"危险品""防爆""防火"及"有害"等标识,或提供相关的颜色和图案标训识。
- 安全帽、安全网、安全带等特种安全防护产品应贴有国家安全生产监督局规定的安全标识。
- 批量采购时还应对供应商的环境及安全保证体系进行调查评价。

③ 评价工作的组织,项目物资采购部负责供应商资质材料的收集和验证,并组织工程、安质、试验等相关部门实施评价,经单位领导批准后列入合格供方名录。

④ 评价资料的保管,项目物资采购部要认真做好供应商的调查、取证、评价、建档、归档工作,并及时将合格供应商名录和供应商评价表报请上一级管理部门审核备案。A类、B类和D类物资合格供方资质文件在工程竣工后应移交公司物资管理部门。

▷ 任务拓展

1. 物资信息管理

物资信息管理是指运用各种统计方法对物资采购、消耗、结存等进行调查、统计、分析,提供统计资料,进行统计监督等活动的总称。

① 物资信息管理必须遵循以下原则:

a. 实事求是、如实反映客观的原则;

b. 严肃认真的原则,即数据要有确凿的客观事实依据,如实反映统计资料的有关问题,及时、准确、字迹工整地编报统计报表;

c. 集中统一、执行国家统计法规的原则;

d. 综合统计与专业统计相结合的原则。

② 物资信息管理的基本任务:

a. 系统地反映物资采购、消费、结存及流通的情况;

b. 掌握物资动态与分布情况;

c. 根据历年统计资料,分析研究物资的供求关系、消费规律,挖掘潜力、保证施工生产的正常进行,降低工程成本;

d. 正确反映各项物资计划执行情况,为物资管理工作提供信息,为监督检查物资方针、政策、规章制度的贯彻执行和制定相应措施发挥指导作用。

③ 公司物资管理部门收集的物资信息有物资供应商信息,物资价格信息,项目物资信息,主要物资收、拨、消耗与库存量的信息统计,所有物资收入、消费与库存价值的信息统计,以及物资供应方式统计,物资监察、物资大清查等内容的信息统计。

④ 搜集物资供应商信息、物资价格信息,主要是通过供应商掌握新产品应用情况、价格趋势、市场供应情况,为物资招标、工程投标、采购监督提供依据。

⑤ 项目物资信息,主要掌握项目需用、供应、质量、价格、成本方面信息,对存在的主要问题,及时研究对策、及时解决。

⑥ 物资消耗统计是反映报告期内各单位完成施工、生产、科研任务的物资实际消耗的数量,是物资管理的主要统计指标。通过对物资消耗总量、消耗总金额、消耗占完成产值的比例、单位任务消耗量与消耗趋势进行分析,并将实际消耗总量与计划消耗总量进行比较,分析超耗与节约的原因,制定相应的改进措施。

⑦ 物资库存主要分析对施工生产的保证程度、库存结构与布局的合理性、储存量水平是否正常。

⑧ 各单位物资信息统计,按公司的各项统计报表制度及相关文件的规定,按规定的格式、内容、范围及时填报,并进行分析说明,经本单位领导审核、签字盖章后报送公司物资部门。

2. 预制构件及材料采购管理

装配式混凝土工程预制构件及材料采购分为预制构件及部品采购和其他材料采购。

(1)预制构件及其他材料采购准备

预制构件及其他材料采购是保证材料供应的基础,和现场施工安装密切相关,首先要了解装配式混凝土结构工程深化设计要求、施工安装进度等情况。因此,项目部应提前编制预制构件及其他材料采购供应计划,切实掌握工程所需预制构件及其他材料的品种、规格、数量和使用时间,项目部内部施工生产、技术、材料、造价、计划、财务等部门应密切配合,做好预制构件及其他材料采购工作,应同预制构件及其他材料的生产厂家或经销单位、运输单位密切联系、密切协作,为现场施工安装做好物质准备。

(2)预制构件及其他材料市场经济信息收集

拟建装配式建筑的项目部应会同材料员及时了解预制构件及其他材料市场商情,掌握预制构件及其他材料供应商、货源、价格等信息。对预制构件及其他材料市场经济信息、供需动态等进行搜集、整理、分析,预制构件及其他材料市场信息经过整理后,进行比较分析和综合研究,制订出预制构件及其他材料经济合理的采购策略和方案。

(3)预制构件及其他材料市场采购

预制构件及其他材料订货,主要做好以下工作。

① 订货前,供需双方均需具体落实预制构件及其他材料资源和需用总量。供需双方就货的品种、规格、质量、供货时间、供货方式等具体事宜进行具体协商,并解决有关问题且统

一意见后,由供需双方签订预制构件及其他材料供货合同。

② 选择供货单位的标准为质量应符合设计要求、价格低、费用省,交货及时、可提供技术支持、售后服务好等。

③ 选择供货单位的方法有多种方式,可采用直观判断法、采购成本比较法、综合评分法、材料采购招标法等来选择确定性价比最高的供货单位。

任务 4.4　生产与施工管理

任务陈述

① 能够对生产和施工所需的各类原材料、半成品、成品进行进场管理。

② 能够按生产计划组织预制构件的制作。

③ 能够按施工组织计划组织施工。

④ 能够制定并优化物流运输方案。

⑤ 能够按照 EPC 总承包要求,制定并落实设计、采购、生产、施工、安装和装修等协同实施方案。

知识准备

1. 施工组织设计主要内容

装配式建筑施工组织设计大纲的编制,除应符合现行国家标准《建筑施工组织设计规范》(GB/T 50502—2009)的规定外,还至少应包括以下几个方面的内容。

（1）工程概况

工程概况中除应包含传统施工工艺在内的项目建筑面积、结构单体数量、结构概况、建筑概况等内容外,同时还应详细说明该项目所采用的装配式建筑结构体系、预制率、预制构件种类、重量及分布,另外还应说明该项目应达到的安全和质量管理目标等相关内容。

（2）施工管理体制

施工单位应根据工程发包时约定的承包模式,如施工总承包模式、设计施工总承包模式、装配式建筑专业承包模式等不同的模式进行组织管理,建立组织管理体制,并结合项目的实际情况详细阐述管理体制的特点和要点,明确需要达到的项目管理目标。

（3）施工工期筹划

在编制施工工期筹划前应明确项目的总体施工流程、预制构件制作流程、标准层施工流程等内容。总体施工流程中应考虑预制构件的吊装与传统现浇结构施工的作业交叉,明确两者之间的界面划分及相互之间的协调。此外,在施工工期规划时尚应考虑起重设备、作业工种等的影响,尽可能做到流水作业,提高施工效率,缩短施工工期。

（4）临时设施布置计划

除对传统的生活办公设施、施工便道、仓库及堆场等布置外,施工单位还应根据项目预制构件的种类、数量、位置等,结合运输条件,设置预制构件专用堆场及运输专用便道。堆场设置应结合预制构件的重量和种类,考虑施工便利、现场垂直运输设备吊运半径和场地承载力等条件;专用便道布置应考虑满足构件运输车辆通行的承载能力及转弯半径等要求,图 4-7 所示为某项目塔吊布置示意图。

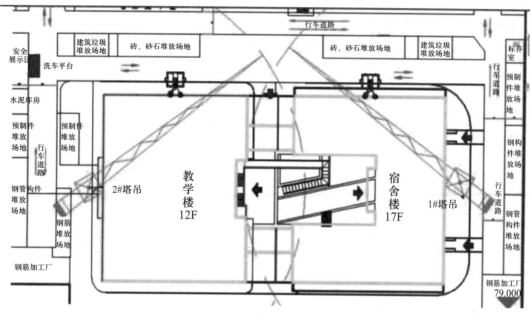

图 4-7　塔吊布置图

（5）预制构件生产计划

预制构件生产计划应结合准备的模具种类及数量、预制厂综合生产能力安排,根据现场总体施工计划编制,尽可能做到单个施工楼层生产计划与现场吊装计划相匹配,同时在生产过程中必须根据现场施工吊装计划进行动态调整。

（6）预制构件现场存放计划

施工现场必须根据施工工期计划合理编制构件进场存放计划。预制构件的存放计划既要保证现场存货满足施工需要,又要确保现场备货数量在合理范围内,以防存货过多占用过大的堆场,一般要求提前一周将进场计划报至构件厂,提前 2~3 d 将构件运输至现场堆置。

（7）预制构件吊装计划

预制构件吊装计划必须与整体施工计划匹配,结合标准层施工流程编制标准层吊装施工计划,在完成标准层吊装施工计划的基础上,结合整体计划编制项目构件吊装整体计划。

（8）质量管理计划

在质量管理计划中应明确质量管理目标,并围绕质量管理目标重点,针对预制构件制作和吊装施工以及各不同施工层的重点质量管理内容进行质量管理规划和组织实施。

（9）安全文明管理计划

在安全文明管理计划中应明确其管理目标,并围绕管理目标重点,开展预制构件制作和吊装施工以及各不同施工层的重点安全管理研究,进行安全与文明施工管理规划和组织实施。

2. EPC 项目协同管理简述

协同理论认为所有事物都是由多个子系统构成的完整整体,并遵循一定的规律在运转,这些宏观的或者是微观的系统,通过规律运作最终展现出新的效能。在管理方面,协同理论主要体现在以下三个方面。

EPC 项目所有信息都是相互关联的,例如合同工期、施工成本管控与施工质量三者之间相互联系,通过协同管理将项目的这些分散的信息串联起来形成了有规律的信息网,项目管理人员可以通过信息网直观地了解各信息要素之间的联系,有效解决信息不对称等问题。

在 EPC 项目管理中,管理人员各司其职,负责不同版块的管理工作,例如施工技术员负责把控施工进度、保障施工质量;安全管理人员负责落实安全责任生产等。这些工作看似相互独立,实质上存在着密切的联系。如果施工过程中出现了生产安全责任事故,肯定会对工程的顺利开展产生影响,从而导致工期延误。协同管理就是将项目管理中分散的业务进行统一,同时实现了实时更新项目信息,提高项目开展过程中各关联业务的联动性能。

建设工程项目在项目进行过程中经常会出现多种问题阻碍项目的顺利进行,这是因为建设工程项目体量大、施工工序繁多、施工周期较长、人员素质参差不齐。协同管理平台可以整合建设工程项目的人力、物力、财力、空间、时效等各类要素,并将这些要素有机地建立联系。通过平台管理有效协同,某一要素发生变化时,即可对该要素及相关要素做出动作,及时有效地解决问题,以保证项目的顺利进行。

▶ **任务实施**

1. 预制构件及其他材料现场组织管理

（1）预制构件及其他材料供应计划

装配式混凝土结构建筑与传统现浇框架或剪力墙结构不同之处就是建筑生产方式发生了根本性变化,由过去的以现场手工、现场作业为主,向工业化、专业化、信息化生产方式转变。相当数量的建筑承重或非承重的预制构件和部品,由施工现场现浇转为工厂化方式提前生产,如图 4-8 所示。

图 4-8　预制构件工厂化生产

分项工程开工前,应向项目部材料负责人提供需要的材料供应计划,计划上明确提出所需材料的品种、规格、数量和进场时间。

（2）预制构件及其他材料进场验收

当所需预制构件及其他材料进场时,专业施工员会同材料负责人和技术负责人共同对其进行验收。验收包括材料品种、型号、质量、数量等,并办理验收手续,报监理工程师核验。

（3）预制构件及其他材料储存和保管

进场的材料应及时入库,建立台账,定期盘点。

（4）材料领发

凡是有预算定额或工程量清单的材料均应凭限额领料单领取材料,装配式构件安装分项工程施工完成后,剩余材料应及时退回。

（5）预制构件及其他材料使用过程管理

在施工过程中,专业施工员和材料员应对作业班组和劳务队工人使用材料进行动态监督,指导施工操作人员正确合理使用材料,发现浪费现象及时纠正。

（6）预制构件及其他材料 ABC 分类管理

ABC 分类管理法又称 ABC 分析法、重点管理法,主要是分析对施工生产起关键作用的占用资金多的少数品种、起重要作用的占用资金较多的品种和起一般作用的占用资金少的多数品种的规律。在管理中要抓好关键,照顾重要,兼顾一般。

ABC 分类管理的基本方法是:统计预制构件、部品及其他工程消耗的材料在一定时期内的品种项数和各品种相应的金额,登入分析卡;将分析卡排列的顺序编成按金额大小的消耗金额序列表,按金额大小分档次;根据序列表中的材料,计算各种材料金额所占总品种总金额的百分比。

例如以装配式混凝土专项工程每个品种的金额大小为主,进行 ABC 分类,如表 4-10 所示。

表 4-10　ABC 分类法实例

项目	A	B	C
外墙夹心墙板系统	外墙夹心墙板	钢套筒、金属波纹管、冷挤压套筒、坐浆料、灌浆料、钢斜撑、钢独立支撑	水泥砂浆、聚合物砂浆、垫板、线管、线盒
内墙板系统	内墙板	坐浆料、钢斜撑、钢独立支撑	水泥砂浆、聚合物砂浆、垫板、线管、线盒
外墙挂板系统	外墙挂板	钢斜撑、钢独立支撑、预埋件、连接螺栓	水泥砂浆、聚合物砂浆、线管、线盒
预制混凝土柱系统	预制混凝土柱	钢套筒、金属波纹管、冷挤压套筒、坐浆料、灌浆料、钢斜撑	水泥砂浆、聚合物砂浆、吊装埋件、垫板、线管、线盒
预制混凝土梁系统	预制混凝土梁	钢套筒、金属波纹管、冷挤压套筒、灌浆料、钢斜撑、连接套筒	焊条

我们要处理好重点材料和一般材料的关系,把主要精力放在 A 类材料上,抓住主要矛盾;兼顾 B 类材料,不忘 C 类材料。因为缺乏任何一种材料都会给正常施工生产造成损失,而且这两类材料品种多、用途广泛,如果放松管理必然造成浪费。重点与一般也是相对的。另外,因建筑施工中的结构形式不同、施工阶段不同等因素,具体工程中预制装配率不同,所以材料管理的重点也会发生相应变化。

2. 预制构件及其他材料现场组织管理

（1）预制构件的运输要求

预制构件中墙板等构件的长度、宽度均远远大于厚度,正立放置自身稳定性差,因此运输车辆应设置侧向护栏。

（2）构件码放要求

预制构件一般采用专用运输车运输,采用改装车运输时应采取相应的加固措施。

预制构件在运输过程中,运输的振动荷载、垫木不规范、预制构件堆放层数过多等也可能使预制构件在运输过程中结构受损、破坏。同时,也有可能由于运输的不规范导致保温材料、饰面材料、预埋部件等被破坏。

（3）构件出厂强度要求

构件出厂运输时动力系数宜取 1.5,混凝土强度实测值不应低于 30MPa;预应力构件当无设计要求时,出厂时混凝土强度不应低于混凝土强度设计值的 75%。

（4）运输过程安全控制

预制混凝土构件运输宜选用低平板车,并采用专用托架,构件与托架绑扎牢固。预制混凝土梁、叠合板和阳台板宜采用平放运输;外墙板、内墙板宜采用竖直立放运输;立放由于自身稳定性差、重心高,路途颠簸时易倾覆,故立放使用靠放架运输比较安全。柱、梁可采用平放运输,预制混凝土梁、柱构件运输时,平放不宜超过 2 层。专用托架、车厢板和预制混凝土构件间应放入柔性材料,构件应用钢丝绳或夹具与靠放架绑扎,构件边角或与锁链接触部位的混凝土应采用柔性垫衬材料保护,如图 4-9 所示。

图 4-9　预制构件运输

（5）装运工具要求

装车前应先检查钢丝绳、吊钩吊具、墙板靠放架等各种工具是否完好、齐全。确保挂钩没有变形、钢丝绳没有断股开裂现象,确定无误后方可装车。吊装时按照要求,根据构件规格型号采用相应的吊具进行吊装,不能有错挂漏挂现象,如图 4-10 所示。

图 4-10　预制构件的吊装

（6）运输组织要求

我们应按照施工图纸及施工计划的要求组织装车,注意将同一楼层的构件放在同一辆车上。为节省时间,不可随意装车,以免到现场卸车费时费力。装车时注意避免磕碰构件等不安全的事件发生。

（7）车辆运输要求

① 运输路线要求。

选择运输路线时,超宽、超高、超长构件可能无法运输,应综合考虑路线上桥梁、涵洞限高和路宽等制约因素。

运输前应提前选定至少两条运输路线,以备不可预见情况发生。

② 构件车辆要求。

为保证预制构件不受破坏,应该严格控制构件运输过程。运输时除应遵守交通法规运输车辆的车速一般不应超过 60 km/h。转弯时车速应低于 40 km/h。构件运输到现场后按照型号、构件所在部位、施工吊装顺序分类存放,存放场地应为吊车工作范围内的平坦区域。

3. 施工进度控制

建设单位方进度控制的任务是控制整个项目实施阶段的进度,包括控制设计准备阶段的工作进度、设计工作进度、施工进度、物资采购工作进度及项目动用前准备阶段的工作进度。

设计方进度控制的任务是依据设计任务委托合同对设计工作进度的要求控制设计工作进度,这是设计方履行合同的义务。另外,设计方应尽可能使设计工作的进度与招标、施工和物资采购等工作进度相协调。在国际上,设计进度计划主要是确定各设计阶段的设计图纸（包括有关的说明）的出图计划,在出图计划中标明每张图纸的出图日期。

施工方进度控制的任务是依据施工任务委托合同对施工进度的要求控制施工工作进度,这是施工方履行合同的义务。在进度计划编制方面,施工方应视项目的特点和施工进度控制的需要,编制深度不同的控制性和直接指导项目施工的进度计划,以及按不同计划周期编制计划,如年度、季度、月度计划等。

供货方进度控制的任务是依据供货合同对供货的要求控制供货工作进度,这是供货方履行合同的义务。供货进度计划应包括供货的所有环节,如采购、加工制造、运输等。

正如前述,施工方进度控制的任务是依据施工任务委托合同对施工进度的要求控制施工工作进度,这是施工方进行合同的义务。

施工方进度控制的主要工作环节如下。

（1）编制施工进度计划及相关的资源需求计划

施工方应视项目的特点和施工进度控制的需要,编制深度不同的控制性和直接指导项目施工的进度计划,以及不同计划周期的计划等。为确保施工进度计划得以实施,施工方还应编制劳动力需求计划、物资需求计划及资金需求计划等。

（2）组织施工进度计划的实施

施工进度计划的实施是指按进度计划的要求组织人力、物力和财力进行施工。在进度计划实施过程中,应进行下列工作。

① 跟踪检查,收集实际进度数据。

② 将实际进度数据与进度计划进行对比。

③ 分析计划执行的情况。

④ 对产生的偏差,采取措施予以纠正或调整计划。

⑤ 检查措施的落实情况。

⑥ 进度计划的变更必须与有关单位和部门及时沟通。

（3）施工进度计划的检查与调整

① 施工进度计划的检查应按统计周期的规定定期进行,并应根据需要进行不定期的检查。施工进度计划检查的内容如下。

a. 检查工程量的完成情况。

b. 检查工作时间的执行情况。

c. 检查资源使用及与进度保证的情况。

d. 前一次进度计划检查提出问题的整改情况。

② 施工进度计划检查后应按下列内容编制进度报告。

a. 进度计划实施情况的综合描述。

b. 实际工程进度与计划进度的比较。

c. 进度计划在实施过程中存在的问题及原因分析。

d. 进度执行情况对工程质量、安全和施工成本的影响情况。

e. 将采取的措施。

f. 进度的预测。

③ 施工进度计划的调整应包括下列内容。

a. 工程量的调整。

b. 工作（工序）起止时间的调整。

c. 工作关系的调整。

d. 资源提供条件的调整。

e. 必要目标的调整。

4. 施工质量控制

（1）预制构件制作过程总承包方质量控制工作要点

① 审核与预制构件生产相关的各施工专项方案,主要有塔吊安装方案、预制构件现场堆放和吊装专项方案、垂直运输方案、脚手架方案。确定与预制构件相关的吊点、埋件、预留孔、套筒、接驳器等的位置、尺寸、型号,协调相关单位根据相关方案措施进行图纸深化,并与预制厂进行交底。

② 选定预制加工构件厂,协助建设单位在预制厂的合格供应商内选择加工厂,从营业执照、许可证、生产规模、业务手册（业绩）、试验室等级进行审核。最终选定预制构件加工的供应商。

③ 审核构件加工厂的预制构件生产加工方案和进度方案,方案内要体现质量控制措施,验收措施、合格标准;加工、供应计划是否满足现场施工要求。

④ 原材料质量:混凝土预制构件生产主要原材料、水泥、钢材、外加剂、脱模剂、砂、石材料均采用信誉较好的生产厂家或者是建设单位招标指定的生产厂家。材料进场后,工厂试验室按批次 100% 取样检定,检验合格后才准予使用。

⑤ 钢筋进场后,进行钢筋的外观验收,取样复试。钢筋骨架尺寸应准确,钢筋品种、规格、强度、数量、位置应符合设计和验收规范文件要求,钢筋骨架入模后不得移动,并确保保护层厚度。

⑥ 埋件、套筒、接驳器、预留孔等材料应合格,品种、规格、型号等符合设计和方案要求。预埋位置正确,定位牢固。

⑦ 门窗框安装,窗框进厂时总承包方应组织设计、监理进行外观验收,品种、规格、尺寸、性能和开启方向、型材壁厚、连接方式等符合设计和规范要求,并提供门窗的质保资料。窗框安装在限位框上,门窗框应采取包裹遮盖等保护措施,窗框安装应位置正确,方向正确,横平竖直,对安装质量进行验收。

⑧ 预制构件混凝土浇捣,厂家自检合格后,报总承包方、监理进行验收,应对钢筋、保护层、预留孔道、埋件、接驳器、套筒等逐件进行验收,经验收合格后才准浇混凝土。混凝土原材料及外加剂应有合格证、备案证明验证单,并在厂内试验室进行复试。混凝土配合比、坍落度符合规范要求,并做抗压强度试块。

⑨ 模具拆除和修补,当强度大于设计强度的 75%（根据同条件拆模试块抗压强度确定）方可拆模。拆模后对预制构件进行验收,对存在的缺陷进行整改和修补,对质量缺陷修补应有专项修补方案,报总承包方及设计方确认后组织整改工作。

⑩ 预制构件出厂前的验收,总承包方应督促构件厂建立产品数据库,对构件产品进行统一编码,建立产品档案,对产品的生产、检验、出厂、储运、物流、验收做全过程跟踪,在产品醒目位置做明显标识。

（2）预制构件安装总承包方质量工作要点

① 总承包单位督促施工单位建立健全质量管理体系、施工质量控制和检验制度。

② 审核施工单位编制的预制装配式混凝土结构施工专项方案,方案包括预制构件施工阶段预制构件堆放和驳运道路的施工总平面图;吊装机械选型和平面布置;预制构件总体安装流程;预制构件安装施工测量;分项工程施工方法;产品保护措施;保证安全、质量技术

措施。

③ 组织设计、监理对预制构件的进场检验和验收，预制生产单位应提供构件质量证明文件；预制构件应有标识，如生产企业名称、工地名称、制作日期、品种、规格、方向等出厂标识；预制构件的外观质量和尺寸偏差；预埋件、预留孔、吊点、预埋套孔等再次核查，进入现场的构件逐一进行质量检查，检查不合格的构件不得使用。存在缺陷的构件应进行修整处理，修整技术处理方案应经设计、监理、总承包方确认。

④ 总承包单位严格做好预制构件的现场存放管理工作。

预制构件进场后，应按品种、规格、吊装顺序分别设置堆垛，存放堆垛宜设置在吊装机械工作范围内。

预制墙板宜采用堆放架插放或靠放，堆放架应具有足够的承载力和刚度；预制墙板外饰面不宜作为支撑面，对构件薄弱部位应采取保护措施。

预制叠合板、柱、梁宜采用叠放方式。预制叠合板叠放层不宜大于 6 层，预制柱、梁叠放层数不宜大于 2 层。底层及层间应设置支垫，支垫应平整且应上下对齐，支垫地基应坚实。构件不得直接放置于地面上。

预制异形构件堆放应根据施工现场实际情况，按施工方案执行。

预制构件堆放超过上述层数时，应对支垫、地基承载力进行验算。

⑤ 预制构件吊装安装前，总承包单位按照装配整体式混凝土结构施工的特点和要求，对塔吊作业人员和施工操作人员进行吊装前的安全技术交底。并进行模拟操作，确保信号准确，不产生误解。

⑥ 装配整体式混凝土结构工程施工前，总承包单位对施工现场可能发生的危害、灾害和突发事件制定应急预案，并应进行安全技术交底。

⑦ 装配整体式混凝土结构起重吊装特种作业人员，应具有特种作业操作资格证书，严禁无证上岗。

⑧ 装配整体式混凝土结构安装顺序以及连接方式、临时支撑和拉结，应保证施工过程结构构件具有足够的承载力和刚度，并应保证结构整体稳固性。

⑨ 预制构件安装过程中，各项施工方案应落实到位，工序控制符合规范和设计要求。

⑩ 装配整体式结构应选择具有代表性的单元进行试安装，试安装过程和方法应经总承包单位、监理单位认可。

⑪ 预制构件的安装准备：吊装设备的完好性，力矩限位器、重量限制器、变幅限制器、行走限制器、吊具、吊索等进行检查，应符合相关规定。

⑫ 预制构件测量定位，每层楼面轴线垂直控制点不宜少于 4 个，楼层上的控制线应由底层向上传递引测。总承包单位督促施工单位对弹线进行复核。

⑬ 预制构件的吊装。

预制构件起吊时的吊点合力宜与构件重心重合，采用可调式横吊梁均衡起吊就位；吊装设备应在安全操作状态下进行。

预制构件应按施工方案的要求吊装，起吊时绳索与构件水平面的夹角不宜小于 60°，且不应小于 45°。

预制构件吊装应及时设置临时固定措施，临时固定措施应按施工方案设置，并在安放稳固后松开吊具，如图 4-11 所示。

5. EPC 项目协同管理

EPC 项目参与项目各阶段的人员很多,每个参与人员可能分布在不同的专业团队,存在信息沟通不畅,各个阶段的协作存在断层。项目数据和信息由不同的参与方使用不同的工具和方式进行管理,项目数据因而形成一个个离散的"数据孤岛",进而造成大量的信息不对称、数据版本不一致、沟通不及时等问题。通过在 EPC 项目管理平台中建立协同工作机制,达到有效协调各单位顺利开展各项工作,顺利执行项目计划,最终实现对 EPC 项目全生命周期、全干系人、全要素的协同管理。

（1）全生命周期协同管理

EPC 项目全生命周期包括规划、设计、采购、施工、验收、移交等多个环节的管理,通过 EPC 项目管理平台建立全生命周期的一体化协同工作机制,共享图纸、报告、BIM 模型及其他相关资料,加强各环节之间的沟通,最大限度地发挥各自优势,满足各单位通用数据交换格式。基于 BIM 模型从 EPC 项

图 4-11　钢柱吊装

目规划、设计阶段开始对项目有关信息进行跟踪控制,直至最后的移交、运行阶段,都进行全局的、宏观的管理。BIM 模型还将设计阶段开始的设计数据、基建阶段的建设数据以及试运行阶段的维护和实时数据进行科学的整合,并集成工程从设计到收尾阶段所有数据的综合模型,实现全生命周期交互式一体化协同管理。

（2）全干系人协同管理

EPC 项目全干系人包括建设单位、设计、监理、咨询、总包、分包供应商等,通过 EPC 项目管理平台建立全干系人的一体化协同工作机制,将参与方之间的文件传递转换为以数据共享的方式进行查阅、审核、审批等,实现数据共享、资料传递、文件审批、项目监督等,为各参与方提供工作的依据文件和材料,加强建设单位与总包商、建设单位与监理、总包与分包、总包与监理之间信息沟通,实现了全干系人的一体化协同管理,提高相关资源的合理配置与有效利用,全面提升各方的工作效率,有效降低项目成本。

（3）全要素协同管理

通过 EPC 项目管理平台建立全要素的一体化协同工作机制,实现各业务之间数据关联紧密、上通下达、相互影响、相互制约以及满足扩展需求的全要素协同管理,保证项目按进度计划进行。

> ### 任务拓展

运用物联网技术进行组织管理

（1）预制构件生产组织管理

预制构件射频识别（RFID）编码体系的设计,在构件的生产制造阶段,需要对构件置入 RFID 标签,标签内包含有构件单元的各种信息,以便在运输、储存、施工吊装的过程中对

构件进行管理。由于装配式混凝土结构所需的构件数量巨大,要想准确识别每一个构件,就必须给每个构件赋予唯一的编码。所建立的编码体系不仅能唯一区别单一构件,而且能从编码中直接读取构件的位置信息,如图 4-12 所示。因而施工人员不仅能自动采集施工进度信息,还能根据 RFID 编码直接得出预制构件的位置信息,确保每一个构件安装的位置正确。

图 4-12   预制构件唯一编码

（2）预制构件运输组织管理

在构件生产阶段为每一个预制构件加入 RFID 电子标签,将构件码放入库,根据施工顺序,将某一阶段所需的构件提出、装车,这时需要用读写器一一扫描,记录下出库的构件及装车信息。运输车辆上装有 GPS 系统,可以实时定位监控车辆到达的位置。到达施工现场以后,扫码记录,根据施工顺序卸车码放入库。

（3）预制构件施工组织管理

在装配式混凝土结构的装配施工阶段,BIM 与 RFID 结合可以发挥较大作用的有两个方面:一是构件储存管理;二是工程的进度控制。两者的结合可以对构件的储存管理和施工进度控制实现实时监控。在此阶段以 RFID 技术为主,追踪监控构件吊装的实际进程,并以无线网络及时传递信息,同时配合 BIM 可以有效地对构件进行追踪控制。RFID 与 BIM 相结合的优点在于信息准确丰富,传递速度快,减少人工录入信息可能造成的错误,使用 RFID 标签最大的优点就在于其无接触式的信息读取方式,在构件进场检查时,甚至无须人工介入,直接设置固定的 RFID 阅读器,只要运输车辆速度满足条件,即可采集数据。

① 工程进度控制组织管理。

在进度控制方面,BIM 与 RFID 的结合应用可以有效地收集施工过程进度数据,利用相关进度软件,对数据进行整理和分析,并可以对施工过程应用 4D 技术进行可视化的模拟。然后将实际进度数据分析结果和原进度计划相比较,得出进度偏差量。最后进入进度调整系统,采取调整措施加快实际进度,确保总工期不受影响。在施工现场,可利用手持或固定的 RFID 阅读器收集标签上的构件信息,管理人员可以及时获取构件的存储和吊装情况的信息,通过无线感应网络及时传递进度信息,并与进度计划进行比对,可以很好地掌握工程的实际进度情况。

②　预制构件吊装施工组织管理。

在装配式混凝土结构的施工过程中通过 RFID 和 BIM 将设计、构件生产、建造施工各阶段紧密地联系起来,不但解决了信息创建、管理、传递的问题,而且 BIM 模型、三维图纸、装配模拟、采购、制造、运输、存放、安装的全程跟踪等手段,为工业化建造方法的普及也奠定了坚实的基础,对实现建筑工业化有极大的推动作用。

③　利用手持平板电脑及 RFID 芯片开发施工管理系统,可指导施工人员吊装定位,实现构件参数属性查询、施工质量指标提示等,将竣工信息上传到数据库,做到施工质量记录可追溯。

任务 4.5　BIM 技术应用

> **任务陈述**

①　能够对建筑、结构、水暖、通风等 BIM 模型进行操作和应用。

②　能够应用 BIM 技术进行生产和预拼装模拟,进行生产和装配工艺方案比选及优化。

③　能够建立协同工作机制,并运用与之相适应的生产、施工全过程管理平台,实现信息共享。

④　能够利用物联网技术,对材料、设备、构件、部品等质量实现全过程追溯管理。

> **知识准备**

1. 装配式建筑信息模型的基本要求

①　装配式建筑预制构件模型建立、修改宜采用统一的构件资源库,应用信息化管理和控制。

②　预制构件模型各应用方在项目方案设计、深化设计、构件生产、施工安装、竣工验收与交付各实施阶段应建立统一协同工作平台,采用统一编码和规则、共享模型数据。

③　预制构件模型的建立、修改和使用应利用前一阶段或前置任务的模型数据,交付成果应符合后续阶段或后置任务创建模型所需要的相关数据要求,支持各阶段、各项任务和各应用方获取、更新和管理信息。

2. BIM 实施规划

按照实施主体不同,BIM 实施组织方式可分为建设单位 BIM 和承包商 BIM。其中,最佳组织方式为建设单位 BIM,可充分发挥 BIM 技术的最大效益和价值。

按照 BIM 应用阶段的不同,BIM 应用模式可分为全生命周期 BIM 和阶段性 BIM,其中全生命周期 BIM 包括方案设计阶段、初步设计阶段、施工图设计阶段、深化设计阶段、施工准备阶段、施工实施阶段和运营维护阶段,阶段性 BIM 是针对全生命周期的某一阶段或部分阶段进行 BIM 技术应用。

装配式建筑工程 BIM 技术应用实施可按图 4-13 执行。

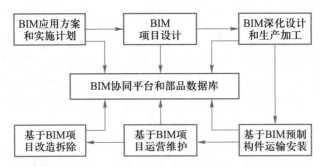

图 4-13　装配式建筑工程 BIM 技术应用实施流程

装配式建筑 BIM 应用总体方案应包括以下内容：

① BIM 应用的实施目标；

② BIM 应用的范围及应用点；

③ BIM 应用的流程；

④ BIM 模型的质量控制规则；

⑤ BIM 应用的进度计划和模型交付要求；

⑥ BIM 信息交换要求及权限设置；

⑦ BIM 各参与方的人力资源组成及相应职责；

⑧ BIM 应用的软、硬件标准；

⑨ BIM 模型的组织和管理方法；

⑩ BIM 数据交互方式和格式。

应建立项目 BIM 管理流程和机制，包括监督 BIM 实施质量及进度、协调各参与方工作、管理 BIM 数据信息和成果。

3. BIM 全过程管理的组织构架

实施 BIM 应用的各参与方包括建设、BIM 总协调方、勘察、设计、施工总承包、监理、造价咨询、运营维护等单位，应具备以下基本能力：

① 应具备专业齐全的 BIM 技术团队和相关组织架构，宜设置 BIM 技术应用负责人和 BIM 技术工程师的职位；

② 应能针对 BIM 项目特点和要求制定 BIM 实施方案；

③ 应具有对 BIM 模型及其数据信息进行评估、深化、维护、更新的能力；

④ 应具有利用 BIM 技术进行协同工作、信息沟通的能力，对项目进行全过程、全专业的管理和控制。

> **任务实施**

1. BIM 模型基本操作

（1）BIM 模型设计检查

本节以 BIM 建模常用软件 Revit 为例，在各专业模型已构建完成的条件下，掌握各专业模型的协同链接，全专业模型设计检查。

打开建筑专业模型，单击"链接 Revit"，实现各专业模型的整合。在模型中截取查看管线布置情况，复核图纸设计质量。模型设计检查原则主要遵循以下几点。

总体协调原则：由于风管的截面最大，一般将风管布置在综合管线的最上方。同一高度下，水管和桥架应该分开布置，并满足规范要求。在同一垂直方向上，水管应布置在最下方。最重要的是要综合利用建筑空间，合理排布，避免隐患。

机电管线避让原则：通常来讲，应遵循"有压管让无压管，小管线让大管线，施工简单的让施工难度大的"原则。同时，考虑检修空间，在满足规范和设计要求条件下，空调风管和压力水管通过在梁窝内翻弯以避免与其他管道冲突，满足层高要求。冷水管道一般避让热水管道，因为热水管道做保温后外径会发生变化，翻转过多的话会导致局部集气，所以，当冷水管道和热水管道碰撞时，一般调整冷水管道；而且附件少的管道一般避让附件多的管道；低压管道避让高压管道。电气桥架、封闭母线应位于热介质管道下方、其他管道的上方；电气桥架避让其他管线时应考虑避免过多的水平或上下反弯，防止增加电气线缆敷设长度和施工成本。

机电管线管道间距控制：由于机电空调管道需要做保温措施，同时给水管和防排烟管道有时也需要根据设计要求实施保温，故控制管线间距时需考虑保温厚度。一般而言，电气桥架、水管的外壁与墙壁的距离最小 100 mm；直管段风管与墙壁的距离最小 150 mm。当管线沿结构墙 90° 拐弯，或风管尺寸、消声器和阀门部件体积较大时，需要根据实际情况确定与墙柱的距离。特别是在布置综合管线时，必须考虑重力管道的坡度，因为坡度会影响整个综合管线排布后的标高。总之，综合管线排布时，不同专业管线之间的距离必须满足施工规范要求。

考虑机电末端施工空间：由于主管线施工完成后，还有大量的末端管线和设备需要安装，因此在整个管线的布置过程中必须考虑风机、空调末端、灯具、烟感探头、喷洒头等末端设备的安装，同时还要考虑电气桥架安装后放线的操作空间及维修空间。

垂直面管道排布原则：热介质管道在上，冷介质管道在下；无腐蚀介质管道在上，腐蚀介质管道在下；气体介质管道在上，液体介质管道在下；保温管道在上，无保温管道在下；高压管道在上，低压管道在下；金属管道在上，非金属管道在下；不经常检修的管道在上，经常检修的管道在下，如图 4-14 所示。

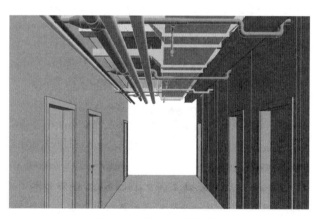

图 4-14　管线检查与优化

对全专业综合 BIM 模型的设计检查是在 Navisworks 软件中完成的。借助 Revit 中 Navisworks 接口程序的可回溯性功能，可对各专业构件进行快速的修改。接口程序需要安装 Navisworks 软件，如图 4-15 所示。

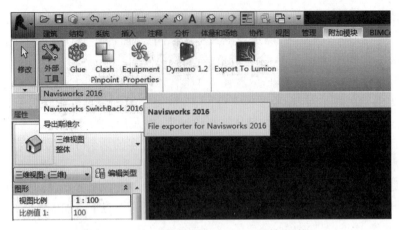

图 4–15　Revit 软件中的 Navisworks 输出接口

在 Navisworks 软件中主要进行建筑与结构、建筑与机电、结构与机电、机电专业之间的碰撞检查,还可以通过在场景内进行三维浏览,检查"碰撞检查"工具无法完成的其他设计检查工作,如图 4–16、图 4–17 所示。

碰撞报告

设备碰撞	公差	碰撞	新建	活动的	已审阅	已核准	已解决	类型	状态
	0.001m	272	272	0	0	0	0	硬碰撞	确定

碰撞名称	状态	距离	网格位置	说明	找到日期	碰撞点	项目 ID	图层	路径	项目名称
								项目 1		
碰撞1	新建	-0.667	Y-28 : -1F-ARC	硬碰撞	2020/7/21 09:42.49	x:20.944、y:107.382、z:-4.700	元素ID:909953	-1F(-5.500)	文件 > 文件 > 地下室一层土建模型.nwc > -1F(-5.500) > 结构柱 > 混凝土 - 矩形 - 柱 > kz3-01 > 混凝土 - 矩形 - 柱 > 混凝土 - 现场浇注混凝土	混凝土 - 现场浇注混凝土
碰撞2	新建	-0.400	M-33 : -1F-ARC	硬碰撞	2020/7/21 09:42.49	x:36.844、y:35.635、z:-0.850	元素ID:909715	-1F(-5.500)	文件 > 文件 > 地下室一层土建模型.nwc > -1F(-5.500) > 结构柱 > 混凝土 - 矩形 - 柱 > kz2-53 > 混凝土 - 矩形 - 柱 > 混凝土 - 现场浇注混凝土	混凝土 - 现场浇注混凝土
碰撞3	新建	-0.361	T-27 : -1F-ARC	硬碰撞	2020/7/21 09:42.49	x:21.244、y:76.591、z:-5.100	元素ID:910059	-1F(-5.500)	文件 > 文件 > 地下室一层土建模型.nwc > -1F(-5.500) > 结构柱 > 混凝土 - 矩形 - 柱 > kz3-09 > 混凝土 - 矩形 - 柱 > 混凝土 - 现场浇注混凝土	混凝土 - 现场浇注混凝土
碰撞4	新建	-0.327	P-45 : -1F-ARC	硬碰撞	2020/7/21 09:42.49	x:69.144、y:52.235、z:-2.600	元素ID:909643	-1F(-5.500)	文件 > 文件 > 地下室一层土建模型.nwc > -1F(-5.500) > 结构柱 > 混凝土 - 矩形 - 柱 > kz2-41 > 混凝土 - 矩形 - 柱 > 混凝土 - 现场浇注混凝土	混凝土 - 现场浇注混凝土

图 4–16　碰撞检查 HTML 格式报告

图 4–17　三维浏览界面

（2）BIM 建模修改流程

工程施工中由于各种各样的原因导致贯穿于建筑结构施工整个过程存在各种设计变更或设计修改单。这些变更及修改产生原因有多种：设计图纸本身各专业图纸存在冲突导致施工中图纸存在变更；由于施工过程中某专业施工工序实现困难或无法施工导致局部调整等。为保证 BIM 模型能及时准确地指导现场施工，需要在收到设计变更第一时间将各专业变更及修改反馈到最初 BIM 模型，具体修改流程如下。

① 建设单位或设计院下发各专业设计变更或设计修改通知单。

② 收到变更单后，各专业 BIM 建模人员根据变更内容或修改通知单及时修改 BIM 模型。

③ 对各专业 BIM 修改信息进行汇总。

④ 检测各专业变更是否会导致施工拆改或各专业是否存在碰撞。

⑤ 将检测后信息反馈建设单位及设计，确认最终修改方案。

⑥ 修改方案确认后，将修改信息反馈到 BIM 模型，提交建设单位确认。

2. 生产和预制拼装模拟与优化

利用 BIM 技术，指导工厂进行构件生产，模拟装配式构件拼装，优化安装顺序及工艺，指导工厂进行构件生产。

（1）数字化加工

基于 BIM 的数字化加工将包含在 BIM 模型里的构件信息准确地、不遗漏地传递给构件加工单位进行构件加工，这个信息传递方式可以采用直接以 BIM 模型传递，或 BIM 模型加上二维码加工详图的方式，BIM 能为数字化加工提供详尽的数据信息。

数字化加工首要解决的问题：

① 加工构件的几何形状及组成材料的数字化表达；

② 加工过程信息的数字化描述；

③ 加工信息的获取、存储、传递与交换；

④ 施工与建造过程的全面数字化控制。

数字化加工准备的注意要点：

① 深化设计方、加工工厂方、施工方图纸会审，检查模型和深化设计图纸中的错漏碰缺，根据各自的实际情况互提要求和条件，确定加工范围和深度，有无需要注意的特殊部位和复杂部位，并讨论复杂部位的加工方案，选择加工方式、加工工艺和加工设备，施工方提出现场施工和安装可行性要求。

② 根据三方会议讨论的结果和提交的条件，把要加工的构件进行分类。

③ 确定数字化加工图纸的工作量、人力投入。

④ 根据交图时间确定各阶段任务、时间进度。

⑤ 制定制图标准，确定成果交付形式和深度。

⑥ 文件归档。

BIM 模型转换为数字化加工模型的步骤：

① 需要在原深化设计模型中增加许多详细的信息（如一些组装和连接部位的详图），同时根据各方要求（加工设备和工艺要求、现场施工要求等）对原模型进行一些必要的修改。

② 通过相应的软件把模型里数字化加工需要的且加工设备能接受的信息隔离出来,传送给加工设备,并进行必要的数据转换、机械设计及各类标注等工作,实现把 BIM 深化设计模型转换成预制加工设计图纸,与模型配合指导工厂生产加工。

BIM 数字化加工模型的注意事项:

① 要考虑到精度和容许误差。对数字化加工而言,其加工精度是很高的,由于材料的厚度和刚度有时候会有小的变动,组装也会有累积误差,还有一些比较复杂的因素(如切割、挠度等)会影响构件的最后尺寸,在设计的时候应考虑到一些容许变动。

② 选择适当的设计深度。数字化加工模型不要太简单也不要过于详细。太详细就会浪费时间,拖延工程进度;太简单、不够详细就会错过一些提前发现问题的机会,甚至会在将来造成更大的问题。因此,加工前应预先向加工厂商的工程师了解加工工艺过程及如何利用数字化加工模型进行加工,然后选择各阶段适当的深度标准,指导一个设计深度计划。

③ 处理多个应用软件之间数据的兼容性。由于是跨行业的数据传递,涉及的专业软件和设备比较多,可能存在不同软件之间的数据格式不同的问题,为保证数据传递与共享的流畅并减少信息丢失,应事先考虑并解决数据兼容问题。

现场加工完成的成品可能会由于温度、变形、焊接、矫正等产生的残余应变,使现场安装产生误差,故在构件加工完成后,要对构件进行质量检查复核。

(2)预制拼装模拟

利用 BIM 进行吊装模拟分析,针对构件设计受力信息、支撑布置顺序、换撑顺序、拆撑顺序等进行吊装模拟。便于与施工对吊装难点进行交流沟通,制定合理吊装工序,具体流程如图 4-18 所示。

根据装配式结构特点,选择不同的施工方案和施工工艺流程进行施工模拟和优化,通过 BIM 模型实现施工工艺可视化,选择最优化施工方案。对局部复杂的施工区域和部位,进行 BIM 重点难点施工方案模拟、优化。

在施工工艺模拟过程中,要及时记录出现的工序交接、施工定位等问题,形成施工模拟分析报告等方案优化指导文件。根据施工

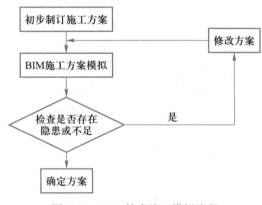

图 4-18　BIM 技术施工模拟流程

工艺模拟成果进行协同优化,并将相关信息同步更新或关联到模型中。

施工工艺模拟 BIM 应用交付成果包括以下内容:施工工艺模型、施工模拟分析报告、可视化资料、必要的力学分析计算书或分析报告等,还可以基于 BIM 应用交付成果,进行可视化展示或施工交底。

施工方案模拟有如下几种:支撑维护结构拆除方案,综合管线排布、钢筋下料及排布、土方开挖、高大支模查找、二次结构等施工方案进行三维模拟,确保施工目标实现。

预制构件安装工艺模拟应综合分析预制柱墙梁板构件的特点、障碍物等影响因素,优化大型构件进场时间点、吊装运输路径和预留孔洞等。预制构件安装施工工艺模拟应分析预制构件定位、拼装部件之间的连接方式、拼装工作空间要求及拼装顺序等因素。预制构件临时支撑施工工艺模拟应优化临时支撑位置、数量、类型、尺寸,并结合支撑布置顺序、换撑顺

序、拆撑顺序。机电设备管线施工工艺模拟应模拟设备管线连接方式、安装工作空间要求及设备管线安装顺序等因素,检验设备管线的安装精度要求。装配式装修施工工艺中的架空地板系统、干式地热系统、整体卫浴系统、整体厨房系统等应按照相关厂家提供的施工工艺流程进行施工可视化模拟。预制构件施工流程如图 4-19 所示。

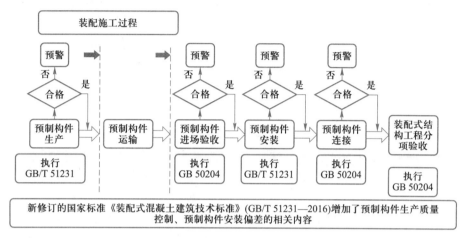

图 4-19　预制构件施工流程

（3）模拟案例

以某项目预制混凝土卫生间沉箱为例进行装配式建筑预制构件施工方案模拟说明。

① 预制方案及优化。

BIM 用于宿舍楼预制混凝土卫生间沉箱技术分析,基于施工图设计模型创建深化设计模型针对预制混凝土卫生间沉箱设计受力信息、支撑布置顺序、换撑顺序、拆撑顺序等进行吊装模拟分析,通过吊装模拟与预制构件厂家及施工人员进行对接讨论,优化沉箱与桁架楼承板连接节点;制定符合地方技术可实施的合理生产及吊装工序。进行 BIM 建模,模拟沉箱制作及吊装、安装过程如图 4-20 所示。

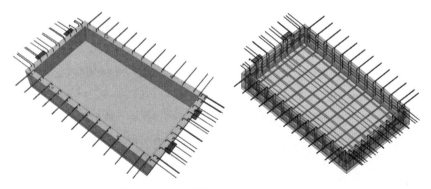

图 4-20　预制混凝土卫生间沉箱模型

由模拟可知,现场主要施工技术难点包括:a. 预留钢筋要插入桁架楼承板两层钢筋之间,施工难度大;b. 构件无钢梁卡点,需在底部设支架。

优化措施及成效:取消四周拉结筋,增设钢梁卡点。优化图纸后,提交构件厂进行预制构件制作,成品如图 4-21 所示。

　　② 吊装模拟及优化。

　　BIM 预制混凝土楼梯吊装模拟,针对其设计受力信息、支撑布置顺序、换撑顺序、拆撑顺序等进行吊装模拟,确定吊装工序。预制楼梯吊装如图 4-22 ~ 图 4-24 所示。

　　3. 协同管理

　　协同工作就是协调两个或两个以上的不同资源或个体,协同一致地完成某一目标。

图 4-21　优化后的沉箱

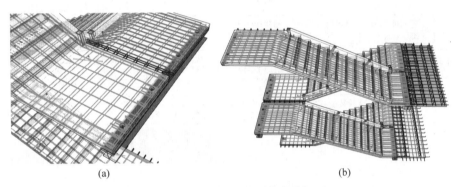

(a)　　　　　　　　　　　　　　(b)

图 4-22　预制混凝土楼梯技术分析图

图 4-23　预制混凝土楼梯吊装模拟

(a)　　　　　　　　　　　　　　(b)

图 4-24　预制楼梯实际吊装过程

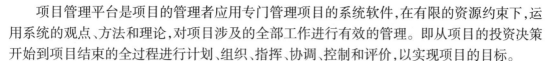

项目管理平台是项目的管理者应用专门管理项目的系统软件,在有限的资源约束下,运用系统的观点、方法和理论,对项目涉及的全部工作进行有效的管理。即从项目的投资决策开始到项目结束的全过程进行计划、组织、指挥、协调、控制和评价,以实现项目的目标。

（1）建立协同工作机制

BIM 专业的协同设计,可以减少专业间的设计协调错误。美国斯坦福大学研究得出以下结果:应用 BIM 技术能消除 40% 的预算外更改,可使项目工期缩短 7%。设计阶段的模型可以直接应用到下一阶段,即施工、造价、装修、运营、维护中,实现全过程管理和信息共享。

施工图设计应按照初设阶段确定好的技术路线进行深化和优化设计,各专业与建筑部品、装饰装修、构建厂等上下游厂商加强配合,做好大样图上的预留预埋和连接节点设计;尤其是做好节点的防水、防火、隔音设计和系统集成设计,解决好连接节点之间和部品之间的"错漏碰缺"。当前,预制构件加工图大多由预制构件厂依据设计院提供的大样图深化设计,建筑师的工作主要是配合和把关,确保预制构件实现设计意图。

要实现全生命周期一体化协同工作,那么无论谁承担构件加工图设计,都要做好设计、生产、施工的协同,建立合理的协同工作机制,构件设计与构件生产工艺及施工组织紧密结合。预制构件加工图纸应全面准确地反映预制构件的规格、类型、加工尺寸、连接形式、预埋设备管线种类与定位尺寸。满足工厂生产、施工装配等相关环节承接工序的技术和安全要求。

（2）选择匹配的全过程项目管理平台

目前很多公司开发了基于 BIM 的装配式建筑协同管理系统,可直接辅助应用于装配式建筑的设计、构件加工、施工全过程。系统采用相应的编码系统对 BIM 模型信息进行轻量化后,存储于网络数据库中进行管理应用。在此数据基础上,系统针对多工种、多单位之间的协同流程和管理要点,以项目部品库和项目进度管控为系统核心,辅以设计提资、会议信息、单据管理、进度计划安排等内容,通过移动端和计算机端进行信息交互及全周期的管理。同时,各参建单位也可采用 API 接口与内部相关管理系统数据对接,进一步挖掘 BIM 模型信息的价值,实现信息传递与共享。

4. 基于物联网的质量全过程追溯管理

BIM 技术对工程质量的影响非常大,它能为参与工程建设的各方提供便利,具体如表 4-11 所示。

表 4-11 BIM 对各方的影响要素

参建方	影响的方面	BIM 的具体作用
设计方	减少设计错误	1. 使各专业工种协同作业得以实现; 2. 碰撞检测; 3. 人流模拟
施工方	1. 选择优良方案,减少方案错误; 2. 验收更准确快速	1. 可进行施工方案模拟,或进行三维展示; 2. 结合三维激光扫描技术,可对项目与图纸的符合度进行快速检验
建设单位	加强理解	三维或思维展示,更直观
监理	有利于质量信息收集	汇集各方质量信息

质量管理并没有专门的软件系统,它的作用大部分是通过 BIM 的特点(可协同工作、可以进行三维展示),使设计、施工时减少错误。BIM 技术结合物联网技术可以实现对装配式建筑材料、设备、构件、部品等质量的全过程追溯。

物联网即物物相连的互联网,把所有物品通过信息传感设备与互联网连接起来,进行信息交换,即物物相息,以实现智能化识别和管理。在物联网中,RFID(电子标签,如条形码、二维码)、条形码扫描仪、传感器、全球定位系统等数据采集设备是重要的技术。

(1)构件编码系统

在没有 BIM 技术前,建筑行业的物流管控都是通过现场人为填写表格报告实现的,负责管理人员不能及时得到现场物流的实时情况,不仅无法验证运输、领料、安装信息的准确性,以及对之做出及时的控制管理,还会影响项目整体实施效率。因此手工处理既不可靠,也是十分艰巨的工作,如何实现构件的唯一性追溯,将构件的数字信息在各个流程中传递已成为建筑领域重点研究的问题。

二维码和 RFID 作为一种现代信息技术已经在国内很多领域得到广泛的应用。同样,在建筑行业的数字化加工运输中,也有大量的构件流转在生产、运输及安装过程中,如何了解它们的数量、所处的环节、成品质量等情况就是需要解决的问题。

二维码和 RFID 在项目建设的过程中主要是用于物流和参考存储的管理,如今结合BIM 技术的运用,无疑对物流管理来说是一种较大的提高。其工作过程为:在数字化物流操作中可以给每个建筑构件都贴上一个二维码或埋入 RFID 芯片,这个二维码或 RFID 芯片相当于每个构件自己的"身份证",再利用手持设备及芯片技术,在需要的时候用手持设备扫描二维码及芯片,可使其信息立即传送到计算机上进行相关操作。二维码或 RFID 芯片包含的所有信息都应该被同步录入 BIM 模型,使 BIM 模型与编有二维码或含有 RFID 芯片的实际构件对应上,以便随时跟踪构件的制作、运输和安装情况,也可以用来核算运输成本,同时也为建筑后期运营做好准备。构件从设计开始直到安装完成,数字化物流的作业指导模式可以随时传递它们的状态,从而达到把控构件的全生命周期的目的。

预制构件包含大量数据信息,如项目名称、项目区块、轴线位置,高程区域、结构类型、构件类型、生产日期、生产工厂、产品检验等,二维码携带的信息量大,可不依赖数据库及通信网络而单独应用,工程技术人员只需要用图像扫描器就可以识读构件信息。

(2)全过程追溯管理

对建筑工程项目中的材料、设备、构件、部品部件的管理,都可以采用物联网技术结合BIM 技术实现统筹管理。具体实施过程如下。

一是对项目中的材料、设备、构件及部品部件等进行统一编码,制定标准编码系统,便于区分、查阅。

二是在 BIM 模型中建立完善的构件信息。建筑的基本构件包括基础、墙、梁、板、柱、门窗、屋面等。将构件设置尺寸、标高、材料等属性绘制到图中,并把所有信息保存到数据库,作为显示工具及人机交互的界面。

三是通过软件的管理库界面对当前工程的所有建筑材料、设备等进行管理,包括核对编号、分类、进出场数量和时间等,随时查看当前状态,及时了解材料、设备、构件的质量及安全情况。

四是输入时间维度。根据施工进度计划,输入控制时间节点,从而实现进度管控。

> **任务拓展**

RFID 是 Radio Frequency Identification 的缩写,即射频识别,俗称电子标签。RFID 是一种非接触式的自动识别技术,它通过射频信号自动识别目标对象并获取相关数据,识别工作无须人工干预,可工作于各种恶劣环境。REID 技术可识别高速运动物体并可同时识别多个标签,操作快捷方便。RFID 是一种简单的无线系统,只有两个基本器件,该系统用于控制、检测和跟踪物体。

RFID 技术是物联网技术的核心,RFID 无线射频识别系统组成部分一般包括电子标签、阅读器、中间件、应用软件系统。

小结

本模块通过项目策划、设计管理、项目采购、生产与施工管理、BIM 技术应用 5 个任务的学习,能够编制施工组织计划,进行投标准备,明确设计任务书并对其进行优化,能编制采购计划并组织建立供应商库,能合理组织施工,落实协同实施方案,能用信息化手段对项目进行即时管理。

习题

简答题

1. 项目前期策划有哪些内容及流程?

2. 装配式建筑设计管理优化方法有哪些? 如何实现?

3. 如何编制采购计划? 采购基本流程有哪些注意事项?

4. 简述施工期间对装配式建筑如何进行质量、进度控制?

参考文献

［1］中华人民共和国住房和城乡建设部.建筑结构荷载规范：GB 50009—2012［S］.北京：中国建筑工业出版社，2012.

［2］中华人民共和国住房和城乡建设部.装配式混凝土结构技术规程：JGJ 1—2014［S］.北京：中国建筑工业出版社，2014.

［3］中华人民共和国住房和城乡建设部.装配式建筑评价标准：GB/T 51129—2017［S］.北京：中国建筑工业出版社，2017.

［4］中华人民共和国住房和城乡建设部.桁架钢筋混凝土叠合板（60 mm 厚底板）：15G366-1［S］.北京：中国计划出版社，2015.

［5］中华人民共和国住房和城乡建设部.预制钢筋混凝土阳台板、空调板及女儿墙：15G368-1［S］.北京：中国计划出版社，2015.

［6］中华人民共和国住房和城乡建设部.预制钢筋混凝土板式楼梯：15G367-1［S］.北京：中国计划出版社，2015.

［7］中华人民共和国住房和城乡建设部.装配式混凝土结构连接节点构造：15G310-1～2［S］.北京：中国计划出版社，2015.

［8］中华人民共和国住房和城乡建设部.装配式混凝土剪力墙结构住宅施工工艺图解：16G906［S］.北京：中国计划出版社，2016.

［9］中华人民共和国住房和城乡建设部.建筑模数协调标准：GB/T 50002—2013［S］.北京：中国建筑工业出版社，2013.

［10］中华人民共和国住房和城乡建设部.预制混凝土剪力墙外墙板：15G365-1［S］.北京：中国计划出版社，2015.

［11］中华人民共和国住房和城乡建设部.预制混凝土剪力墙内墙板：15G365-2［S］.北京：中国计划出版社，2015.

［12］中华人民共和国住房和城乡建设部.钢筋机械连接技术规程：JGJ 107—2016［S］.北京：中国建筑工业出版社，2016.

［13］中华人民共和国住房和城乡建设部.装配式建筑评价标准：GB/T 51129—2017［S］.北京：中国建筑工业出版社，2017.

［14］中华人民共和国住房和城乡建设部.装配式混凝土建筑技术标准：GB/T 51231—2016［S］.北京：中国建筑工业出版社，2017.

［15］中华人民共和国住房和城乡建设部．钢筋连接用灌浆套筒：JGT 398—2019［S］．北京：中国标准出版社，2019.

［16］中华人民共和国住房和城乡建设部．钢筋套筒灌浆连接应用技术规程：JGJ 355—2015［S］．北京：中国建筑工业出版社，2015.

［17］中华人民共和国住房和城乡建设部．混凝土结构工程施工规范：GB 50666—2011［S］．北京：中国建筑工业出版社，2011.

［18］中华人民共和国住房和城乡建设部．混凝土结构工程施工质量验收规范：GB 50204—2015［S］．北京：中国建筑工业出版社，2015.

［19］中建科技有限公司，中建装配式建筑设计研究院有限公司，中国建筑发展有限公司．装配式混凝土建筑施工技术［M］．北京：中国建筑工业出版社，2017.

［20］张金树、王春长．装配式建筑混凝土预制构件生产与管理［M］．北京：中国建筑工业出版社，2017.

［21］宋亦工．装配整体式混凝土结构工程施工组织管理［M］．北京：中国建筑工业出版社，2017.

［22］中华人民共和国国家质量监督检验检疫总局．建筑用轻质隔墙条板：GB/T 23451—2009［S］．北京：中国标准出版社，2010.

［23］郭学明．装配式混凝土结构建筑的设计、制作与施工［M］．北京：机械工业出版社，2016.

［24］中华人民共和国住房和城乡建设部．建筑轻质条板隔墙技术规程：JGJ/T 157—2014［S］．北京：中国建筑工业出版社，2014.

［25］中华人民共和国住房和城乡建设部．建筑隔墙用轻质条板通用技术要求：JG/T 169—2016［S］．北京：中国标准出版社，2016.

读者意见反馈

为收集对教材的意见建议，进一步完善教材编写并做好服务工作，读者可将对本教材的意见建议通过如下渠道反馈至我社。

咨询电话　400-810-0598

反馈邮箱　gjdzfwb@pub.hep.cn

通信地址　北京市朝阳区惠新东街 4 号富盛大厦 1 座　高等教育出版社总编辑办公室

邮政编码　100029